应用型人才培养电子信息类系列教材

网络工程师培养用书

U0653114

网络设备配置项目化教程

广东南华工商职业学院与

山东蟠龙信息科技有限公司联合组编

主　编　赵志俊　李冬梅

副主编　张　冀　周　磊　寇晓斌

TCP/IP

西安电子科技大学出版社

内 容 简 介

本书以培养计算机网络项目设计与实施人才为目标，以中兴通讯的交换和路由设备作为项目实施平台，以校园网组网为应用场景，培养读者在网络规划设计和设备开通调测方面的能力。

本书首先引入了一个校园网的组网工程项目，要求完成网络规划设计和设备开通调测。书中根据项目流程，将项目分解为多个模块，并将知识点与技能点拆解到每个模块中。全书共 10 个模块，具体为：计算机网络简介，网络地址的计算和基础操作，校园网的规划与设计，二层交换机基本功能的实现，三层路由器基本功能的实现，配置ACL 限制网络访问，NAT 和 PAT 实现内外网互相访问，VRRP、DHCP 和链路聚合配置，交换机的三层路由配置，以及网管系统的常用操作。除了模块 1 介绍计算机网络的基础知识，其余模块均分为若干任务，每一任务都按照"知识准备"—"参考案例"—"任务实施"的方式进行内容组织，部分任务还增加了"任务拓展"。其中，"知识准备"介绍完成任务需要的理论知识和技能，"参考案例"提供了与任务类似的案例供实施任务时学习参考，"任务实施"阐述任务实施的内容和步骤以及评估任务的完成情况，"任务拓展"部分的目的是通过重复任务或者提升难度来进一步强化对技能点的理解和掌握。

本书既可作为应用型本科院校、高等职业院校、高等专科院校的电子信息、计算机、通信工程、物联网等专业的教材，也可作为通信、计算机网络及系统集成专业从业人员的培训教程。

图书在版编目(CIP)数据

网络设备配置项目化教程 / 赵志俊，李冬梅主编. --西安：西安电子科技大学出版社，2024.6
ISBN 978-7-5606-7282-3

Ⅰ. ①网…   Ⅱ. ①赵… ②李…   Ⅲ. ①网络设备—配置—教材   Ⅳ. ①TP393

中国国家版本馆 CIP 数据核字(2024)第 094533 号

策　　划　李惠萍
责任编辑　雷鸿俊
出版发行　西安电子科技大学出版社(西安市太白南路 2 号)
电　　话　(029)88202421　88201467　　　邮　　编　710071
网　　址　www.xduph.com　　　　　电子邮箱　xdupfxb001@163.com
经　　销　新华书店
印刷单位　陕西天意印务有限责任公司
版　　次　2024 年 6 月第 1 版　2024 年 6 月第 1 次印刷
开　　本　787 毫米×1092 毫米　1/16　印张 16.5
字　　数　386 千字
定　　价　42.00 元
ISBN 978-7-5606-7282-3 / TP
XDUP　7584001-1

如有印装问题可调换

前　言

　　TCP/IP 是构建计算机网络和通信网络的基础技术，应用非常广泛。为了培养合格的数据网络规划设计、设备开通调测和运行维护方面的工程技术人员，满足现代应用型本科教育和高等职业教育对学生职业技能培养的要求，我们编写了本书。

　　本书针对当前应用型本科、职教本科、高职高专缺乏实际工程项目教学资源的现状，围绕实际组网工程项目，以"解决工程现场问题"为目标，通过分析工程项目的典型工作过程，将工程项目拆解为若干个模块和任务，按照组网功能要求组织知识和技能。本书提出了一个校园网组网场景，通过分析组网需求和功能需求，将该校园网组网项目拆解为 10 个模块，完成这 10 个模块的学习即可完成项目的实施。其中，模块 0 介绍计算机网络基础知识，模块 1 介绍 IP 地址和 MAC 地址的识别和计算，模块 2 介绍网络规划设计，模块 3 介绍交换机基本操作与 VLAN 配置等，模块 4 介绍路由器路由配置，模块 5 介绍访问控制列表(ACL)的应用，模块 6 介绍 NAT 和 PAT 的应用，模块 7 介绍网络可靠性实施——VRRP、DHCP 及交换机链路聚合配置，模块 8 介绍交换机的三层路由配置，模块 9 介绍网管系统的基本操作。完成本书的知识学习和任务实施后，读者可以具备基本的数据通信工程师的岗位能力。

　　本书理论与实践紧密结合，实用性和操作性极强。其主要特色和创新点包括如下几个方面：

　　第一，场景化应用，基于实际的校园网组网项目；

　　第二，一体化设计，将项目分解为具体工作任务，可按照项目实施流程自主学习；

　　第三，结构化设计，按照知识逻辑组织知识，按照工程任务组织技能，按照知识图谱拓展技能，按照工程重点强化能力；

第四，具备颗粒化特性，任务的设计简练，大部分任务具备低耦合的特性，相关资源可以复用。

在编写本书的过程中，我们参考了大量同类书籍和行业相关资料，在此谨向相关作者和单位表示感谢。

本书由广东南华工商职业学院与山东蟠龙信息科技有限公司联合组编。赵志俊负责设计本书的整体框架，并编写总体任务、前言以及模块 0 至模块 2；李冬梅负责编写模块 3、模块 4 以及本书后期的审核；张冀编写模块 5 和模块 6；周磊编写模块 7 和模块 8；寇晓斌编写模块 9。

由于编者水平有限，书中不当之处在所难免，恳请广大读者批评指正。

编　者

2024 年 2 月

目　录

总 体 任 务

网 络 概 况

某地新建一所小规模学校，学校正在计划建设校园网络。该学校包括一栋四层办公楼、一栋四层教学楼、一栋四层宿舍楼和一间平房网络核心机房，校园网覆盖所有的楼宇。校园网设有媒体服务器、教学服务器、办公服务器和网络管理服务器，学校网络需要接入互联网，并预留两个接入端口：一个接入教育局网络，一个备用。学校教师大约为 100 人，学生大约为 2000 人，共计 20 个办公室，40 个班级。

网络功能要求

学校要求新建的校园网络满足如表 1 所示的各种要求。

表 1　校园网需求

组网需求	明　　细	需求标识	实现方法
硬件组网要求（Ⅰ）	组网采取接入层、汇聚层和核心层三级： 1. 接入层接入所有的办公、教学、娱乐、学生管理、网络管理等业务；	Ⅰ.1	每栋楼每层安装一台接入交换机，电口下连本层所有的计算机，光口上连该楼的汇聚交换机
			办公楼配置 2 台路由器和 1 台汇聚交换机。2 台路由器之间电口互连，路由器电口下连汇聚交换机，光口上连核心路由器；汇聚交换机光口下连本楼层的接入交换机

组网需求	明　细	需求标识	实现方法
硬件组网要求（I）	2. 每栋楼作为一个业务汇聚点接入本栋楼的所有业务； 3. 设置一个核心节点，提供教学、办公、多媒体服务以及内外网互相访问业务； 4. 核心机房的每台服务器到交换机采用双链路连接，以增加带宽和保证网络可靠性	I.1	教学楼配置 1 台路由器和 1 台汇聚交换机。汇聚交换机光口下连各楼层交换机，电口上连路由器；路由器光口连接办公楼路由器和宿舍楼路由器
			宿舍楼配置 1 台路由器和 1 台汇聚交换机。汇聚交换机光口下连各楼层交换机，电口上连路由器；路由器光口连接教学楼路由器和核心路由器
			网络核心机房配置 1 台路由器、1 台交换机和 4 台服务器。路由器采用电口与外网互连，电口连接核心机房交换机，每台服务器用 2 条链路连接核心机房交换机，采用光口与教学楼路由器和宿舍楼路由器互连
	路由器和交换机的处理能力能够满足校园网日常办公、教学、娱乐、管理等业务	I.2	
VLAN 功能（II）	1. 给办公楼每层的交换机设置 VLAN，提供 2 个端口给行政部门，2 个端口给教务处，12 个端口给专职教师，2 个端口给其他部门使用； 2. 每个部门之间互相隔离	II.1	划分 4 个 VLAN，并分配相应端口
	1. 教学楼每层交换机提供 6 个端口给专职教师，4 个端口给教务处，2 个端口给行政，其他端口不设置 VLAN； 2. 每个部门之间互相隔离	II.2	划分 3 个 VLAN，并分配相应端口
	宿舍楼每层交换机提供 2 个端口给行政部，其他端口不设置 VLAN	II.3	划分 1 个 VLAN，并分配相应端口
	4 个服务器，每个服务器一个 VLAN	II.4	划分 4 个 VLAN，每个服务器 1 个 VLAN
IP 地址（III）	所有路由器互连的接口 IP 地址为 172.123.201.0/24	III.1	互连接口使用 30 位掩码，即 255.255.255.252
	1. 交换机、路由器的管理 IP 地址和服务器的地址为 10.52.1.0/24； 2. 网管服务器的地址为 10.52.1.1/28	III.2	使用 VLSM 计算不定长子网掩码的 IP 地址

组网需求	明　　细	需求标识	实现方法
IP 地址 (III)	1. 办公楼计算机的 IP 地址范围为 192.168.211.0/24，不同的部门使用不同的子网； 2. 教学楼计算机的 IP 地址范围为 192.168.212.0/25，不同的部门使用不同的子网； 3. 宿舍楼计算机的 IP 地址范围为 192.168.213.0/26，不同的部门使用不同的子网	III.3	使用 VLSM 计算不定长子网掩码的 IP 地址
网内访问 (IV)	校内的计算机能够通过 IP 地址互相访问	IV.1	以下两种任选其一： 1. 路由器上配置静态路由； 2. 路由器上配置动态路由
网外访问 (V)	1. 所有的办公楼、宿舍楼、教学楼的计算机可以访问外网； 2. 校园网申请的外网 IP 地址为 11.11.11.1/24，网关地址为 11.11.11.254/24	V.1	1. 路由器上配置访问外网的路由； 2. 路由器上配置 NAT 地址转换
	该学校与采用 IS-IS 动态路由协议的一个学校互联	V.2	1. 定义 AS； 2. 配置 BGP 协议
访问限制 (VI)	教学楼 1 楼的 4 个教务处端口固定计算机接入，其他计算机不能接入	VI.1	交换机端口绑定计算机的 MAC 地址
	办公楼、教学楼的计算机可以访问所有的服务器	VI.2	核心机房路由器配置标准 ACL
	宿舍楼的计算机仅能访问娱乐服务器	VI.3	核心机房路由器配置标准 ACL
	宿舍楼的计算机禁用 FTP 协议	VI.4	核心机房路由器配置扩展 ACL
服务器外部访问 (VII)	外网能够访问办公服务器和教学服务器，三台服务器的外网 IP 地址是 11.11.11.2，三台服务器源端口号分别是 28001、28002 和 28003	VII.1	核心机房路由器配置静态 PAT
网络可靠性 (VIII)	办公楼两台路由器对下挂的计算机启用 VRRP 网关保护，一台路由器故障不影响到办公楼计算机上网	VIII.1	在办公楼的两台路由器上配置 VRRP，实现主备份
	核心机房每台服务器使用两个千兆网卡接口连接交换机的两个接口	VIII.2	在核心机房的交换机上启用链路汇聚协议
终端地址管理(IX)	所有的办公楼、宿舍楼、教学楼的计算机可以自动获取 IP 地址	IX.1	在各楼的路由器配置 DHCP，自动分配 IP 地址
网络管理 (X)	校园网设置一台网管服务器，要求安装网管系统，通过网管系统可以对校园网的交换机和路由器进行管理与维护	X.1	网管服务安装 ZENIC ONE ICN，设备配置 SNMP，将校园网的所有交换机和路由器接入网管

注：需求标识栏的第一个数字表示组网需求，第二个数字表示子需求。

模块 0　计算机网络简介

本模块介绍计算机网络的基本知识，包括计算机网络的组成、网络拓扑的类型、OSI 七层模型和 TCP/IP 模型的定义与应用、TCP 协议栈的内容与功能、以太网的概念以及交换机和路由器的工作原理，为后续的实操打下理论基础。

>>●>> 知识目标

(1) 了解计算机网络的组成和功能；

(2) 了解局域网、城域网、广域网和互联网等几种网络；

(3) 了解 IP、TCP、UDP 协议的数据包(报、段、帧)的结构；

(4) 熟悉以太网的定义和一些主要的技术标准；

(5) 熟悉 OSI 七层模型和 TCP/IP 模型的定义、功能及应用；

(6) 掌握数据封装和解封装的过程；

(7) 掌握交换机和路由器的定义、功能、分类及工作原理。

0.1　计算机网络的组成

计算机网络系统由计算机网络硬件系统和计算机网络软件系统组成。

1. 硬件系统

计算机网络的硬件系统由网络的主体设备、网络的连接设备和网络的传输介质三部分组成。

1) 网络的主体设备

计算机网络中的主体设备称为主机，一般可分为中心站(服务器)和工作站(客户机)两类。服务器是为网络提供共享资源的基本设备，在其上运行网络操作系统，是网络控制的核心。其工作速度、磁盘及内存容量的指标要求都较高，携带的外部设备多且大都为高级设备。工作站是网络用户接入网络操作的节点，有自己的操作系统。用户既可以通过运行工作站上的网络软件共享网络上的公共资源，也可以不进入网络，单独工作。

2) 网络的连接设备

网络的连接设备是指在计算机网络中起连接和转换作用的一些设备或部件，如调制解调器、网络适配器、集线器、中继器、交换机、路由器和网关等。

3) 网络的传输介质

网络的传输介质是网络中连接收发双方的物理通路，也是通信中实际传送信息的载体，可分为有线传输介质和无线传输介质两大类。其中，有线传输介质包括同轴电缆、双绞线和光纤等，无线传输介质包括无线电波、微波、红外线和激光等。

2. 软件系统

计算机网络的软件系统主要包括网络通信协议、网络操作系统和各类网络应用软件。

1) 网络通信协议

网络通信协议是指实现网络数据交换的规则，在通信时，双方必须遵守相同的通信协议才能实现通信，如上面提到的 TCP 协议。

2) 网络操作系统

网络操作系统是多任务、多用户的操作系统，安装在网络服务器上，提供网络操作的基本环境。网络操作系统具备处理器管理、文件管理、存储器管理、设备管理、用户界面管理、网络用户管理、网络资源管理、网络运行状况统计、网络安全性的建立、网络通信等功能，如 Windows Server、UNIX、Linux 等。

3) 网络应用软件

网络应用软件是用来对网络资源进行监控、共享、分配和传输，以及对网络设备、线路进行维护的软件，如 Telnet 软件、FTP 软件等。

0.2　计算机网络的类型

计算机网络分类方式有多种，如果按网络范围的大小进行分类，可将其分为局域网、广域网、城域网和互联网四类。

1. 局域网

局域网(Local Area Network，LAN)是在一个局部的地理范围内，如一个学校、工厂和机关，一般是方圆几千米以内，将网络服务器、网络工作站、网络打印机、网卡和网络互联设备等通过网络传输介质连接起来组成的计算机网络，并可在这个网络上运行操作系统、数据库和网络软件。局域网可以实现文件管理、应用软件共享、打印机共享、扫描仪共享、工作组内的日程安排、电子邮件和传真通信服务等功能。严格意义上来说，局域网是封闭型的，专用性非常强，具有比较稳定和规范的拓扑结构。

局域网的特点如下：

(1) 覆盖的地理范围较小。局域网的覆盖范围小到一个房间，大到一栋楼、一个校园或工业区，其距离一般为 0.1～10 km。局域网的规模大小主要取决于网络的性质和单位的用途。

(2) 使用专门铺设的传输介质进行联网，数据传输速率高。由于在局部区域有大量的计算机接入网络，加之一个单位内的各种信息资源的关联性很强，所以会造成网络通信线路的数据流量比较大，需要采用高质量大容量的传输介质。目前，局域网的传输速率一般为 10 Mb/s～10 Gb/s，10 Gb/s 的以太网也已经投入市场。

(3) 通信延迟时间短，可靠性较高。因为局域网通常采用短距离基带传输，传输介质质量比较好，可靠性较高，误码率很低。

(4) 易于实现。局域网便于安装、维护和扩充，由于网络区域有限，网络设备相对较少，拓扑结构形式简单且多样化，协议简单，从而建网成本较低，周期较短。

(5) 可以支持多种传输介质。局域网支持双绞线、同轴电缆、光纤等多种传输介质。

2. 广域网

广域网(Wide Area Network，WAN)通常跨接很大的物理范围，所覆盖的范围从几十千米到几千千米，它能连接多个城市或国家或横跨几个洲并能提供远距离通信，形成国际性的远程网络。广域网通常由两个或多个局域网组成，计算机通过使用运营商提供的公众网络(如接入网、承载网)连接到广域网，也可以通过专线或卫星连接。国际互联网是目前最大的广域网。

通常广域网的数据传输速率比局域网低，信号的传播延迟比局域网要大得多，但是随着新技术的应用，广域网的速率提高得也非常快。广域网的典型速率有 56 kb/s、155 Mb/s、622 Mb/s、2.4 Gb/s、10 Gb/s、40 Gb/s 甚至更高速率，传播延迟可从几毫秒到几百毫秒。

广域网具有与局域网不同的特点：

(1) 覆盖范围广，通信距离远，可达数千千米甚至覆盖全球。

(2) 不同于局域网的一些固定结构，广域网没有固定的拓扑结构，通常使用高速光纤作为传输介质。

(3) 局域网通常作为广域网的终端用户与广域网相连。

(4) 广域网的管理和维护相对局域网较为困难。

广域网一般由电信部门或公司负责组建、管理和维护，向全社会提供以通信为业务形态的有偿服务，并基于流量统计进行计费。

3. 城域网

城域网(Metropolitan Area Network，MAN)是在一个城市范围内所建立的计算机通信网，属于宽带局域网。由于城域网采用具有有源交换元件的局域网技术，因此其传输时延较小，传输媒介主要采用光缆，传输速率在 100 Mb/s 以上。

城域网的典型应用为宽带城域网，就是在城市范围内，以 IP 和 ATM(Asynchronous Transfer Mode，异步传输模式)电信技术为基础，以光纤作为传输媒介，集数据、语音、视频服务于一体的高带宽、多功能、多业务接入的多媒体通信网络。

城域网网络分为核心层、汇聚层和接入层三个层次。

核心层主要提供高带宽的业务承载和传输，完成和已有网络，如 ATM、FR(Frame Relay，帧中继)、DDN(Digital Data Network，数字数据网络)、IP 网络的互联互通，其特征为宽带传输和高速调度。

汇聚层的主要功能是给业务接入节点提供用户业务数据的汇聚和分发处理，同时要实现业务的服务等级分类。

接入层利用多种接入技术，进行带宽和业务分配，实现用户的接入，接入节点设备完成多业务的复用和传输。

城域网的特点如下：

(1) 传输速率高。宽带城域网用户的数据传输速度能达到 100～1000 Mb/s。

(2) 投入少。宽带城域网用户端设备便宜而且普及，可以使用路由器、交换机甚至普通的网卡。

(3) 技术先进并为用户提供了高度安全的服务保障。比如宽带城域网在网络中提供了第二层的 VLAN(Virtual Local Area Network，虚拟局域网)隔离，使网络的安全性得到了保障。

(4) 采用直连技术。直连技术是指以太网交换机、路由器、ATM 交换机等 IP 城域网网络设备直接通过光纤相连。

4. 互联网

互联网又称国际网络，亦称 Internet 或因特网，指的是网络与网络之间串连成的庞大网络，这些网络以一组通用的协议相连，形成逻辑上单一的、巨大的国际网。它始于 1969 年诞生的 ARPANET(Advanced Research Projects Agency Network，阿帕网)，是最早使用分组交换的计算机网络之一。1983 年，ARPA 和美国国防部通信局成功研制了用于异构网络的 TCP/IP 协议，美国加利福尼亚大学伯克利分校把该协议作为其 BSD UNIX(一个较早的有影响力的 UNIX 系统)的一部分，使该协议得以广泛应用，ARPANET 取得了巨大的成功。1989 年，ARPANET 民用部分改名为 Internet。

20 世纪 90 年代初期，Internet 已经有了非常多的子网，各个子网分别负责自己的架设和运作费用，而这些子网又通过 NSFNET(美国国家科学基金网络)互联起来。NSFNET 连接全美上千万台计算机，拥有几千万用户，是 Internet 最主要的成员网。随着计算机网络在全球的拓展和扩散，美国以外的网络也逐渐接入 NSFNET 主干或其子网。

1993 年是 Internet 发展过程中非常重要的一年，在这一年中 Internet 完成了到目前为止所有最重要的技术创新，WWW(World Wide Web，万维网)和浏览器的应用使 Internet 成了一个令人耳目一新的平台：人们在 Internet 上所看到的内容不仅只是文字，而且有了图片、声音和动画，甚至还有了电影。因特网演变成了一个文字、图像、声音、动画、影片等多种媒体交相辉映的新世界，以前所未有的速度席卷了全世界。

我国互联网发展起源于 1994 年，这段时期国内的科技工作者开始接触 Internet 资源。在此期间，以中科院高能物理研究所为首的一批科研院所与国外机构合作开展了一些与 Internet 联网的科研课题，通过拨号方式使用 Internet 的 E-mail 电子邮件系统，并为国内一些重点院校和科研机构提供国际 Internet 电子邮件服务。

1990 年 10 月，我国正式向 Internet 信息中心登记注册了最高域名 CN，从而开通了使用自己域名的 Internet 电子邮件服务。1994 年 1 月，美国国家科学基金会接受了我国正式接入 Internet 的要求。1994 年 3 月，我国获准加入 Internet。同年 5 月，我国联网工作全部完成，我国网络的域名也最终确定为 CN。

从 1994 年开始，我国实现了和 Internet 的 TCP/IP 连接，从而逐步开通了 Internet 的全功能服务，大型计算机网络项目正式启动，因特网在我国进入了飞速发展时期。1995 年，我国电信公司分别在北京和上海设立专线，并通过电话线、DDN 专线以及 X.25(一种分组交换技术)交换网面向社会提供 Internet 接入服务。1995 年 5 月，我国电信开始筹建 CHINANET(中国公用计算机互联网)全国骨干网，1996 年 1 月，CHINANET 骨干网建成并正式开通，全国范围的公用计算机互联网络开始提供服务，标志着我国互联网进入快速发展阶段。时至今日，互联网已经遍布我们工作和生活中的方方面面。

互联网采用了目前最流行的客户机/服务器工作模式，凡是使用 TCP/IP 协议，并能与互联网的任意主机进行通信的计算机，无论是何种类型、采用何种操作系统，均可看成是互联网的一部分。严格地说，用户并不是将自己的计算机直接连接到互联网上，而是连接到其中的某个网络上，再由该网络通过网络干线与其他网络相连。网络干线之间通过路由器互连，使得各个网络上的计算机都能相互进行数据和信息传输。例如，用户的计算机连接到本地的某个 ISP(Internet Service Provider，因特网服务提供商)的主机上，而 ISP 的主机又通过高速干线与本国及世界各国各地区的无数主机相连，这样，用户仅通过一个 ISP 的主机，便可遍访互联网。由此也可以说，互联网是由分布在全球的 ISP 通过高速通信干线连接而成的网络。

互联网具有以下特点：

(1) 灵活多样的入网方式。这是由于 TCP/IP 成功地解决了不同的硬件平台、网络产品以及操作系统之间的兼容性问题。

(2) 采用了分布网络中最为流行的客户机/服务器模式，大大提高了网络信息服务的灵活性。

(3) 将网络技术、多媒体技术融为一体，体现了现代多种信息技术互相融合的趋势。

(4) 方便易行。在任何地方仅需通过网线、WiFi(Wireless Fidelity，无线上网)、4G(第四代移动通信)、5G(第五代移动通信)等即可接入 Internet。

(5) 能够向用户提供极其丰富的信息资源，包括大量免费使用的资源。

0.3　OSI 和 TCP/IP 参考模型

0.3.1　OSI 参考模型

在设计网络时，必须遵循该种网络的体系结构，这种体系结构为网络硬件、软件、协议、存取控制和拓扑提供标准。计算机网络采用的是 ISO(International Organization for Standardization，国际标准化组织)在 1979 年提出的 OSI(Open System Interconnection，开放系统互连)的参考模型。

计算机网络是一个非常复杂的系统，需要解决的问题很多并且性质各不相同。所以，在设计 ARPANET 时，ARPANET 的设计者就提出了"分层"的思想，即将庞大而复杂的整个问题分为若干较小的易于处理的局部问题。

1974 年美国 IBM 公司按照分层的方法制定了 SNA(System Network Architecture，系统网络体系结构)。一开始，各个公司都有自己的网络体系结构，这就使得各公司自己生产的各种设备容易互联成网，有助于该公司垄断自己的产品。但是，随着社会的发展，不同网络体系结构的用户迫切要求能互相交换信息。为了使不同体系结构的计算机网络都能互联，国际标准化组织 ISO 于 1977 年成立了专门机构研究这个问题。1979 年 ISO 提出了"异种机联网标准"的框架结构，这就是著名的开放系统互连参考模型 OSI，"开放"这个词表示能使任何两个遵守参考模型和有关标准的系统进行互连。OSI 得到了国际上的承认，成为其他各种计算机网络体系结构遵照的标准，大大地推动了计算机网络的发展。

OSI 包括了体系结构、服务定义和协议规范三级抽象。OSI 的体系结构定义了一个七层模型，用以进行进程间的通信，并作为一个框架来协调各层标准的制定；OSI 的服务定义描述了各层所提供的服务，以及层与层之间的抽象接口和交互用的服务原语；OSI 各层的协议规范精确地定义了应当发送何种控制信息及用何种过程来解释该控制信息。需要强调的是，参考模型并非具体实现的描述，它只是一个为制定标准而提供的概念性框架。在 OSI 中，只有各种协议是可以实现的，网络中的设备只有与 OSI 的有关协议一致时才能互连。

如图 0-1 所示，OSI 七层模型从下到上分别为物理层、数据链路层、网络层、传输层、会话层、表示层和应用层。在 OSI 模型中，各层之间的交互依靠 SAP(Service Access Point，服务访问点)，即 N 层实体提供服务给 N + 1 层的接口。从图中可见，整个开放系统环境由作为信源和信宿的端开放系统及若干中继开放系统通过物理媒体连接构成。通俗地说，它们就相当于资源子网中的主机和通信子网中的节点机。只有在主机中才可能需要包含所有七层的功能，而在通信子网中，一般只需要最低三层甚至最低两层的功能就可以了。

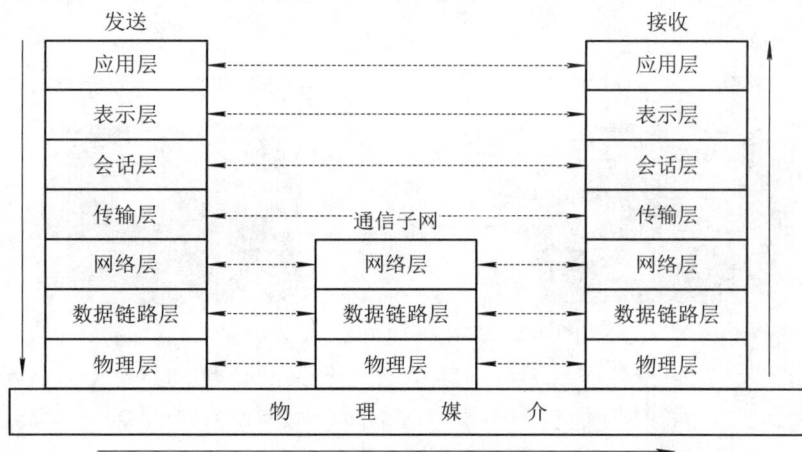

图 0-1　OSI 参考模型示意图

在 OSI 中，系统间的通信信息流动过程为：发送端的各层从上到下逐步加上各层的控制信息构成比特流并传递到物理信道，然后再传输到接收端的物理层，经过从下到上逐层去掉相应层的控制信息得到的数据流最终被传送到应用层的进程。

OSI 模型中各层的功能如下：

1. 物理层

物理层是 OSI 模型中最低的一层。物理层提供建立、维护和释放物理连接的方法，实现在物理信道上进行比特流的传输。该层直接与物理信道相连，起到数据链路层和传输媒体之间的逻辑接口作用。物理层协议主要规定了计算机或终端与通信设备之间的接口标准，包括接口的机械特性、电气特性、功能特性、规程特性。物理层传送信息的基本单位是比特。

物理层主要由数据终端设备、数据通信设备和互联设备组成。

(1) 数据终端设备。数据终端设备(Data Terminal Equipment，DTE)是指能够向通信子网发送和接收数据的设备。数据终端设备通常由输入设备、输出设备和输入输出控制器组成。其中，输入设备对输入的数据信息进行编码，以便进行信息处理；输出设备对处理过的结果信息进行译码输出；输入输出控制器则对输入、输出设备的动作进行控制，并根据物理层的接口特性与线路终端接口设备(如网卡、复用器、光模块、串行口和并行口等)相连。

不同的输入设备、输出设备可以与不同类型的输入输出控制器组合，从而构成各种各样的数据终端设备。由于这类设备是一种人机接口设备，通常由人进行操作，因此工作速率较低。我们最为熟悉的计算机、传真机、打印机、路由器等都可作为数据终端设备。

(2) 数据通信设备。数据通信设备(Data Communications Equipment，DCE)在 DTE 和传输线路之间提供信号变换和编码的功能，并负责建立、保持和释放链路的连接，如 Modem(调制解调器)、网卡、交换机等。以串行通信设备为例，DCE 通常是与 DTE 对接，因此针脚的分配相反。对于标准的串行端口，通常从外观就能判断其是 DTE 还是 DCE，DTE 是针头(俗称公头)，DCE 是孔头(俗称母头)，这样两种接口才能接在一起。DTE 和 DCE 的连接情况如图 0-2 所示。

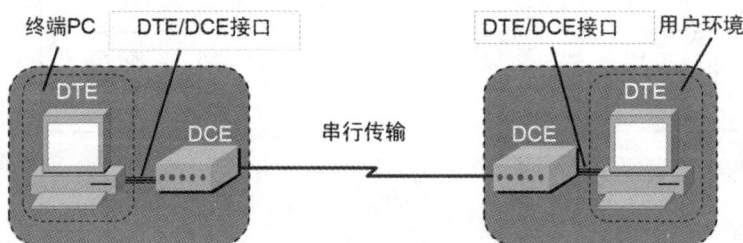

图 0-2　DTE 和 DCE 连接示意图

(3) 互联设备。互联设备指将 DTE、DCE 连接起来的装置。LAN 中的各种粗细同轴电缆、网线、光纤、T 型接头、插头、中继器等都属于物理层互联设备。

物理层的主要功能如下：

(1) 为数据终端设备提供传送数据的通路。数据通路可以是一个物理媒体，也可以是多个物理媒体连接而成的多媒体。一次完整的数据传输包括激活物理连接、传送数据、终止物理连接。所谓激活，就是不管有多少物理媒体参与，都要在通信的两个数据终端设备间建立连接，从而形成一条通路。

(2) 传输数据。物理层要形成适合数据传输所需要的实体，为数据传送服务：一是要保证数据能在其上正确通过；二是要提供足够的带宽，以减少信道上的拥塞。传输数据的方式要能满足点到点、一点到多点、串行或并行、半双工或全双工、同步或异步传输的需要。

2. 数据链路层

数据链路层是 OSI 模型中的第二层，介于物理层和网络层之间。数据链路层在物理层提供的比特流服务的基础上，在相邻节点之间建立链路，向网络层提供无差错的透明传输服务，并对传输中可能出现的差错进行检错和纠错。

数据链路层主要负责数据链路的建立、维持和拆除，并在两个相邻节点的线路上，将网络层送下来的信息(包)组成帧进行传送，每一帧包括一定数量的数据和一些必要的控制信息。为了保证数据帧的可靠传输，数据链路层应具有差错控制功能。简单地说，数据链路层是在不太可靠的物理链路上实现可靠的数据传输。数据链路层传送信息的基本单位是Frame(帧)。

数据链路层最基本的功能是向该层用户提供透明的和可靠的数据传送基本服务。透明性是指系统对该层上传输的数据的内容、格式及编码没有限制，不会对信息做任何处理。信息在物理层传输的时候，可能发生信息丢失、信息缺失、信息干扰、信息误码等严重的问题，在数据链路层中用纠错码来检错与纠错，可以避免这些问题的发生。因此，数据链路层是将物理层传输原始比特流的功能加强，将物理层提供的可能出错的物理连接改造成为逻辑上无差错的数据链路，使之对网络层表现为一个无差错的链路。

数据链路层包含 LLC(Logical Link Control，逻辑链路控制)和 MAC(Media Access Control，介质访问控制)两个子层。

(1) 逻辑链路控制子层。数据链路层的 LLC 子层用于设备间单个连接的错误控制和流量控制。

(2) 介质访问控制子层。介质访问控制子层是解决当局域网中共用信道的使用产生竞争时，如何分配信道的使用权问题。其主要功能是调度，即把逻辑信道映射到传输信道，负责根据逻辑信道的瞬时源速率为各个传输信道选择适当的传输格式。

3. 网络层

网络层是 OSI 模型中的第三层。它是 OSI 参考模型中最复杂的一层，也是通信子网的最高层，它在下两层的基础上向资源子网提供服务。网络层的主要任务是为网络上的不同主机提供通信。它通过路由选择算法，为分组通过通信子网选择最适当的路径，以实现网络的互连功能。具体地说就是，数据链路层的数据在这一层被转换为数据包，然后通过路径选择、分段组合、流量控制、拥塞控制等将信息从一台网络设备传送到另一台网络设备。网络层负责在网络中传送的数据单元是分组或包。

网络层的功能包括三方面：

(1) 处理来自传输层的分组发送请求。收到请求后，将分组装入 IP 数据报，填充报头，选择去往信宿机的路径，然后将数据报发往适当的网络接口。

(2) 处理输入数据报。首先检查其合法性，然后进行寻径。假如该数据报已到达信宿机，则去掉报头，将剩下的部分交给适当的传输协议；假如该数据报尚未到达信宿机，则转发该数据报。

(3) 处理路径、流控、拥塞等问题。

网络层是我们学习的重点，IP 地址、IP 协议、路由是网络层的主要内容，后面将主要学习这些内容，在此不再赘述。

4. 传输层

传输层是 OSI 模型中的第四层，实现端到端的数据传输。该层是两台计算机经过网络进行数据通信时，第一个端到端的层。传输层在终端用户之间提供透明的数据传输，向上层提供可靠的数据传输服务。传输层在给定的链路上进行流量控制、分段/重组和差错控制。

传输层既是 OSI 模型中负责数据通信的最高层，又是面向网络通信的低三层和面向信息处理的高三层之间的中间层。该层弥补了高层所要求的服务和网络层所提供的服务之间的差距，并向高层用户屏蔽了通信子网的细节，使高层用户看到的只是在两个传输实体间的一条端到端的、可由用户控制和设定的、可靠的数据通路。传输层传送信息的基本单位是段或报文。

各种通信子网在性能上均存在着大小不同的差异。例如，电话交换网、分组交换网、公用数据交换网、局域网等通信子网都可互连，但它们提供的吞吐量、传输速率、数据延迟和通信费用各不相同。对于会话层来说，却要求有个性能恒定的接口，传输层就承担了这一功能。它采用分流/合流、复用/解复用等技术来调节上述通信子网的差异。此外，传输层还要具备差错恢复、流量控制等功能，以便对会话层屏蔽通信子网在这些方面的细节与差异。传输层面对的数据对象已不是网络地址和主机地址，而是会话层的界面端口。

传输层提供了主机应用程序进程之间的端到端的服务，基本功能为：分割与重组数据、按端口号寻址、连接管理、差错控制、流量控制和纠错等。传输层要向会话层提供可靠的通信服务，避免报文的出错、丢失、延迟、时间紊乱、重复、乱序等差错。

传输层提供的服务可分为传输连接服务和数据传输服务。

(1) 传输连接服务：通常情况下，对于会话层要求的每个传输连接，传输层都要在网络层上建立相应的连接。

(2) 数据传输服务：强调提供面向连接的可靠服务，并提供流量控制、差错控制和序列控制，以实现两个终端系统间传输的报文无差错、无丢失、无重复、无乱序。

传输层定义了两个主要的协议，分别为：TCP(Transmission Control Protocol，传输控制协议)和 UDP(User Datagram Protocol，用户数据报协议)。

5. 会话层

会话层是 OSI 模型中的第五层，它建立在传输层之上。会话层的主要功能是在两个节点之间建立、维护和释放面向用户的连接，并对会话进行管理和控制，保证会话数据可靠传送。会话层的具体作用如下：

(1) 建立会话。若 A、B 两台计算机之间要通信，则要在它们之间建立一条交流的通道供它们使用，这条通道叫作会话。在建立会话的过程中会有 A、B 双方的身份验证、权限鉴定等，以保证是在真实的 A、B 端建立会话。

（2）保持会话。通信会话建立后，通信双方 A、B 开始传递数据，当数据传递完成后，OSI 会话层不一定会立刻将两者这条通信会话断开，它会根据应用程序和应用层的设置对该会话进行维护，在会话维持期间两者可以随时使用这条会话传输数据。

（3）断开会话。当应用程序或应用层规定的超时时间到期后，OSI 会话层才会释放这条会话，或者在 A、B 两台计算机重启、关机、手动执行断开连接的操作时，OSI 会话层也会将 A、B 之间的会话断开。

6. 表示层

表示层位于 OSI 模型的第六层，表示层处理的是 OSI 系统之间用户信息的表示问题，通过抽象的方法来定义一种数据类型或数据结构，并通过使用这种抽象的数据结构在各端系统之间实现数据类型和编码的转换。

会话层及其以下 5 层完成了端到端的数据传送，并且是可靠、无差错的传送。但是，数据传送只是手段而不是目的，最终是要实现对数据的使用。表示层的主要作用之一是为异种机通信提供一种公共语言，以便能进行互操作。这种类型的服务之所以有必要，是因为不同的计算机体系结构使用的数据表示方法不同。与第五层提供透明的数据运输不同，表示层是处理所有与数据表示及传输有关的问题，包括数据的编码、加密和压缩等。因为每台计算机可能有自己的表示数据的内部方法，如 ASCII(American Standard Code for Information Interchange，美国信息交换标准代码)与 EBCDIC(Extended Binary Coded Decimal Interchange Code，扩展二进制编码的十进制交换码)，所以需要表示层协议来保证不同的计算机可以彼此理解。

对于用户数据来说，可以从两个侧面分析：一个是数据含义，它被称为语义，由应用层处理；另一个是数据的表示形式，它称为语法，由表示层处理。例如，文字、图形、声音、文种、压缩、加密等都属于语法范畴。表示层设计了 3 类共 15 种功能单位，其中的上下文管理功能单位就是沟通用户间的数据编码规则，以便双方有一致的数据形式，能够互相认识。

在表示层中，数据将按照网络能理解的方案进行格式化。这种格式化会因所使用的网络类型不同而不同。表示层管理数据的解密与加密，如系统口令的处理。例如，在 Internet 上查询银行账户，使用的即是一种安全连接，账户数据在发送前被加密，然后在网络的另一端，表示层将对接收到的数据解密。除此之外，表示层协议还对图片和文件格式信息进行解码和编码。

7. 应用层

应用层是 OSI 模型中的最高层，是直接为应用进程提供服务的。应用层是计算机网络与最终用户之间的接口，是利用网络资源唯一向应用程序直接提供服务的一层。

应用层为用于通信的应用程序和用于消息传输的底层网络提供接口。应用层提供各种各样的应用层协议，这些协议嵌入在各种我们使用的应用程序中，为用户与网络之间提供一个打交道的接口。比如，IE 浏览器使用的是应用层的 HTTP 协议，Outlook 使用收发邮件的 SMTP、POP3 协议，FTP 软件使用 FTP 协议等。这里要注意一点，所使用的软件是应用程序，这些软件只是软件开发者编程开发出来的，这些应用软件只是一个壳子，而这些软件里嵌套的协议才是应用层的内容，使用网络的程序需要集成协议才可以正常使用。

总体来看，OSI 参考模型的每一层都要完成特定的功能，来为它的上一层提供服务，而每一层都使用它下层提供的服务，即每一层都利用它下层的服务，为它的上层提供服务，除了第 1 层和第 7 层。其中：第 1 层直接为第 2 层服务，第 7 层为模型外的用户服务。

OSI 模型是对发生在网络设备间的信息传输过程的一种理论化描述，它仅仅是一种理论模型，并没有定义如何通过硬件和软件实现每一层功能，与实际使用的协议(如 TCP/IP 协议)是有一定区别的。虽然 OSI 仅是一种理论化的模型，但它是所有学习网络知识的基础，有助于深入了解网络及其各种设备的工作原理，因此除了了解各层的名称，还更应该深入了解它们的功能及各层之间是如何工作的。

0.3.2　TCP/IP 参考模型

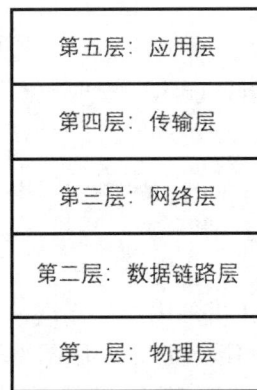

虽然 OSI 的概念清楚，理论也较完整，但是它既复杂又不实用。因为 OSI 参考模型是在其协议被开发出来之前设计出来的，它并不基于某个特定的协议集而设计，所以具有通用性，但它在协议实现方面仍存在不足，也从来没有一种完全遵守 OSI 参考模型的协议族。

在计算机网络中，存在着一种更加适合计算机网络特点的模型，这就是 TCP/IP(Internet Protocol，互联网协议)模型。TCP/IP 模型是先有协议的，它源于美国 20 世纪 60 年代开发的 ARPANET 的 TCP/IP 协议，TCP/IP 模型只是对现有协议的描述，因此和现有协议非常吻合，也叫 TCP/IP 协议栈。但它在描述非 TCP/IP 网络时的用处不大。

TCP/IP 是用于实现网络互连的通信协议，TCP/IP 参考模型将协议分成四个层次，即网络接口层、网络层、传输层和应用层，如图 0-3 所示。但是网络接口层并没有规定具体内容，实际应用不清晰，因此实际应用的是综合 OSI 和 TCP/IP 各自优点的五层协议的体系结构，如图 0-4 所示。

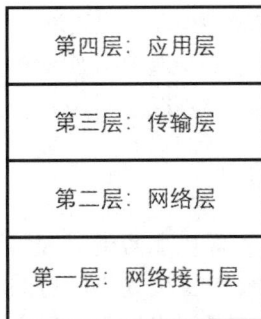

| 第四层：应用层 |
| 第三层：传输层 |
| 第二层：网络层 |
| 第一层：网络接口层 |

| 第五层：应用层 |
| 第四层：传输层 |
| 第三层：网络层 |
| 第二层：数据链路层 |
| 第一层：物理层 |

图 0-3　TCP/IP 四层参考模型　　　　图 0-4　TCP/IP 五层参考模型

1. 网络接口层

网络接口层对应 OSI 的物理层和数据链路层，但是 TCP/IP 实际上并未真正提供这一层的实现，也没有提供协议，只是要求第三方实现的主机网络层能够为上层提供一个访问接口，使得网络层能真正地利用主机网络层来传递 IP 数据包。比如，当使用 Ethernet 时，只需要定义 Ethernet 与网络交互的接口层，这就体现了 TCP/IP 模型的兼容性与适应性，这是 TCP/IP 成功的关键。

但是在实际应用中，更习惯将网络接口层分为物理层和数据链路层，这样逻辑清楚，分工明确，更加符合网络设计、开发与维护的情况。

2. 网络层

在 TCP/IP 参考模型中，网络层是参考模型的第二层，网络层负责将源主机的报文分组发送到目的主机，源主机与目的主机可以在一个网上，也可以在不同的网上。网络层的主要功能包括：

(1) 处理来自传输层的分组发送请求。在收到分组发送请求之后，将分组装入 IP 数据报，填充报头，选择发送路径，然后将数据报发送到相应的网络输出接口。

(2) 处理接收的数据报。在接收到其他主机发送的数据报之后，检查目的地址，如果需要转发，则选择发送路径，将数据报转发出去；如果目的地址为本节点 IP 地址，则除去报头，将分组数据报交送传输层处理。

(3) 处理互连的路径、流程与拥塞问题。

3. 传输层

在 TCP/IP 参考模型中，传输层是参考模型的第三层，传输层的主要目的是在互联网中源主机与目的主机的对等实体间建立用于会话的端到端连接，在应用进程之间进行端到端通信。从这点上来说，TCP/IP 参考模型与 OSI 参考模型的传输层功能是相似的。

4. 应用层

应用层是 TCP/IP 参考模型中的第四层，是直接为应用进程提供服务的。对于不同种类的应用程序，它们会根据自己的需要来使用应用层的不同协议，可以加密、解密、格式化数据，也可以建立或解除与其他节点的联系，这样可以充分节省网络资源。

综上所述，OSI 模型与 TCP/IP 四层模型之间的对应关系如图 0-5 所示。

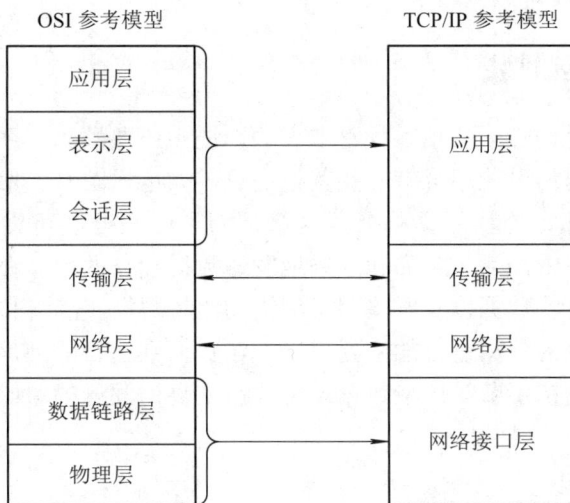

图 0-5　OSI 模型与 TCP/IP 四层模型之间的对应关系

0.3.3　OSI 参考模型与 TCP/IP 模型对比

OSI 参考模型与 TCP/IP 模型都采用了层次结构的概念，在传输层定义了相似的功能，但是二者在层次划分与使用的协议上是有很大差别的，也正是这种差别形成了两个模型截然不同的发展局面：OSI 参考模型主要应用于理论学习；而 TCP/IP 模型的应用得到了发展。

OSI 参考模型和 TCP/IP 参考模型具备一些共同点，比如：一是它们都是基于独立的协议栈的概念；二是它们的功能大体相似，在两个模型中，传输层及以上的各层都是为了通信的进程提供点到点、与网络无关的传输服务；三是其传输层以上的层都以应用为主导。

但是，OSI 参考模型与 TCP/IP 参考模型也有很大的差别，比如：TCP/IP 一开始就考虑到多种异构网的互连问题，并将 IP 作为 TCP/IP 的重要组成部分，但 OSI 最初只考虑到使用一种标准的公用数据网将各种不同的系统互联在一起；TCP/IP 一开始就对面向连接和无连接并重，而 OSI 在开始时只强调面向连接服务；TCP/IP 有较好的网络管理功能，而 OSI 到后来才重视这个问题。

OSI 参考模型和 TCP/IP 参考模型都不是完美的。OSI 的缺点主要包括：OSI 的会话层在大多数应用中很少用到，表示层几乎是空的；在数据链路层与网络层之间有很多的子层插入，每个子层有不同的功能；OSI 模型将"服务"与"协议"的定义结合起来，使得参考模型变得格外复杂；寻址、流控与差错控制在每一层里都重复出现，这样必然会降低系统效率；缺乏保障数据安全性、加密与网络管理等方面的考虑与设计。OSI 参考模型的设计更多的是被通信思想所支配，很多选择不适合于计算机与软件的工作方式。

同样，TCP/IP 参考模型与协议也有它自身的缺陷，例如，在服务、接口与协议的区别上较混乱，网络接口层本身并不是实际的一层，它定义了网络层与数据链路层的接口，还有物理层与数据链路层的划分是必要和合理的，一个好的参考模型应该将它们区分开来，而 TCP/IP 参考模型却没有做到这点。

0.3.4　数据封装与解封装

在邮寄某件物品时，除了要填写收寄双方的地址，还要填写联系方式、是否需要保价等信息。另外，快递公司可能还会有一些其他信息，如运送工具、服务级别、运送注意事项等信息也要附加在邮寄的物品详单上，这都是为了保证准确可靠地完成物品的邮寄。与此类似，在通信网络中，为了可靠和准确地发送数据到目的地，在所发送的数据包上附加上用来识别地址的比特数据以及一些用于纠错的比特数据。当对传输有安全性和可靠性的要求时，还要对传送的数据进行加密处理等。在数据到达目的地后，接收设备逐步剥离附加上的地址信息、纠错字节等比特数据，将数据恢复为发送的原始数据。这个过程就叫作数据封装和解封装。

1. 数据封装

以 TCP/IP 网络为例，数据封装就是根据 TCP/IP 模型，把业务数据由上层协议栈映射到下层协议栈，然后填充下层协议栈采用的协议的包头数据，生成按照协议格式封装的数据包，并完成速率适配。以 TCP/IP 五层模型为例，数据完整的封装过程如图 0-6 所示。

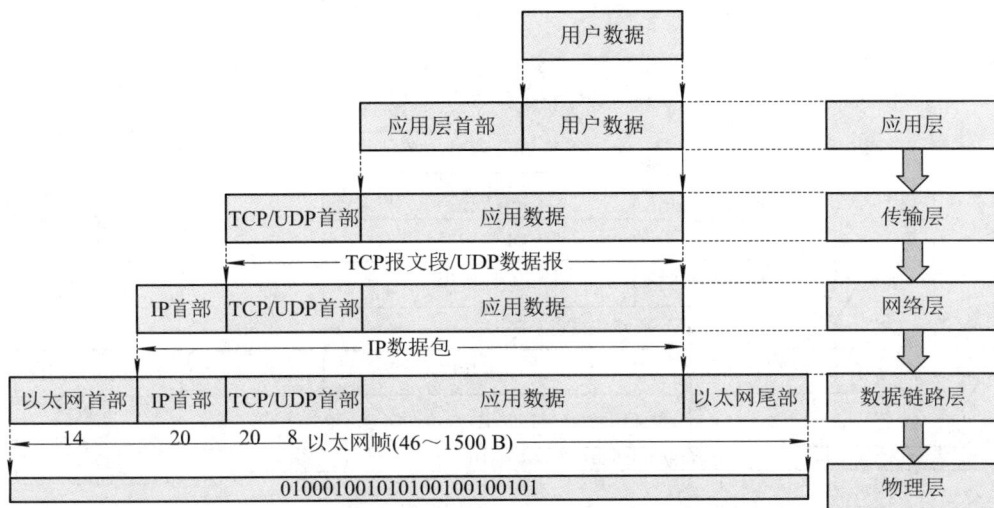

图 0-6　数据封装

数据封装过程如下：

(1) 用户使用手机或者计算机浏览器打开一个页面，或者使用 HTTP 协议的其他应用，向数据服务器发起浏览一个网页的业务请求时，该业务数据是应用层的数据。

(2) 业务数据从应用层和传输层之间的 SAP 进入传输层，传输层在业务数据前增加"目标端口＋源端口"的 TCP 或者 UDP 首部数据，封装生成"目标端口＋源端口＋业务数据"的数据段。

(3) 数据段从传输层和网络层之间的 SAP 进入网络层，网络层在数据段前增加"目标IP 和源 IP"的 IP 首部数据，封装生成"目标 IP＋源 IP＋目标端口＋源端口＋业务数据"的 IP 数据报(包)。数据报(包)可以在不同的网络中传输。

(4) 数据报(包)从网络层和数据链路层之间的 SAP 进入数据链路层，数据链路层在数据报(包)前增加"目标 MAC 和源 MAC 数据"，生成"目标 MAC＋源 MAC＋目标 IP＋源IP＋目标端口＋源端口＋业务数据"的数据帧。数据帧在本地网络中传输。

(5) 数据帧从数据链路层和物理层之间的 SAP 进入物理层，经过物理层转换为比特流，在网络的传输媒介上传送到网页服务器。

经过以上几个步骤，数据封装完成。

2. 数据解封装

解封装就是封装的逆过程，在 TCP/IP 各层拆解协议包，处理包头中的信息，取出净荷中的业务信息。数据解封装的过程如图 0-7 所示。

数据解封装过程如下：

(1) 服务器将用户要访问的数据的比特流通过网络的传输媒介发送到对方计算机的网卡上。

(2) 比特流经过物理层和数据链路层之间的 SAP 进入数据链路层，生成数据帧，链路层识别并剥离 MAC 地址信息，解封装生成"目标 IP + 源 IP + 目标端口 + 源端口 + 业务数据"的数据报(包)。

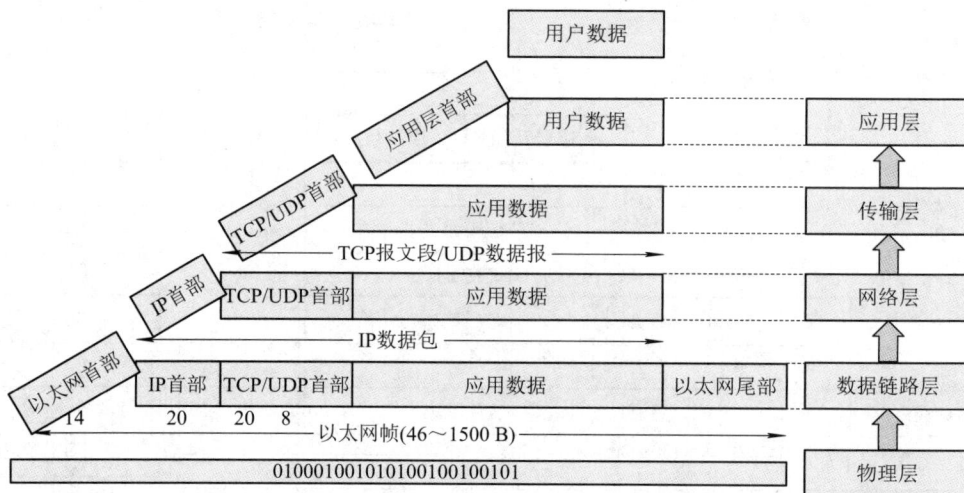

图 0-7　数据解封装

(3) 数据报(包)通过数据链路层和网络层之间的 SAP 进入网络层，识别并剥离 IP 地址信息后，解封装生成"目标端口 + 源端口 + 业务数据"的数据段。

(4) 数据段通过网络层和传输层之间的 SAP 进入传输层，传输层识别并剥离端口数据后，解封装生成"业务数据"的应用层数据。

(5) 应用层数据经过传输层和应用层之间的 SAP 进入应用层，通过 APP 处理后，将访问的数据呈现给用户。

0.4　TCP/IP 协议族

TCP/IP 模型中，网络层、传输层和应用层将很多协议组合在一起，称为 TCP/IP 协议族，该协议族成为构建 Internet 的基础。其中，IP 是 TCP/IP 协议族中最为核心的协议，所有的 TCP、UDP、ICMP、IGMP 协议的数据都是以 IP 数据报格式传输的。TCP/IP 协议族的组成如图 0-8 所示，注意图中只列出了部分协议。

应　用　层	SMTP	FTP	DNS	SNMP	NFS	HTTP	TELNET
传　输　层	TCP				UDP		
网　络　层	ICMP	IGMP					
			IP				
						ARP	RARP
网络接口层	LAN		MAN		WAN		

图 0-8　TCP/IP 协议族

0.4.1　网络层协议

网络层协议主要包括 IP 协议以及与 IP 协议相关的 ARP、RARP、ICMP、IGMP 协议。

1. IP 协议

IP 协议规定了计算机在 Internet 上进行通信时应当遵守的规则。正是因为有了 IP 协议，Internet 才得以迅速发展成为世界上最大的、开放的计算机通信网络，所以 IP 协议也可以叫作"因特网协议"。近年来，IP 协议已经被广泛应用于其他的网络通信系统，如 VoIP (Voice over Internet Protocol，基于 IP 的语音传输)、IP over ATM、IP over SDH(Synchronous Digital Hierarchy，同步数字体系)、IP over WDM(Wavelength Division Multiplexing，波分复用)等，成为通信协议中最基础最重要的协议之一。

1) IP 协议功能

IP 协议提供一种无连接、不可靠、尽力而为的数据报传输服务。IP 协议的功能主要有两个：一是寻址和路由；二是分片与重组。

(1) 寻址和路由。IP 数据报中会携带源 IP 地址和目的 IP 地址来标识该数据报的源主机和目的主机。IP 数据报在传输过程中，每个中间节点只根据网络地址进行转发，如果中间节点是路由器，则路由器会根据路由表选择合适的路径。IP 协议根据路由选择协议提供的路由信息对 IP 数据报进行转发，直至到达目的主机。

(2) 分片与重组。IP 数据报在传输过程中可能会经过不同的网络设备，不同的网络设备对通过的数据报的最大长度限制是不同的。如果一个数据报的长度超过了设备允许通过的数据报的最大长度，就需要将 IP 数据报分割成多个小的数据报分别传送，这个过程叫作分片。IP 协议给每个 IP 数据报分配一个标识符以及每个分片后的数据报的位置信息，分片后的 IP 数据报可以独立地在网络中进行转发，在到达目的主机后由目的主机根据原数据报标识和分片数据报位置完成数据报的重组工作，从而恢复出原来的 IP 数据报。

2) IP 地址

IP 协议中有一个非常重要的内容，就是给 Internet 上的每台数据终端设备和数据控制设备都分配了一个唯一的地址，叫作"IP 地址"，用以唯一地确定 Internet 上的每一台设备。IP 地址是一个 32 位的二进制数，通常被分割为 4 个"8 位二进制数"，也就是 4 个字节。IP 地址通常用"点分十进制"表示成"a.b.c.d"的形式，其中 a、b、c、d 都是 0~255 之间的十进制整数，如 100.4.5.6。关于 IP 地址的分类、计算和应用会在后面的内容中详细介绍，在此不再赘述。

3) IP 数据报

使用 IP 协议传输数据的包被称为 IP 数据包，IP 协议规定该数据包叫作 IP 数据报文或者 IP 数据报。IP 数据报由被称为报头的首部和数据体两部分组成。首部的前一部分是固定长度，共 20 字节，是所有 IP 数据报必须具有的。在首部的固定部分的后面是一些可选字段，其长度是可变的。每个 IP 数据报都以一个 IP 报头开始，IP 报头中包含大量的信息，如源 IP 地址、目的 IP 地址、数据报长度、IP 版本号等，每个信息都被称为一个字段。源计算机构造这个 IP 报头，而目的计算机利用 IP 报头中封装的信息处理数据。IP 数据报格式如图 0-9 所示。

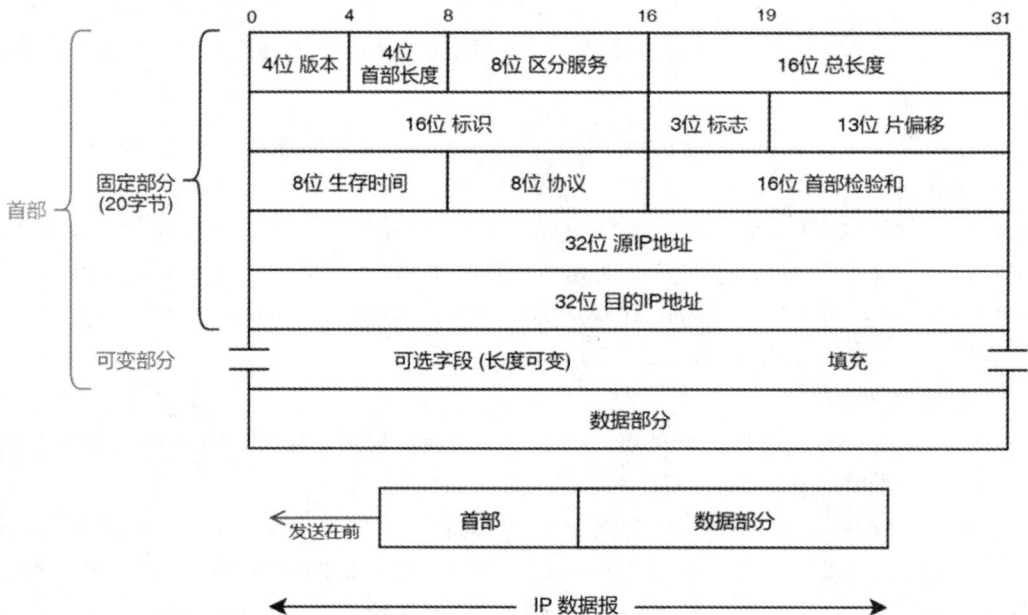

图 0-9　IP 数据报格式

IP 数据报报头的最小长度为 20 字节，其中每个字段的含义如下：

(1) 版本，占 4 比特，表示 IP 协议的版本。通信双方使用的 IP 协议版本必须一致。目前广泛使用的 IP 协议版本号为 4，即 IPv4(Internet Protocol Version 4，网际协议版本 4)。IPv6 版本的应用也在逐渐增多。

(2) 首部长度，占 4 比特，可表示的最大十进制数值是 15。该字段的单位是 4 字节，因此当 IP 的首部长度为 1111 时(十进制 15)，首部长度就为 15×4，即 60 字节。当 IP 分组的首部长度不是 4 字节的整数倍时，必须利用最后的填充字段加以填充。当该字段取值为 0101 时，首部长度就是 20 字节，这是最常用的首部长度。

(3) 区分服务，占 8 比特。这个字段在旧标准中叫作服务类型，但实际上没有被使用。1998 年 IETF(The Internet Engineering Task Force，国际互联网工程任务组)把这个字段改名为 DS(Differentiated Services，区分服务)后才得以应用。

(4) 总长度，首部与数据之和，单位为字节。总长度字段为 16 位，因此数据报的最大长度为 $2^{16}-1$，即 65 535 字节。

(5) 标识，用来标识数据报，占 16 比特。IP 协议在存储器中维持一个计数器，每产生一个数据报计数器就加 1，并将此值赋给标识字段。当数据报的长度超过网络的 MTU(Maximum Transmission Unit，最大传输单元)时必须对数据报分片，这个标识字段的值就会被复制到该数据报分片后的所有数据报的标识字段中。具有相同的标识字段值的分片报文会被重组成原来的数据报。

(6) 标志，占 3 比特。第一位未使用，其值为 0。第二位称为 DF(Don't Fragment，不分片)，表示是否允许分片。其取值为 0 时，表示允许分片；其取值为 1 时，表示不允许分片。第三位称为 MF(More Fragment，更多分片)，其取值为 1 时，表示有分片正在传输；其取值为 0 时，表示没有更多分片需要发送或数据报没有分片。

(7) 片偏移，占 13 比特。当报文被分片后，该字段标记该分片在原报文中的相对位置。片偏移以 8 个字节为偏移单位，所以除了最后一个分片，其他分片的偏移值都是 8 字节的整数倍。

(8) 生存时间，表示数据报在网络中的寿命，占 8 比特。该字段由发出数据报的源主机设置，目的是防止数据报无限制地在网络中传输消耗网络资源。路由器在转发数据报之前，会先把 TTL(Time To Live，生存时间)值减 1，若 TTL 值减少到 0，则丢弃这个数据报，不再转发。因此，TTL 指明了数据报在网络中最多可经过多少个路由器，其最大数值为 255。若把 TTL 的初始值设置为 1，则表示这个数据报只能在本局域网中传送。

(9) 协议，表示该数据报文携带的数据所使用的协议类型，占 8 比特。该字段主要方便目的主机的 IP 层知道按照什么协议来处理数据部分。不同的协议有不同的协议号。例如，TCP 的协议号为 6，UDP 的协议号为 17，ICMP 的协议号为 1。

(10) 首部检验和，用于校验数据报的首部，占 16 比特。数据报每经过一个路由器，首部的字段都有可能发生变化，所以需要重新校验。而数据部分不会发生变化，所以不用重新生成校验值。

(11) 源 IP 地址，表示数据报的源 IP 地址，占 32 比特。

(12) 目的 IP 地址，表示数据报的目的 IP 地址，占 32 比特。

(13) 可选字段，该字段用于一些可选的报头设置，主要用于测试、调试，以便达到安全的目的。

(14) 填充，当数据报的报头不是 32 比特(4 个字节)的整数倍时，可使用若干个 0 填充该字段，以保证整个报头的长度是 32 比特的整数倍。

(15) 数据部分，来自传输层或者网络层的其他协议使用 IP 数据报传送的数据，如 TCP、UDP、ICMP、IGMP 的数据。数据部分的长度不固定，但是小于"65 535 － 首部长度"。

2. 其他协议

1) ICMP

ICMP(Internet Control Message Protocol，互联网控制消息协议)是整个网络层协议族的一个子协议，用于在 IP 主机与路由器之间传递控制消息。控制消息是指网络通不通、主机是否可达、路由是否可用等网络本身的消息。这些控制消息虽然并不传输用户数据，但是它对于用户数据的传递起着重要的作用。

ICMP 对于网络安全具有极其重要的意义。当遇到 IP 数据无法访问目标、IP 路由器无法按当前的传输速率转发数据包等情况时，ICMP 会自动发送 ICMP 消息。ICMP 提供一致易懂的出错报告信息，发送的出错报文返回到发送原数据的设备，发送设备随后可根据 ICMP 报文确定发生错误的类型，并确定如何才能更好地重发失败的数据包。由此可见，ICMP 的功能是报告问题而不是纠正错误，纠正错误的任务由发送方完成。

ICMP 就是一个错误侦测与反馈的协议，其目的就是让人们能够检测网络的连接情况，确保连接的准确性。其功能主要有：侦测远端主机是否存在、建立及维护路由信息、重导控制信息传送路径(ICMP 重定向)、控制信息流量等。

在网络中经常会使用到 ICMP 协议，例如，经常使用的用于检查网络通不通的 ping 命令(Linux 和 Windows 中均有)、跟踪路由的 tracert 命令都是基于 ICMP 协议的。在 DOS 窗口输入"ping　IP 地址"，执行结果如图 0-10 所示，"丢失 = 0"说明网络是正常的。

```
C:\Users\cuihaibin>ping -l 3000 192.168.0.1

正在 Ping 192.168.0.1 具有 3000 字节的数据:
来自 192.168.0.1 的回复: 字节=3000 时间=25ms TTL=64
来自 192.168.0.1 的回复: 字节=3000 时间=2ms TTL=64
来自 192.168.0.1 的回复: 字节=3000 时间=4ms TTL=64
来自 192.168.0.1 的回复: 字节=3000 时间=2ms TTL=64

192.168.0.1 的 Ping 统计信息:
    数据包: 已发送 = 4, 已接收 = 4, 丢失 = 0 (0% 丢失),
往返行程的估计时间(以毫秒为单位):
    最短 = 2ms, 最长 = 25ms, 平均 = 8ms
```

图 0-10　ping 执行过程

2) IGMP

IGMP(Internet Group Management Protocol，Internet 组管理协议)负责 TCP/IP 协议栈中的 IPv4 组播组成员注册的管理。IGMP 运行在接收者主机和与其直接相邻的组播路由器之间，用于建立和维护成员关系。参与 IP 组播的主机可以在任意位置、任意时间加入或退出组播组。IP 组播通常应用在视频点播、网络会议等场合。

3) ARP

ARP(Address Resolution Protocol，地址解析协议)是根据 IP 地址获取物理地址的一个协议。当网络层的 IP 数据报到达链路层时，需要根据链路层的 MAC 地址来发送数据，因此需要根据目的 IP 地址确认对应主机的 MAC 地址。ARP 的主要功能有：一是将 IP 地址解析为 MAC 地址；二是维护 IP 地址与 MAC 地址的映射关系的缓存，即 ARP 表项；三是实现网段内重复 IP 地址的检测。

网络设备一般都有一个 ARP 缓存，ARP 缓存用来存放 IP 地址和 MAC 地址的关联信息。在发送数据前，设备会先查找 ARP 缓存表。如果缓存表中存在对方设备的 MAC 地址，则直接采用该 MAC 地址来封装帧，然后将帧发送出去。如果缓存表中不存在相应的信息，则通过发送"ARP request(请求)"报文来获得它。学习到的 IP 地址和 MAC 地址的映射关系会被放入 ARP 缓存表中存放一段时间。在有效期内，设备可以直接从这个表中查找目的 MAC 地址来进行数据封装，而无须进行 ARP 查询。过了有效期，ARP 表项会被自动删除。如果目标设备位于其他网络，则源设备会在 ARP 缓存表中查找网关的 MAC 地址，然后将数据发送给网关，网关再把数据转发给目的设备。

获取 ARP 缓存表的方法为：在 DOS 窗口输入"ARP -a"后，就能查看到当前计算机中所有传送的数据报的 IP 地址和 MAC 地址的映射关系了，如图 0-11 所示。

```
C:\Users\cuihaibin>ARP -a

接口: 192.168.0.152 --- 0x16
  Internet 地址          物理地址              类型
  192.168.0.1           78-44-fd-df-7c-21     动态
  192.168.0.40          60-ab-67-e2-bb-0d     动态
  192.168.0.41          6c-94-66-f2-20-1f     动态
  192.168.0.51          b4-0f-3b-ef-76-99     动态
  192.168.0.52          86-1e-65-6f-e5-c8     动态
  192.168.0.55          50-eb-71-cd-50-8c     动态
  192.168.0.85          7c-b5-9b-94-81-1a     动态
  192.168.0.87          f8-9e-94-1f-fd-9c     动态
  192.168.0.92          70-bb-e9-d0-ef-91     动态
  192.168.0.100         7c-b5-9b-94-7d-78     动态
  192.168.0.102         58-fb-84-30-0d-8b     动态
  192.168.0.106         d4-08-4d-30-b9-00     动态
  192.168.0.107         94-f6-65-08-df-00     动态
  192.168.0.124         64-6e-97-87-91-41     动态
  192.168.0.139         5c-c3-36-8d-d8-71     动态
```

图 0-11　ARP 缓冲表

4) RARP

RARP(Reverse Address Resolution Protocal，反向地址转换协议)允许局域网的物理机器从网关服务器的 ARP 表或缓存上请求 IP 地址。假如局域网中有一台主机只知道自己的物理地址而不知道自己的 IP 地址，那么可以通过 RARP 协议发出征求自身 IP 地址的广播请求，然后 RARP 服务器将会返回 IP 地址。

RARP 主要用于无盘工作站，因为给无盘工作站配置的 IP 地址不能保存。在网络中配置一台 RARP 服务器，其中保存着 IP 地址和 MAC 地址的映射关系，当无盘工作站启动后，就会封装一个 RARP 数据包，该数据包里有其 MAC 地址，然后将其广播到网络中，当服务器收到请求包后，就会查找对应 MAC 地址的 IP 地址，并将其装入响应报文中发回给请求者。因为此过程需要广播请求报文，所以 RARP 只能用于具有广播能力的网络。

0.4.2　传输层协议

传输层协议主要有 TCP 和 UDP 两种协议。

1. TCP

TCP 是一种面向连接的、可靠的、基于字节流的传输层通信协议，由 IETF 的 RFC793 定义。在 TCP/IP 协议族中，TCP 层是位于 IP 层之上，应用层之下的中间层。

由于不同主机的应用层之间经常需要类似于点对点连接的可靠的传输，但是 IP 层不提供这样的机制，因此可靠的传输需要传输层的 TCP 来完成。

1) TCP 报文

TCP 数据包又叫作 TCP 报文，它是封装在 IP 数据报中进行传输的，如图 0-12 所示。

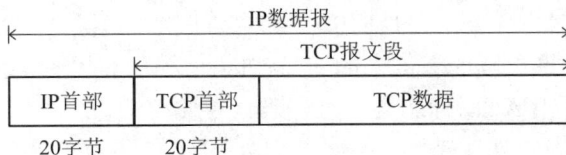

	IP数据报	
	TCP报文段	
IP首部	TCP首部	TCP数据
20字节	20字节	

图 0-12　IP 数据封装 TCP 报文结构图

图 0-13 是 TCP 报文的详细数据格式。TCP 首部如果不计选项和填充字段，通常是 20个字节。

0	8	16	24	31

16位源端口	16位目的端口
32位序列号	
32位确认号	

头长度	保留字(6位)	URG ACK PSH RST SYN FIN	16位窗口大小

16位TCP校验和	16位紧急指针
选项	
数据	

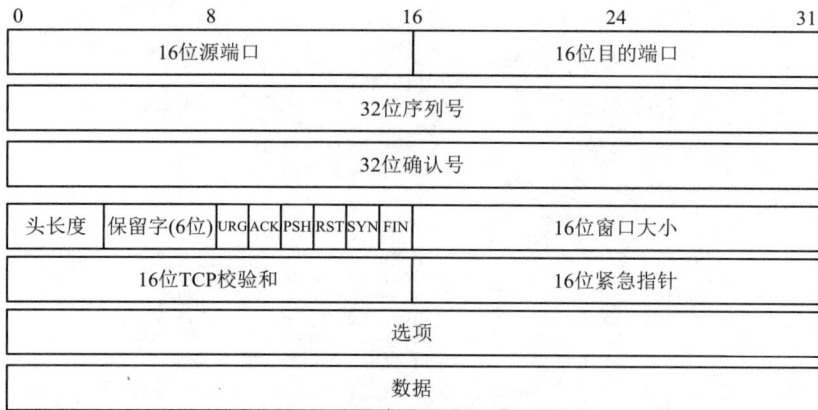

图 0-13　TCP 报文详细数据格式

图 0-13 中每个字段的含义如下：

(1) 源端口和目的端口。端口号是逻辑意义上的端口，端口是传输层服务访问点，用 0～65 535 的数字标识，是传输层用来识别某一个数据发送和接收的具体应用进程。根据端口号可以确定将数据送给哪个应用程序处理。例如，80 代表 HTTP 程序，23 代表 TELNET程序。

端口号分为知名端口号、注册端口号和动态端口号三种。

① 知名端口号是系统端口号或者保留端口号，从 0 到 1023。IANA(The Internet Assigned Numbers Authority，互联网数字分配机构)把这些端口号指派给 TCP/IP 中最重要的一些应用程序，让所有的用户都知道。当一种新的应用程序出现后，IANA 必须为它指派一个系统端口，否则 Internet 上的其他应用进程就无法和它进行通信。例如，FTP 的端口号是 21，TELNET的端口号是 23，SMTP 的端口号是 25 等。

② 注册端口号是服务器侧使用的端口号，其范围为 1024～49 151，是为那些没有知名端口号的应用程序使用的，使用这类端口号必须按照 IANA 规定的手续登记，以防重复。

③ 动态端口号是动态端口使用的端口号，其范围为 49 152～65 535。这类端口号仅在客户进程运行时才动态地选择。通信结束后，这个端口号就不存在了，可以供给其他客户进程使用。

源端口和目的端口加上 IP 首部中的源 IP 地址和目的 IP 地址可以唯一地确定一个 TCP连接。在应用层，有时一个 IP 地址和一个端口号也称为 socket(套接字)。

(2) 序列号。序列号占 4 个字节，是本报文段所发送的数据项目组中第一个字节的序号。在 TCP 传送的数据流中，每一个字节都有一个序号。例如，一个报文段的序号为 300，而且数据共 100 字节，则下一个报文段的序号就是 400，序号是 32 比特的无符号数，序号到达 "$2^{32}-1$" 后又从 0 开始。

(3) 确认号。确认号占 4 字节，是期望收到对方下次发送数据的第一个字节的序号，也就是期望收到的下一个报文段的首部中的序号，因此确认号应该是 "上次已成功收到数据字节的序号 +1"。只有当 ACK 标志为 1 时，确认号才有效。

(4) 头长度。该字段占 4 比特，表示数据开始的地方离 TCP 段的起始处有多远，实际上就是 TCP 段首部的长度。由于首部长度不固定，因此数据偏移字段是必要的。数据偏移以 32 比特为长度单位，也就是 4 个字节，因此 TCP 首部的最大长度是 60 个字节，即最大偏移为 15 个长度单位，也就是 15×32 比特，或者说是 15×4 字节。

(5) 保留字。该字段占 6 比特，供以后应用，现在置为 0。

(6) 6 个标志位比特，如下：

URG：当 URG = 1 时，表示此报文应尽快传送，而不要按本来的列队次序传送。与"紧急指针"字段共同使用，紧急指针指出本报文段中紧急数据的最后一个字节的序号，使接收方可以知道紧急数据共有多长。

ACK：只有当 ACK = 1 时，确认号字段才有效。

PSH：当 PSH = 1 时，接收方应该将本报文段立即传送给其应用层。

RST：当 RST = 1 时，表示出现连接错误，必须释放连接，然后再重建传输连接。复位比特还可用来拒绝一个不法的报文段或拒绝打开一个连接。

SYN：当 SYN = 1 且 ACK = 0 时，表示请求建立一个连接，携带 SYN 标志的 TCP 报文段为同步报文段。

FIN：发送端完成发送任务。

(7) 窗口大小。TCP 通过滑动窗口的概念来进行流量控制。例如，在发送端发送数据的速度很快而接收端接收速度却很慢的情况下会丢失数据，为了保证数据不丢失，就需要进行流量控制，以便协调好通信双方的工作节奏。所谓滑动窗口，可以理解成接收端所能提供的缓冲区大小。TCP 利用一个滑动的窗口来告诉发送端对它所发送的数据能提供多大的缓冲区。窗口大小为字节数起始于确认号字段指明的值(这个值是接收端正期望接收的字节)。窗口大小是一个 16 比特的字段，因而其最大为 $2^{16} - 1$，即 65 535 字节。

(8) TCP 校验和。TCP 校验和覆盖了整个 TCP 报文段：TCP 首部和数据。这是一个强制性的字段，一定是由发送端计算和存储，并由接收端进行验证。

(9) 紧急指针。只有当 URG 标志为 1 时，紧急指针才有效。紧急指针是一个正的偏移量，和序号字段中的值相加表示紧急数据最后一个字节的序号。

2) TCP 三次握手机制

TCP 提供的是一种可靠的、通过"三次握手"来连接的数据传输服务。当主动方发出 SYN(同步)连接请求后，等待对方回答 SYN + ACK(同步确认)，并最终对对方的 SYN 执行 ACK 确认。这种建立连接的方法可以防止产生错误的连接。

TCP 三次握手的过程如图 0-14 所示。

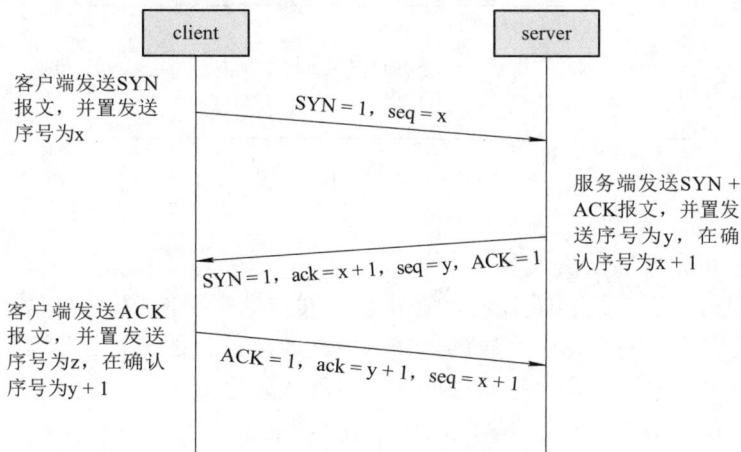

图 0-14　TCP 三次握手示意图

由图 0-14 可知，TCP 三次握手的过程如下：

(1) 初始状态。服务端监听某个端口，处于 LISTEN(监听)状态。

(2) 客户端发送 TCP 连接请求。客户端会随机产生一个初始序列号 seq = x，设置 SYN = 1，表示这是 SYN 握手报文，向服务端发起连接，之后客户端处于同步已发送状态。

(3) 服务端发送针对 TCP 连接请求的确认。服务端收到客户端的 SYN 报文后，也随机产生一个初始序列号 seq = y，设置 ack = x + 1，表示收到了客户端序列号 x 之前的数据，希望客户端下次发送的数据从序列号 x + 1 开始。设置 SYN = 1 和 ACK = 1，表示这是一个 SYN 握手和 ACK 确认应答报文，最后把该报文发给客户端，该报文不包含应用层数据，之后服务端处于同步已接收状态。

(4) 客户端发送确认的确认。客户端收到服务端报文后，还要向服务端回应最后一个应答报文，将 ACK 置为 1，表示这是一个应答报文，ack = y + 1，表示收到了服务器 y 之前的数据，希望服务器下次发送的数据从 y + 1 开始。最后，把报文发送给服务端，这次报文可以携带数据，之后客户端处于连接已建立状态。服务器收到客户端的应答报文后，也进入连接已建立状态。

通过以上步骤，客户端和服务端之间建立了一个类似于点对点的虚连接进行数据传送，在一定程度上保证了数据传送的可靠性，因此 TCP 多用于对数据传送的可靠性、稳定性、安全性有较高要求的应用场合。

2. UDP

UDP 是一个简单的、面向消息的传输层协议，尽管 UDP 提供标头和有效负载的完整性验证，但它不保证向上层协议提供消息传递，并且 UDP 层在发送后不会保留 UDP 消息的状态。因此，UDP 是一个不可靠的数据报协议。如果使用 UDP 但又需要保证数据传输的可靠性，则必须在用户应用程序中实现。

UDP 报文格式如图 0-15 所示。

图 0-15　UDP 报文格式

1) UDP 报文中字段的含义

UDP 报文中每个字段的含义如下：

(1) 源端口号。该字段占 16 比特，通常包含发送数据报的应用程序所使用的 UDP 端口。接收端的应用程序利用这个字段的值作为发送响应的目的地址。这个字段是可选的，所以发送端的应用程序不一定会把自己的端口号写入该字段中。如果不写入端口号，则把这个字段设置为 0。这样，接收端的应用程序就不能发送响应了。

(2) 目的端口号。该字段是指接收端计算机上 UDP 应用使用的端口，占 16 比特。

(3) UDP 长度。该字段占 16 位，表示 UDP 数据报长度，包含 UDP 报文头和 UDP 数据。

(4) UDP 校验和。该字段占 16 位，可以检验数据在传输过程中是否被损坏。

2) UDP 的特点

从 UDP 的报文结构可以看出，UDP 具有以下特点：

(1) 无连接。客户端只要知道服务器的 IP 地址，就可以直接进行数据传输，不需要建立连接。

(2) 不可靠。发送端发送数据报以后，如果因为网络故障等问题无法发送给接收端，UDP 协议也不会给应用层返回任何错误信息。

(3) 原样发送。接收和发送数据的单位是一个数据报。应用层交给 UDP 的报文，UDP 原样发送，既不会拆分，也不会合并。

(4) 无拥塞控制。UDP 没有拥塞控制，网络出现的拥塞不会使源主机的发送速率降低。

所以，虽然 UDP 可靠性不高，但是传输速度快，适用于传输对实时性要求较高的应用，如语音、图像、视频等。

0.4.3 应用层协议

TCP/IP 的应用层涵盖了 OSI 参考模型中第五、六、七层的所有功能，不仅包含了管理通信连接的会话层功能、转换数据格式的标识层功能，还包括与对端主机交互的应用层功能在内的所有功能。利用网络的应用程序有很多，如 Web 浏览器、电子邮件、远程登录、文件传输、网络管理等，能够让这些应用程序进行特定通信处理的正是应用层协议。

1. FTP

FTP(File Transfer Protocol，文件传输协议)是典型的 C/S 架构的应用层协议，需要由服务端软件、客户端软件两个部分共同实现文件传输功能。FTP 客户端和服务器之间的连接是可靠的、面向连接的，为数据的传输提供了可靠的保证。如图 0-16 所示，FTP 传输文件有两个动作：一个是下载文件，就是从远程主机拷贝文件至自己的计算机上；另一个是上传文件，就是将文件从自己的计算机中拷贝至远程主机上。

个人计算机　　　　FTP协议　　　　FTP服务器

图 0-16　FTP 的上传和下载

1) FTP 的传输方式

FTP 支持两种方式的传输，分别为 ASCII(文本)方式和 Binary(二进制)方式。常文本文件的传输采用 ASCII 方式；而图像、声音文件、加密和压缩文件等非文本文件采用二进制方式传输。

默认情况下，FTP 使用两个 TCP 连接来完成文件的传输，即 TCP 的 20 和 21 两个端口，其中 20 端口用于传输数据(数据端口)，21 端口用于传输控制信息(命令端口)。

2) FTP 的连接模式

FTP 数据连接分为两种模式，分别为主动模式和被动模式。

(1) 主动模式的连接过程。

以 FTP Server 为参照，主动模式的控制连接由客户端发起，数据连接由服务端发起。主动模式的连接建立一般需要以下几个步骤：

① 客户端随机打开一个本地且大于 1024 的端口 P1。

② 客户端通过端口 P1 向服务器控制端口(端口 21)发起连接请求。

③ 服务器进行认证成功，请求建立连接。

④ 客户端对本地端口 P2 进行监听并向服务器发送"Port P1 + 1"，告诉服务器客户端的数据监听端口。

⑤ 服务器收到端口后，从自己的数据端口(端口 20)发起连接，连接到客户端指定的数据端口 P1 + 1。

主动模式的核心是 FTP 客户端告诉服务端开发哪个端口作为数据端口，然后让服务端来连接自己。

(2) 被动模式的连接过程。

被动模式的控制连接和数据连接都由客户端主动发起，而且服务端数据连接端口不再是固定端口 20，而是被分配了一个临时端口。其连接的建立过程如下：

① 客户端任意打开两个大于 1024 的本地端口(P1 和 P1 + 1)。

② P1 端口发送请求连接服务器的 21 端口(控制连接端口)，同时提交 PASV(被动模式)命令。

③ 服务器收到请求后，会开启任意一个大于 1024 的端口 P2，然后返回内容的格式为：227 entering passive mode(h1，h2，h3，h4，p1，p2)。

④ 客户端收到服务端返回的内容后，计算出服务端开放的数据连接端口。

⑤ 客户端通过 P1 + 1 端口向服务端发送连接请求，进行数据传输。

常用的 FTP 服务器软件有 Serv-U、FileZilla Server、VSFTP、Titan FTP Server 等，FTP 客户端软件有 FileZilla、LeapFTP、Xftp、FlashFXP 等。

2. DNS 协议

DNS(Domain Name System，域名系统)是为了方便用户访问网站而在互联网上采用的一种层次结构记录主机与 IP 地址对应关系的分布式数据库系统。用户可以不必记忆网站的 IP 地址，而是直接输入域名登录网站，DNS 会将域名解析成 IP 地址，从而访问到域名对应的网站。通过主机名获取主机名对应 IP 地址的过程叫作域名解析，其过程如图 0-17 所示。

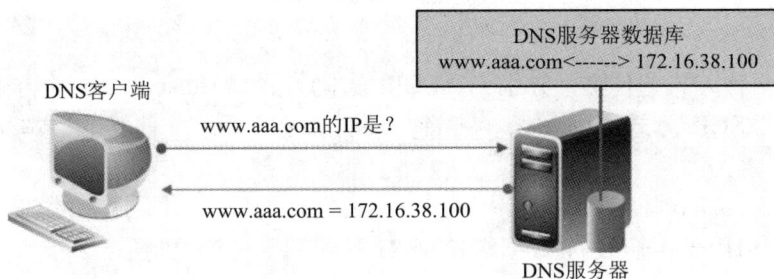

图 0-17　DNS 解析过程

　　DNS 协议建立在 UDP 协议之上，在某些情况下可以切换到 TCP，DNS 系统的运行模式是一种客户/服务器服务模式，使用的端口号为 53。

　　域名系统是一个层次结构的分布式数据库系统，包括主机名和域名。由 DNS 数据库中的名称形成的一个分层树状结构称为域名空间，如图 0-18 所示。域名空间包含根域、顶级域、二级域、主机或三级域等，其具体含义如下：

　　(1) 根域。在 DNS 域名的使用中，规定由尾部句点"."来指定位于根或者更高层次的域层次结构。

　　(2) 顶级域。它用来指示某个国家、地区或者组织。一般采用三个字符，例如，com 指商业公司，edu 指教育机构，net 指网络公司，gov 指非军事政府机构。另外，也可以按照国家设立顶级域名，如 cn 指中国等。

　　(3) 二级域。注册在顶级域下的人、组织、公司、机构等是二级域，例如，ibm 全球性公司可以注册在 com 下，此时 ibm.com 是二级域名。com、edu 等注册到根下的域名也可以注册到国家的域名下，如 com.cn，此时 com.cn 是二级域名。

　　(4) 三级域或者主机。个人、公司、组织如果注册到二级域名下，此时就为三级域名，如 ccc.com.cn。如果没有下一级域名，则该域名就是域名系统的末端——主机，如 mail.ccc.com。

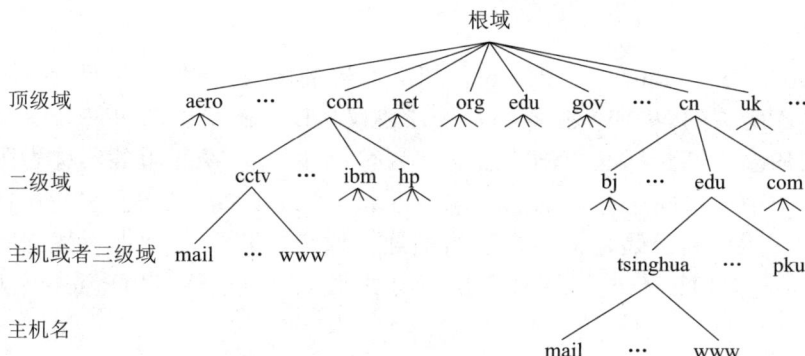

图 0-18　域名空间示例

3. SMTP

　　SMTP(Simple Mail Transfer Protocol，简单邮件传输协议)是一组用于从源地址到目的地址传送邮件的规则，由它来控制信件的中转方式，帮助每台计算机在发送或中转信件时找到下一个目的地。通过 SMTP 所指定的服务器，可以把 Email 发送到收信人的服务器上。SMTP 使用 TCP 协议的 25 号端口来监听连接请求，一般和 POP3(Post Office Protocol Version 3，邮局协议版本 3)一起使用，POP3 用来接收邮件。

　　SMTP 工作在两种情况：一是电子邮件从客户机传输到服务器；二是从某一个服务器传输到另一个服务器。

　　SMTP 的工作过程如图 0-19 所示，可将其分为以下 5 个过程：

　　(1) 建立连接。SMTP 客户端请求与服务器的 25 号端口建立一个 TCP 连接，一旦连接建立，SMTP 服务器和客户端就开始相互通告自己的域名，同时确认对方的域名。

　　(2) 邮件传送。SMTP 客户端将邮件的源地址、目的地址和邮件的具体内容传递给 SMTP 服务器，SMTP 服务器进行相应的响应并接收邮件。

(3) 连接释放。SMTP 客户端发出退出命令，服务器在处理命令后进行响应，随后关闭 TCP 连接。

(4) 邮件发送到接收邮件的服务器。SMTP 服务器接收邮件后，根据接收方的邮件地址，定位接收方的邮件服务器，并将邮件发到接收方的邮件服务器。

(5) 接收方接收邮件。接收方客户端与接收邮件服务器建立连接，使用 POP3 协议，从接收邮件服务器接收邮件，然后释放 TCP 连接。

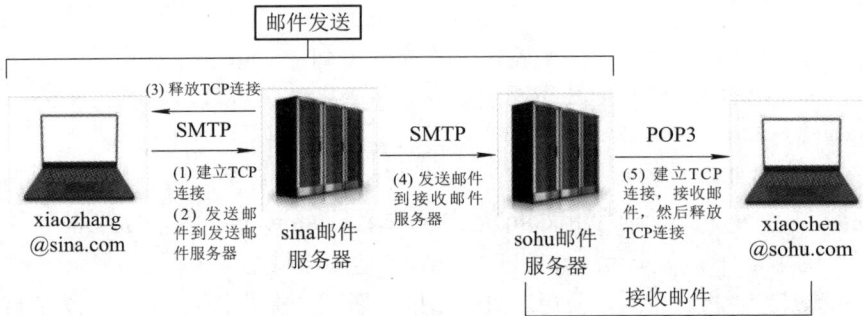

图 0-19　SMTP 工作过程

4. HTTP

HTTP(Hyper Text Transfer Protocol，超文本传输协议)是在互联网上使用最广泛的一种网络协议，所有的 WWW 服务都基于该协议，HTTP 默认端口是 80。HTTP 以客户端请求和服务端应答为标准，浏览器通常为客户端，而 Web 服务器称为服务端。客户端打开任意一个端口向服务端的指定端口发起 HTTP 请求，首先是发起 TCP 三次握手，TCP 三次握手的目的是建立可靠的数据连接通道，TCP 三次握手建立完毕后，客户端向服务器发起 HTTP 请求，服务器响应请求之后就可以进行 HTTP 数据交互了，如图 0-20 所示。

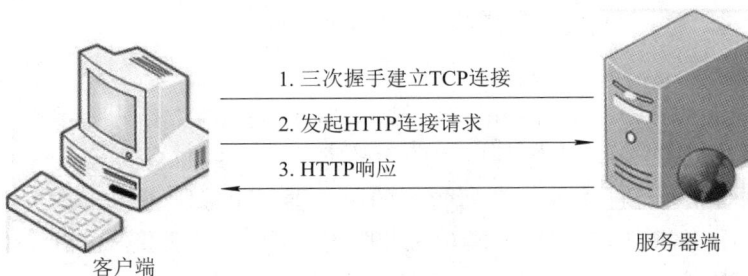

图 0-20　HTTP 协议工作过程

HTTP 采用了请求/响应模型。客户端向服务器发送一个请求报文，请求报文包含请求的方法、URL(Uniform Resource Locator，统一资源定位符)、协议版本、请求头部和请求数据。服务器以一个状态行作为响应，响应的内容包括协议的版本、成功或者错误代码、服务器信息、响应头部和响应数据。

HTTP 请求/响应的步骤如下：

(1) 客户端连接到 Web 服务器。一个 HTTP 客户端(通常是浏览器)与 Web 服务器的 HTTP

端口建立一个 TCP 套接字连接，如 http://www.baidu.com。

(2) 发送 HTTP 请求。通过 TCP 套接字，客户端向 Web 服务器发送一个文本的请求报文，一个请求报文由请求行、请求头部、空行和请求数据 4 部分组成。

(3) 服务器接收请求并返回 HTTP 响应。Web 服务器解析请求，定位请求资源。服务器将资源复本写到 TCP 套接字，由客户端读取。一个响应由状态行、响应头部、空行和响应数据 4 部分组成。

(4) 释放 TCP 连接。若连接模式为 close(关闭)，则服务器主动关闭 TCP 连接，客户端被动关闭连接，释放 TCP 连接；若连接模式为 keepalive(保持激活)，则该连接会保持一段时间，在该时间内可以继续接收请求。

(5) 客户端浏览器解析 HTML(Hyper Text Markup Language，超文本标记语言)内容。客户端浏览器首先解析状态行，查看表明请求是否成功的状态代码，然后解析每一个响应头，响应头告知响应头数据以后的数据为若干字节的 HTML 文档和文档的字符集，最后客户端浏览器读取响应数据 HTML，根据 HTML 的语法对其进行格式化，并在浏览器窗口中显示。

0.5　以 太 网 技 术

以太网是一种计算机局域网，采用 CSMA/CD(Carrier Sense Multiple Access/Collision Detect，载波监听多路访问/冲突检测)介质访问控制方式。CSMA/CD 局域网最初由 Xerox 公司于 1975 年研发成功，1979 年 7 月至 1982 年，由 DEC、Intel 和 Xerox 三家公司制定了以太网的技术规范 DIX(三家公司名字的首字母)，以此为基础形成的 IEEE(Institute of Electrical and Electronics Engineers，电气和电子工程师协会)802.3 是第一个以太网标准。在 30 多年中以太网技术不断发展，成为迄今应用最广泛的局域网技术，并产生了多种技术标准，包括标准以太网(10 Mb/s)、快速以太网(100 Mb/s)、千兆以太网(1000 Mb/s)和万兆以太网(10 Gb/s)等。

以太网采用无源介质，按广播方式传播数据。它规定了对应于 OSI 七层模型的物理层和数据链路层协议：物理层和数据链路层标准以及物理层和数据链路层的接口以及数据链路层与更高层的接口。

1. 物理层

在物理层，IEEE 802.3 标准规定了以太网使用的传输介质、传输速度、数据编码方式和冲突检测机制。

传输介质包括同轴电缆、UTP (Unshielded Twisted Pair，非屏蔽双绞线)、STP(Shielded Twicted Pair，屏蔽双绞线)、光纤，不同的传输介质支持不同的传输速度和线传输距离，表 0-1 是一些以太网标准中规定使用的流行的传输介质以及它们的性能参数。

表 0-1 以太网部分传输介质

带 宽	通用名称	非正式名称	IEEE 协议名称	线缆类型	最大传输距离/m
10 Mb/s	细缆	10BASE2	802.3	同轴电缆	200
10 Mb/s	以太网	10BASE-T	802.3	UTP	100
100 Mb/s	快速以太网	100BASE-T	802.3u	UTP	100
1000 Mb/s	千兆以太网	1000BASE-LX	802.3z	光纤	5000
1000 Mb/s	千兆以太网	1000BASE-SX	802.3z	光纤	550
1000 Mb/s	千兆以太网	1000BASE-T	802.3ab	UTP	100
10 Gb/s	万兆以太网	10GBASE-T	802.3an	UTP	100
10 Gb/s	万兆以太网	10GBase-SR	IEEE 802.3ae	光纤	300

在表 0-1 中的"非正式名称"一栏中，各项的含义如下：

- 10/100/1000/10 Gb/s：指标准传输速度，单位是 Mb/s 或者 Gb/s。如果将这种类型的传输介质用于更高的频率和速度中，那么它将不工作或者变得极为不可靠。
- BASE：Baseband 的缩写，指基带。
- BASE 后面的"-T、-LX"等：指传输介质的具体类型，例如，"-T"表示 UTP，"-LX"表示长波单模光纤，"-SX"表示短波多模光纤。

2. 数据链路层

数据链路层最基本的服务是将源设备网络层转发过来的数据可靠地传输到相邻节点的目的设备网络层，因此需要在数据链路层识别网络上的各个站点，以太网采用 MAC 地址来标识网络上的唯一一个站点。MAC 地址又称为物理地址、硬件地址，用来识别 OSI 模型的第二层数据链路层的地址，由网络设备制造商生产时写在硬件内部，比如写在网卡、交换机接口上。MAC 地址与网络无关，即无论将带有这个地址的硬件接入到网络的何处，MAC 地址都不变。工作在数据链路层的以太网交换机维护着计算机 MAC 地址和自身端口 MAC 地址的数据库，并根据收到的数据帧中的目的 MAC 地址字段来转发数据帧。

MAC 地址有 48 比特，共 6 个字段，用 12 个十六进制数表示，如 01-27-EB-CE-7C-10。关于 MAC 地址的详细定义和计算将在任务 1 里讲解，在此不再赘述。

3. 以太网帧封装

数据包在以太网物理介质上传播之前必须封装头部和尾部信息，封装后的数据包称为数据帧。以太网上传输的数据帧有两种格式，选择哪种格式由 TCP/IP 协议族中的网络层决定。

第一种数据帧是 DIX v2 格式，即 Ethernet II 帧格式。Ethernet II 后来被 IEEE 802 标准接纳，其帧格式如图 0-21 所示。

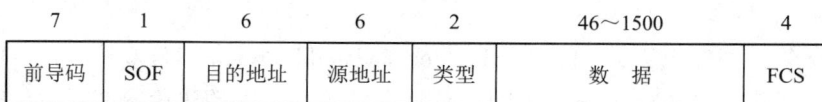

7	1	6	6	2	46～1500	4
前导码	SOF	目的地址	源地址	类型	数 据	FCS

图 0-21 Ethernet II 帧格式

第二种数据帧是 1983 年提出的 IEEE 802.3 格式，如图 0-22 所示。

7	1	6	6	2	46～1500	4
前导码	SOF	目的地址	源地址	长度	802.2帧头和数据	FCS

图 0-22   IEEE 802.3 帧格式

这两种数据帧的格式主要区别在于 Ethernet II 格式中包含一个 Type(类型)字段，IEEE 802.3 格式中，在同样位置的是长度字段，所以利用"Type 或者长度"字段值可以区分这两种帧的类型。当 Type 或者长度字段值小于等于 1500(或者十六进制的 0x05DC)时，说明该段是"长度"，帧使用的是 IEEE 802.3 格式；当 Type 或者长度字段值大于等于 1536(或者十六进制的 0x0600)时，说明该段是"Type"，帧使用的是 Ethernet II 格式。当采用 Ethernet II 格式时，Type 取值为 0x0800 的帧代表 IP 协议帧，Type 取值为 0x0806 的帧代表 ARP 协议帧。以太网中大多数的数据帧使用的是 Ethernet II 格式。

以太网帧中还包括源和目的 MAC 地址，分别代表发送者的 MAC 和接收者的 MAC。此外，还有帧校验序列字段，用于检验传输过程中帧的完整性。以太网帧的大小在不包含前导码和定界符的情况下必须为 64～1518 字节，即包括 6 字节目的地址、6 字节源地址、2 字节类型、数据、4 字节 FCS(Frame Check Sequence，帧校验序列)，其中数据段大小在 46～1500 字节之间。以太网帧中各字段的说明如表 0-2 所示。

表 0-2   以太网帧中各个字段的说明

字　段	字段长度/B	说　明
前导码	7	0 和 1 交替变换的码流，从静默状态变成有信号状态标志以太网帧的开始
帧开始符	1	帧起始符，表示帧信息来了，准备接收
目的地址	6	目的设备的 MAC 地址。当网卡收到一个数据帧时，首先检查该帧的目的地址是否与当前适配器的物理地址相同。如果两个地址相同，则进一步处理；如果两个地址不同，则直接丢弃
源地址	6	发送设备的 MAC 物理地址，用于标识传输设备
长度/类型	2	帧数据字段长度/帧协议类型。若字段值小于或等于1500，则指示帧的有效数据长度；若字段值大于等于 1536，则表示类型。Length 标识有效载荷的数据长度，不包含填充的长度
数据及填充	46～1500	帧数据字段长度，需在 46～1500 字节之间
帧校验序列	4	数据校验字段，用于存储 CRC(Cyclic Redundancy Check，循环冗余校验)的校验结果

0.6   交换机和路由器

交换和路由是网络世界中两个重要的概念，本质上都是完成数据从发送方发出到接收方接收这个过程，功能是一致的，区别在于对应于 OSI 模型的不同层次。交换发生在网络的第二层，即数据链路层；而路由则发生在第三层，即网络层。从组网的角度理解，一个网络内发生的数据传送叫作交换，跨越网络发生的数据传送则叫作路由。交换机和路由器则是分别具备交换功能和路由功能的网络设备。

0.6.1 交换机

1. 冲突域和广播域

在传统的以粗同轴电缆为传输介质的以太网中，同一介质上的多个节点共享链路的带宽，争用链路的使用权，这样就会发生冲突，依据 CSMA/CD 机制当冲突发生时，网络就要进行回退，这段回退的时间内链路上不传送任何数据，而且这种情况是不可避免的。

同一介质上的节点越多，冲突发生的概率越大。这种连接在同一介质上的所有节点的集合就是一个冲突域。冲突域内所有节点竞争同一带宽，某一个节点发出的报文(无论是单播、组播、广播)其余节点都可以收到。

以太网通信使用了广播方式，例如，ARP 使用广播报文从 IP 地址来解析 MAC 地址，目的 MAC 地址为"FFFF-FFFF-FFFF"的数据包会发给网内所有节点，所有节点都会处理目的地址为广播地址的数据帧。这种某一个节点发送一个广播报文，其余都能够收到该广播报文的节点的集合，就是一个广播域。广播域的存在会占用带宽，降低设备的处理效率，必须对广播域加以限制。

早期的类似交换机的整个设备是一个冲突域，叫做集线器或者共享式以太网交换机。后来的交换机一个端口是一个冲突域，一个交换机默认是一个广播域(也可以人为划分为多个广播域)，叫作交换式以太网交换机，简称以太网交换机。集线器和交换机的冲突域与广播域的划分如图 0-23 所示。

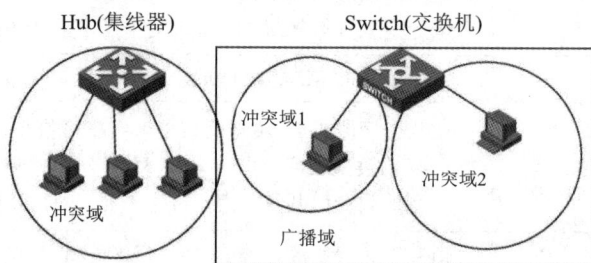

图 0-23　集线器和交换机的冲突域与广播域的划分示意图

2. 交换机的工作原理

以太网交换机的两个主要功能是学习和转发/过滤。

(1) 学习。以太网交换机了解每一个端口相连设备的 MAC 地址，并将地址与相应的端口映射起来存放在交换机缓存的 MAC 地址表中。

(2) 转发/过滤。当一个数据帧的目的地址在 MAC 地址表中有映射时，它会被转发到目的 MAC 地址对应的端口而不是所有端口，当然如果该数据帧为广播/组播帧，则仍然会转发至所有端口。

交换机的工作原理如图 0-24 所示。

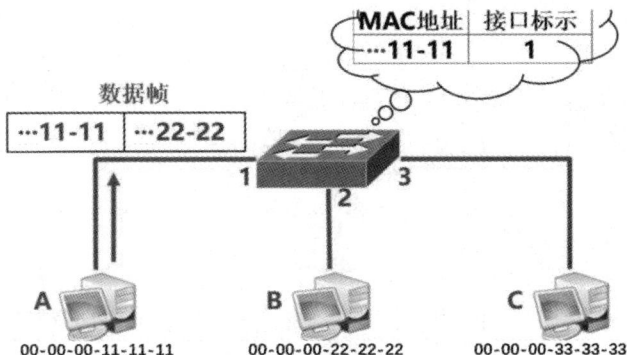

图 0-24　交换机的工作原理示意图

图 0-24 中的一台交换机连接三台计算机主机，主机 A 想要和主机 B 进行通信，交换机初始状态不知道它们的 MAC 地址。主机 A 首先需要将自己的数据进行封装，源 MAC 地址填写主机 A 的 MAC 地址，目的 MAC 地址填写主机 B 的 MAC 地址，如表 0-3 所示。

表 0-3　主机 A 封装数据

目 的 地 址	源 地 址
00-00-00-22-22-22	00-00-00-11-11-11

数据到物理层时通过网线传输给交换机，交换机接收到数据帧以后进行解封装，然后开始学习。交换机进行解封装后，在其 MAC 地址表里查看有没有源 MAC 地址，如果没有源 MAC 地址，就将 MAC 地址和交换机接口存入 MAC 地址表，如表 0-4 所示。

表 0-4　交换机学习主机 A 结果

源 地 址	端 口
00-00-00-11-11-11	1

交换机在学习完后就开始转发，转发的时候需要查询 MAC 地址表内有无目的 MAC 地址。如果有，交换机就直接将数据发送给相应端口；如果没有，交换机就会进行广播，给除主机 A 以外的所有主机发送数据。

主机 B、C 接收数据后，查看目的 MAC 地址。如果地址是自己的 MAC 地址，主机就响应；如果不是自己的，则将数据丢弃。此时主机 B 查看目的 MAC 是自己的，然后给予 A 响应，并且将数据进行封装然后发送给交换机，封装后的源 MAC 地址是主机 B 的，目的 MAC 地址是主机 A 的，如表 0-5 所示。

表 0-5　主机 B 封装数据

目 的 地 址	源 地 址
00-00-00-11-11-11	00-00-00-22-22-22

交换机接收到数据后，将主机 B 的 MAC 地址存放至 MAC 地址表内，和连接主机 B 的端口建立映射关系，如表 0-6 所示。

表 0-6　交换机学习主机 B 结果

源　地　址	端　口
00-00-00-22-22-22	2

交换机再将数据发送到主机 A。如果主机 A 和主机 B 继续通信，因为交换机内有 A、B 的 MAC 地址映射关系，所以就可以直接进行数据传输。

3. 交换机分类

交换机有多种分类的方式。

按照网络结构层次分类，可以将交换机分为接入层交换机、汇聚层交换机、核心汇聚交换机以及核心层交换机。在网络规划中，经常会使用这种分类来表示交换机在网络中的不同位置和作用。

按照传输速度分类，可以将交换机分为以太网交换机、快速以太网交换机、千兆以太网交换机、万兆以太网交换机等，这些交换机分别适用于以太网、快速以太网、吉比特以太网、万兆以太网等环境。

按照传输介质分类，可以将交换机分为电口交换机、光口交换机和光电混合交换机。电口交换机使用网线；光口交换机使用光纤；光电混合交换机的一部分端口使用网线，一部分端口使用光纤。

按照七层网络模型分类，可以将交换机分为第二层交换机、第三层交换机、第四层交换机，甚至第五层以上的交换机。基于 MAC 地址工作的第二层交换机最为普遍，它主要用于网络接入层和汇聚层。基于 IP 地址和协议进行交换的第三层交换机普遍应用于网络的核心层，也少量应用于汇聚层。部分第三层交换机同时具有第四层交换功能，可以根据数据帧的协议端口信息进行目标端口判断。第四层以上的交换机称为内容型交换机，主要用于互联网数据中心。

0.6.2　路由器

1. 路由器概述

路由器是计算机网络中的关键设备，工作于 OSI 七层协议中的第三层(网络层)，其主要任务是接收来自一个网络接口的数据包，然后根据数据包的目的地址，决定转发到下一个目的地址的接口。

路由器的主要功能是路由和转发。路由是指决定数据包从输入接口到目的地址所经过的下一个 IP 地址，转发是路由器根据路由结果将数据包从路由器与下一跳地址对应的路由器的接口传送出去。

2. 路由器的工作原理

路由是路由器工作的核心，是数据包从源主机到目标主机的转发路径。路由表就是路由器中通过各种路由方式或者路由协议生成的转发路径的集合，路由器根据路由表来做传输路径的选择。

路由器的工作原理如图 0-25 所示，图中路由器 A 和 B 连接了两个不同的网络 1.1.1.0 和 3.1.1.0，如果 IP 地址是 1.1.1.1 的主机要发送数据包给 IP 地址是 3.1.1.1 的主机，那么数据包中源地址是 1.1.1.1，目的地址是 3.1.1.1。因为源地址和目标地址不在同一网段，所以主机就会先将数据包发送给本网段的网关路由器 A，路由器 A 接收到数据包后，查看数据包 IP 首部中的目标 IP 地址，再查找自己的路由表。数据包的目标 IP 地址是 3.1.1.1，归属于 3.1.1.0 网络，路由器 A 在路由表中查到 3.1.1.0 网络的数据转发的接口是 S0。于是，路由器就将数据包从 S0 接口转发出去。转发路径中的每个路由器都是按这个方法去查询路由表，并匹配其中最合适的路由，然后按照这个路由指明的接口转发数据，直到到达路由器 B。路由器 B 再用同样的方法，将数据从 E0 接口转发出去，主机 3.1.1.1 就接收到了这个数据包。

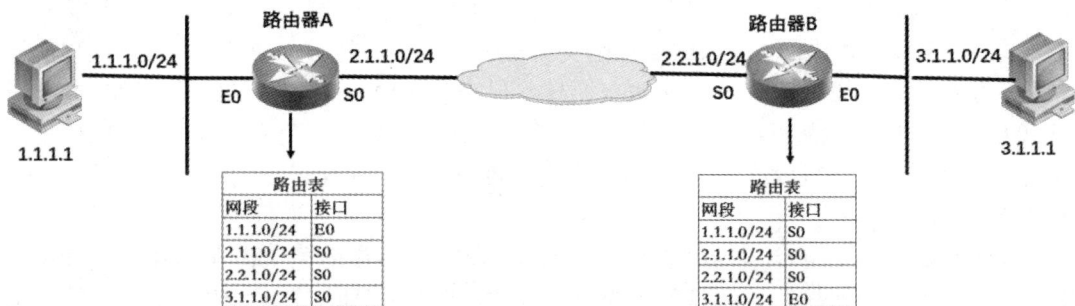

图 0-25　路由器的工作原理示意图

3. 路由器分类

可以按照多种方法对路由器进行分类。

按照结构可以将路由器分为模块化路由器和非模块化路由器。模块化路由器通过配置不同的模块来提供可以选择的端口类型，非模块化路由器只能提供固定端口。通常中高端路由器采用模块化结构，而低端路由器则采用非模块化结构。

按照网络位置可以将路由器分为边界路由器和中间节点路由器。边界路由器处于网络的边缘，用于连接采用不同的网络协议、不同的路由协议或者归属于不同的管理部门的网络；中间节点路由器处于一个网络的中间，通常用于连接网络内不同的路由器。

按照性能可以将路由器分为线速路由器和非线速路由器。线速路由器完全能够根据传输介质的带宽进行数据路由和转发，基本没有中断和延迟，一般是高端路由器，端口带宽和数据转发能力都非常高，可以高速转发数据包；非线速路由器则受限于路由器的背板带宽、CPU 处理能力等，转发速度受到限制，中低端路由器一般是非线速路由器。

按照接口的类型可以将路由器分为电口路由器、光口路由器和光电混合路由器。电口路由器使用网线，其速率一般为 100 Mb/s、1 Gb/s；光口路由器使用光纤，其速率一般为 1 Gb/s、10 Gb/s。

模 块 总 结

计算机网络采用了 TCP/IP 协议构建，TCP/IP 网络一般采取树形为主，星形、总线形、环形为辅的组网结构。TCP/IP 模型在 OSI 七层模型的基础上，为了适用组网和应用需求简化为四层(或者五层)模型。网络数据的发送和接收按 TCP/IP 模型逐层进行封装和解封装，封装和解封装实质上是在每层的数据上添加或者去除地址、协议类型、端口等信息的过程。例如，在发送数据时，数据从传输层到网络层，需要在数据段的数据结构中添加目的 IP 和源 IP。

TCP/IP 协议族是构建 Internet 和企业网的主流协议，是网络层和传输层的协议，主要包括 IP、TCP、UDP 以及路由协议和应用层的协议。IP 地址是网络层寻址的标识，端口号是识别 TCP 和 UDP 的标识，TCP/IP 网络传输的数据以数据报为单位，包含了目的 IP 和源 IP 等关键信息。

在二层交换技术中，以太网技术是主流技术，其基础是载波侦听多路访问，由此产生了共享式以太网。但是由于共享式以太网交换机的所有端口属于一个冲突域，转发效率低，又发展为交换式以太网。交换式以太网交换机的一个端口是一个冲突域，所有端口属于一个广播域，所以交换效率高。目前的交换技术已经从 10 Mb/s、100 Mb/s、1000 Mb/s 发展到 10 Gb/s，传输介质从铜缆、网线发展到光纤，光纤交换机得到了广泛应用。MAC 地址是链路层寻址的标识，以太网传输的数据以数据帧为单位，包含了目的 MAC 和源 MAC 等关键信息。

交换机是工作于 OSI 七层模型中数据链路层的设备，路由器是工作于 OSI 七层模型中网络层的设备。交换机转发数据是基于交换机建立的 MAC 地址表，如果它没有在 MAC 地址表中找到目的 MAC，就要进行广播，因此交换机所在的网络内部就是一个广播域，信息只在本区域泛洪，不会泛洪到路由器外面；路由器转发数据是基于路由器建立的路由表，路由器如果在路由表中找不到对应的条目，就会直接丢弃数据包，并返回一个不可到达的信息，不会发送广播，因此路由器有隔离广播域的功能。

模 块 习 题

一、单选题

1. ( )不是计算机网络上三种基本的数据包传播方式。

A. 单播　　　　　　B. 组播　　　　　　C. VLAN　　　　　　D. 广播

2. OSI 参考模型是( )提出的。

A. ANSI　　　　　　B. ITU　　　　　　C. IEEE　　　　　　D. ISO

3. 在 OSI 定义的七层参考模型中，对网络层的描述正确的是( )。

A. 实现数据传输所需要的机械，接口，电气等属性

B. 实施流量监控，错误检测，链路管理，物理寻址

C. 检查网络拓扑结构，进行路由选择和报文转发

D. 提供应用软件的接口

4. RARP 协议的功能是( )。

A. 获取本机的硬件地址然后向网络请求本机的 IP 地址

B. 对 IP 地址和硬件地址提供了动态映射关系

C. 将 IP 地址解析为域名地址

D. 用于将 MAC 地址转为 IP 地址

5. 关于 MAC 地址，下列表达方式中正确的是(　　)。

A. 00-00-12-34-FE-AA　　　　　B. 19-22-01-63-25

C. 0000.1234.FEGA　　　　　　D. 192.201.63.251

6. TCP/IP 协议的层次并不是按 OSI 参考模型来划分的，相对应于 OSI 的七层网络模型，没有定义(　　)。

A. 链路层与网络层　　　　　　B. 网络层与传输层

C. 传输层与会话层　　　　　　D. 会话层与表示层

7. 下列协议中属于面向连接的传输层协议是(　　)。

A. TCP　　　　　B. IP　　　　　C. UDP　　　　　D. SPX

8. 下列选项中，正确的数据封装过程是(　　)。

A. 数据→数据段→数据包→数据帧→数据流

B. 数据流→数据段→数据包→数据帧→数据

C. 数据→数据包→数据段→数据帧→数据流

D. 数据段→数据包→数据帧→数据流→数据

二、填空题

1. HTTPS 是＿＿＿＿层协议。

2. 在传输层中，为了区分各种不同的应用程序，使用＿＿＿＿来进行标识。

3. IPv4 地址的长度为＿＿＿＿位。

4. 在 OSI 协议模型中，可以完成 IP 地址封装的是＿＿＿＿层。

5. 网络层发数据给传输层，需要剥离＿＿＿＿和＿＿＿＿。

6. 显示当前主机上或者设备上的 IP 地址和 MAC 地址的对应关系的命令是＿＿＿＿。

三、论述题

1. 主机 A 通过交换机连接到主机 B，现在要获取主机 B 的 IP 地址(交换机为未划分 VLAN)，试简述 ARP 的工作流程。

2. 描述使用浏览器访问网站 www.baidu.com 的过程。

模块 1   网络地址的计算和基础操作

计算机是计算机网络中的终端设备之一，不仅可以发起和接收业务，而且可以在计算机上运行一些工具或者软件来调测网络设备，因此需要掌握计算机的一些有关网络方面的常用操作。查询与配置计算机的 IP 地址和 MAC 地址、计算各种形式的 IP 地址、使用常用网络检测命令，是网络工程师需要具备的最基础的技能。本模块详细讲解了这三个技能，可以帮助读者快速掌握其方法并在以后的模块学习中熟练应用。

知识目标

(1) 熟悉 MAC 地址的定义和查询方法；
(2) 掌握 IPv4 地址的定义、分类以及一些特殊的 IP 地址的作用；
(3) 掌握十进制 IP 地址和二进制 IP 地址之间的换算方法；
(4) 掌握 VLSM IP 地址的定义和计算方法；
(5) 掌握网络维护中常用的网络命令的功能和使用方法。

技能目标

(1) 会查询和配置计算机网卡的 IP 地址；
(2) 会查询计算机网卡的 MAC 地址；
(3) 会进行十进制 IP 地址和二进制 IP 地址之间的换算；
(4) 会计算 VLSM IP 地址和分配 IP 子网；
(5) 会使用网络命令判断网络是否连通、查询 MAC 地址缓存数据。

1.1   任务 1   配置校园网计算机 IP 地址和查询 MAC 地址

在本书开头给出的总体任务的表 1 中，其需求标识栏的 III.1 到 III.3 列出了很多分配的 IP 地址，需求标识栏的 VI.1 通过交换机端口绑定计算机的 MAC 地址来实现交换机固定计算机接入。本任务根据这两项要求，完成如下任务：

(1) 区分教学楼、办公楼、宿舍楼的 IP 地址的类别；

(2) 设置自己计算机的 IP 地址、网关地址和 DNS 地址；

(3) 查询自己计算机的 MAC 地址；

(4) 输出过程文档。

1.1.1 知识准备：IPv4 地址和 MAC 地址

网络地址是计算机网络中寻址的标识，根据 OSI 七层模型，网络地址分为三层地址(IP 地址)和二层地址(MAC 地址)。

1. IP 地址

1) IP 地址概述

IP 协议是为计算机网络相互连接进行通信而设计的协议，IP 协议中有一个非常重要的内容，即给因特网上的每台计算机和其他设备都规定了一个唯一的地址，叫作 IP 地址。由于有这种唯一的地址标识，才保证了用户在联网的计算机上操作时，能够方便地从千千万万台计算机中确定目标。

IP 地址就像是我们的家庭住址一样，如果要写信给一个人，就要知道他(她)的地址，这样邮递员才能把信送到。计算机发送信息就好比是邮递员，它必须知道唯一的"家庭地址"才能不至于把信送错人。只不过我们的地址是用文字来表示的，而计算机的地址用二进制数字表示。

现在使用的 IP 地址是 IPv4 地址，是 IP 地址的第四版。IPv4 是一个 32 位的二进制数，通常被分割为 4 个"8 位二进制数"(也就是 4 个字节)。IP 地址通常用"点分十进制"表示成"a.b.c.d"的形式，其中，a、b、c、d 都是 0～255 之间的十进制整数。例如，点分十进制 IP 地址为 100.4.5.6，实际上是 32 位二进制数，即 01100100.00000100.00000101.00000110。

由于互联网的蓬勃发展，IP 地址的需求量愈来愈大，使得 IP 地址的发放愈趋严格，在 2019 年 11 月 25 日 IPv4 地址分配完毕。地址空间的不足必将妨碍互联网的进一步发展，为了扩大地址空间，拟通过 IPv6 重新定义地址空间。IPv6 采用 128 位地址长度。

2) IP 地址格式和网络掩码

每个 IP 地址由网络地址和主机地址两部分组成，如图 1-1 所示。

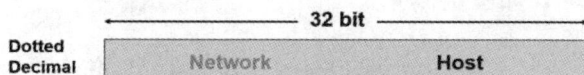

图 1-1 IP 地址组成

网络地址表示其属于互联网中的哪一个网络，而主机地址则表示一个网络中的具体设备。

网络地址和主机地址的区分需要借助于网络掩码。网络掩码是区分一个 IP 地址的网络部分和主机部分的比特组合，1 代表网络部分，0 代表主机部分，一共 32 个比特，每 8 个比特为一组，这与 IP 地址一致，而且其格式只能为 1 在前 0 在后且连续的 1 和 0 组合。例如，11111111.11111111.00000000.00000000 就是一个网络掩码。它和 IP 地址的对应比特位进行与运算，用来确定网络的位数。

例如，一个 IP 地址为 10011111.01100000.10101010.10000011，其掩码为 11111111.11111111.11111111.00000000，按照对应位相与计算：

$$10011111.01100000.10101010.10000011$$
$$11111111.11111111.11111111.00000000$$

结果为

$$10011111.01100000.10101010.00000000$$

则 10011111.01100000.10101010.00000000 为其网络地址，10011111.01100000.10101010.11111111 为其广播地址，从 10011111.01100000.10101010.00000000 至 10011111.01100000.10101010.11111110 为其主机地址。

3) 二进制与十进制的转换

IP 地址经常需要进行二进制与十进制之间的换算，可以利用计算器计算，也可以按照下面方法进行计算。

(1) 二进制换算成十进制。

表示方法为 11111111 或 00000000，8 个 1 从高到低分别表示如下：

$$11111111 = 2^7 + 2^6 + 2^5 + 2^4 + 2^3 + 2^2 + 2^1 + 2^0 = 255$$

然后根据十进制的数字，在每一位取 0 或者取 1 相乘，最后和等于十进制数，转换过程如图 1-2 所示。

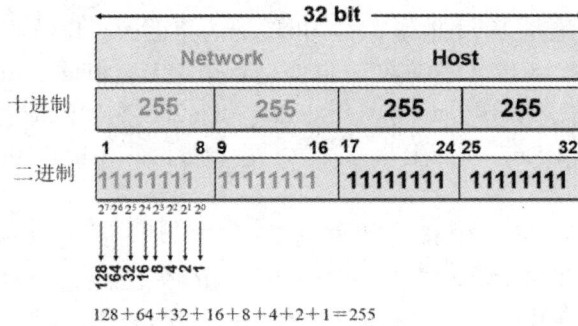

图 1-2　十进制与二进制转换图

同样的方法，将 IP 地址为 10101100.00010000.01111010.11001100 换算为十进制，即 IP 地址为 172.16.122.204，如图 1-3 所示。

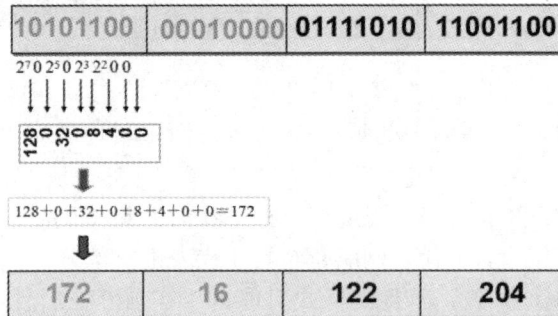

图 1-3　172.16.122.204 二进制示意图

(2) 十进制换算成二进制。

利用除二求余法得到二进制，也就是对十进制数除以 2，得商和余数 0 或 1，然后继续把商除以 2，得商和余数 0 或 1，一直除到商为 0，然后把计算得到的余数从后向前，从高位到低位，写出来就得到了转换后的二进制，如果二进制不够八位，在高位补零，保证 IP 地址每个十进制数转变的二进制都是八位。例如，对 133 进行二进制转换：

$$133/2 = 66 \text{ 余 } 1, \ 66/2 = 33 \text{ 余 } 0, \ 33/2 = 16 \text{ 余 } 1, \ 16/2 = 8 \text{ 余 } 0$$

$$8/2 = 4 \text{ 余 } 0, \ 4/2 = 2 \text{ 余 } 0, \ 2/2 = 1 \text{ 余 } 0, \ 1/2 = 0 \text{ 余 } 1$$

即可得到 133 转换的二进制为 10000101。

4) IP 地址分类

(1) 常规 IP 地址。IP 地址根据网络掩码的长度可以分为：A 类、B 类、C 类、D 类。每一类地址范围如下：

A 类：1.0.0.0～126.255.255.255(或记为 N/8，又称为 24 位地址块)。

B 类：128.0.0.0～191.255.255.255(或记为 N/16，又称为 16 位地址块)。

C 类：192.0.0.0～223.255.255.255(或记为 N/24，又称为 24 位地址块)。

D 类：224.0.0.0～239.255.255.255(组播地址)。

各类 IP 地址的划分如图 1-4 所示。

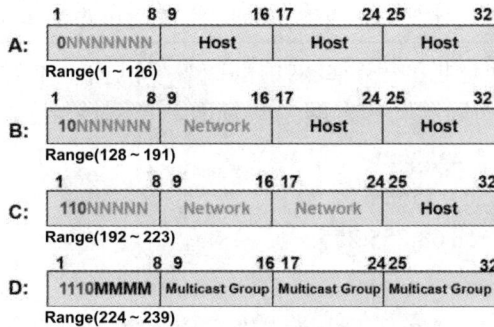

图 1-4 各类 IP 地址划分示意图

对于 A 类地址来说，默认的子网掩码是 255.0.0.0；对于 B 类地址来说，默认的子网掩码是 255.255.0.0；对于 C 类地址来说，默认的子网掩码是 255.255.255.0。各类 IP 子网掩码如图 1-5 所示。

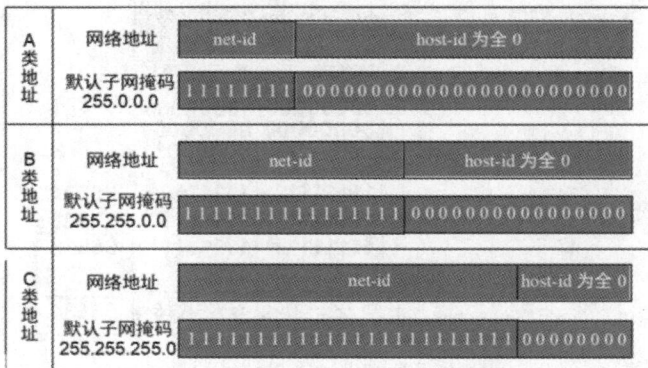

图 1-5 各类 IP 子网掩码示意图

对于每一个网络地址段，如果主机位为全 1，它就是这个网络地址段的广播地址，如 192.12.12.255；如果主机位为全 0，它就是这个网络地址段的网络地址，简称网络号，如 192.12.12.0。

(2) 特殊 IP 地址。网络号为全 0 是指本网络地址，不能用于正常的 IP 地址规划中；网络号和主机号均为全 1 是对本网络进行广播的(路由器不转发)；A 类网络地址 127 是一个保留地址，用于本地软件环回测试之用；主机号为全 1 是指对本网络号的所有主机进行广播，主机号为全 0 代表本网络的网络号。具体的特殊 IP 地址如表 1-1 所示。

表 1-1   特殊的 IP 地址

地 址	用 途
全 0 网络地址	只在系统启动时有效，用于启动时临时通信
网络 127.0.0.0	指本地节点(一般为 127.0.0.1)，用于测试网卡及 TCP/IP 软件，这样浪费了 1700 万个地址
全 0 主机地址	用于指定网络本身，称之为网络地址或者网络号
全 1 主机地址	用于广播，也称定向广播，需要指定目标网络
0.0.0.0	RIP 协议中用它指定默认路由，路由表中信宿的网络号为 0.0.0.0
255.255.255.255	用于本地广播，也称有限广播，无须知道本地网络地址

(3) 私网地址。私网地址指的是局域网内部或者专网内部不对互联网提供服务的 IP 地址段，私网地址可在不同的局域网和专网之间复用。私网地址主要包括：

A 类：10.0.0.0～10.255.255.255。

B 类：172.16.0.0～172.31.255.255。

C 类：192.168.0.0～192.168.255.255。

5) 主机地址的计算

根据 IP 地址的分类，在组网规划中首先确定使用哪一类的 IP 地址，之后需要对该类 IP 地址的可用主机数进行计算，计算公式如下：

$$主机数地址 = 2^M - 2$$

其中，M 为主机位数。下面以 B 类地址为例进行详解，如图 1-6 所示。

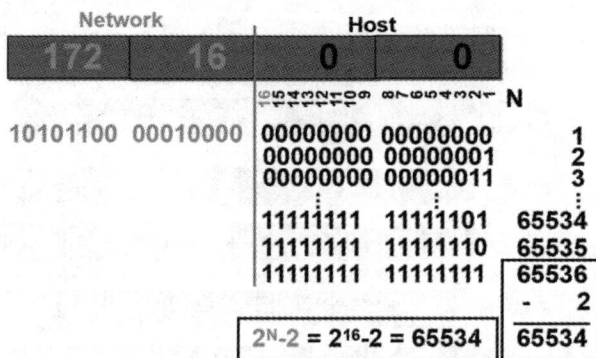

图 1-6   B 类地址主机地址数量

B 类地址的主机位一共 16 位比特，从右面第 1 位由右到左依次代表从低位到高位，这

16 位比特任意赋值 0 或者 1 后，每 8 位进行组合计算，就是某个主机。其中，最小的主机地址是 16 位全为 0，最大的主机地址是 16 位全部为 1，但是这两个主机地址有特殊用途，分别代表这个网络的网络地址和广播地址，不能分配给主机使用，因此 B 类地址的主机数量是 $2^{16} - 2$ 个。

2. IPv6 地址

1) IPv6 地址概述

IPv6 是互联网协议第 6 版，英文全称为 Internet Protocol Version 6，是用于替代 IPv4 的下一代 IP 协议。IPv6 地址是独立接口的标识符，所有的 IPv6 地址都被分配到接口，而非节点。IPv6 的地址是 128 位，是 IPv4 地址长度的 4 倍，采用十六进制表示。在这 128 位中，前 64 位是网络前缀，后 64 位是接口标识。在前 64 位中，前 48 位是全球可汇总地址(全局路由选择前缀)，在给一个公司分配 IPv6 地址时，总是分配给它一个前 48 位固定的地址，而后面的 16 位又可以被该公司用来做子网地址，接口标识相当于 IPv4 的主机位。

2) IPv6 地址表示方法

IPv6 有三种表示方法，分别为首选格式、前导零压缩法和双冒号法。

(1) 首选格式。IPv6 的 128 位地址是每 16 位划分为一段，每段被转换为一个 4 位十六进制数，并用冒号隔开，这种表示方法称为冒号十六进制表示法。一个二进制的 128 位 IPv6 地址为 0010000000000001000001000001000000000000000000000000000000000010000000 00000000000000000000000000000000000001000101111111111001000000000000000100000 10000010000000000000000000000000000001000000000000000000000000000000000000000 00000000000001000101111111111，将其划分为每 16 位一段，然后将每段都转换为十六进制数，并用冒号隔开，结果为 "2001:0410:0000:0001:0000:0000:0000:45ff"。

(2) 前导零压缩法。上面的 IPv6 地址中有很多 0，有的甚至一段都是 0，表示起来比较麻烦。可以将不必要的 0 去掉，对于 "不必要的 0" 指的是每个 4 位十六进制前面连续的 0。以上面的例子来看，第二个段中的 "0410" 可以省掉开头的 0 而不是结尾的 0，所以在压缩表示后，这个段为 "410"。对于一个段中间的 0 不省略，如 "2001"；对于一个段中全部数字为 0 的情况，保留一个 0。根据这些原则，上述地址可以表示为 "2001:410:0:1:0:0:0:45ff"。

(3) 双冒号法。为了更方便书写，RFC2373 中规定：当地址中存在一个或多个连续为 0 的段时，为了缩短地址长度，可用一个 "::"(双冒号)表示，但一个 IPv6 地址中只允许有一个 "::"。需要注意的是，使用压缩法表示时，不能将一个段内有效的 0 也压缩掉。例如，不能把 "FF02:30:0:0:0:0:0:5" 压缩表示成 "FF02:3:5"，而应该表示为 "F02:30::5"，要确定 "::" 代表多少位零，可以计算压缩地址中的块数，用 8 减去此数，然后将结果乘以 16。例如，地址 "FF02：2" 有两个块，分别为 "FFO2" 块和 "2" 块，这意味着其他 6 个 16 位块(总共 96 位)已被压缩。因此，上述地址又可以表示为 "2001:410:0:1::45ff"。

3) IPv6 地址分类

RFC2373 中定义了三种 IPv6 地址类型，分别为单播地址、任播地址和组播地址。

(1) 单播地址。一个地址标识单个接口，发送给单播地址的分组将传输到该地址标识接口，包括：

① 可聚合全球单播地址。可在全球范围内路由和到达的地址，相当于 IPv4 里面的公

网 IP。前三个位是 001，如 "2000::1:2345:6789:abcd"。

② 本地链路地址。本地链路地址用于同一个链路上的相邻节点之间通信，相当于 IPv4 里面的 169.254.0.0/16 地址。IPv6 的路由器不会转发链路本地地址的数据包。前 10 个位是 "1111 1110 10"，由于最后是 64 位的接口 ID，所以它的前缀总是 "FE80::/64"，如 "FE80::1"。

③ 站点本地地址。对于无法访问 Internet 的本地网络，可以使用站点本地地址，这个相当于 IPv4 里面的私有地址。它的前 10 个位是 "1111 1110 11"，它最后是 16 位的子网 ID 和 64 位的接口 ID，所以它的前缀是 "FEC0::/48"。

④ 唯一的本地 IPv6 单播地址。在 RFC4193 中标准化了一种用来在本地通信中取代单播站点本地地址的地址。它拥有固定前缀 "FD00::/8"，后面跟一个被称为全局 ID 的 40 位随机标识符。

⑤ 未指定地址。当一个有效地址还不能确定，一般用 "0:0:0:0:0:0:0:0" 或者 "::" 代表未指定地址，未指定地址不能作为一个目标地址来使用。

⑥ 环回地址。环回地址 "::1" 用于标识一个环回接口，可以使一个节点给自己发送数据包，相当于 IPv4 的环回地址 127.0.0.1。

(2) 任播地址。任意点传送地址是一组接口的地址，发送到一个任意点传送地址的信息包只会发送到这组接口中的一个。任播地址主要用来在给多个主机或者节点提供相同服务时，提供冗余功能和负载分担功能。目前，任播地址的使用通过共享单播地址的方式来完成。将一个单播地址分配给多个节点或者主机，这样在网络中如果存在多条该地址路由，当发送者发送以任播地址为目的 IP 的数据报文时，发送者就无法控制哪台设备能够收到，这取决于整个网络中路由协议计算的结果。这种方式可以适用于一些无状态的应用，如 DNS 等。

IPv6 中没有为任播规定单独的地址空间，任播地址和单播地址使用相同的地址空间。目前 IPv6 中的任播主要应用于移动 IPv6。IPv6 任播地址仅可以被分配给路由设备，不能应用于主机。任播地址不能作为 IPv6 报文的源地址。

(3) 组播地址。IPv6 的组播与 IPv4 相同，用来标识一组接口，一般这些接口属于不同的节点。一个节点可能属于 0 到多个组播组。发往组播地址的报文被组播地址标识的所有接口接收。例如，组播地址 "FF02::1" 表示链路本地范围的所有节点，组播地址 "FF02::2" 表示链路本地范围的所有路由器。

一个多播地址标识位于不同设备上的一组接口，发送给多播地址的分组将传输到该地址标识的所有接口，多播地址不会作为源地址出现。

3. MAC 地址

MAC 用来识别 OSI 模型中第二层数据链路层的地址。MAC 地址采用十六进制数表示，共 6 个字节，一共 48 位比特。通常由高位到低位每 4 位比特为一组，表示 1 位十六进制，因此 MAC 表示为 12 个十六进制数，每 2 个十六进制数之间用冒号隔开，例如，08:00:20:0A:8C:6D 就是一个 MAC 地址，它的二进制为 "0000 1000 0000 0000 0010 0000 0000 1010 1000 1100 0110 1101"，其中，前 6 位十六进制数 "08:00:20" 代表网络硬件制造商的编号，它由 IEEE 分配，称为机构唯一标识符；后 6 位十六进制数 "0A:8C:6D" 代表该制造商所制造的某个网络产品(如网卡)的系列号，称为扩展标识符。每 2 位十六进制数中间的“:”也可以用“-”或者“.”代替。

网卡的物理地址通常是由网卡生产厂家烧入网卡的 EPROM(Erasable Programmable Read Only Memory，可擦除可编程只读寄存器)。世界上每个以太网设备都具有唯一的 MAC 地址。也就是说，在网络底层的物理传输过程中，是通过物理地址来识别主机的，它一定是全球唯一的。

1.1.2　参考案例：IPv4 地址配置和 MAC 地址查询

1. IPv4 地址配置

在 Windows 系统的计算机中配置一个 IP 地址为 192.192.1.200，掩码为 255.255.255.0。首先找到 Windows 的“开始”菜单，单击“设置”按钮，打开“网络和共享中心”，进入到“网络共享中心”后，在左边快捷栏里找到“更改适配器设置”，如图 1-7 所示。

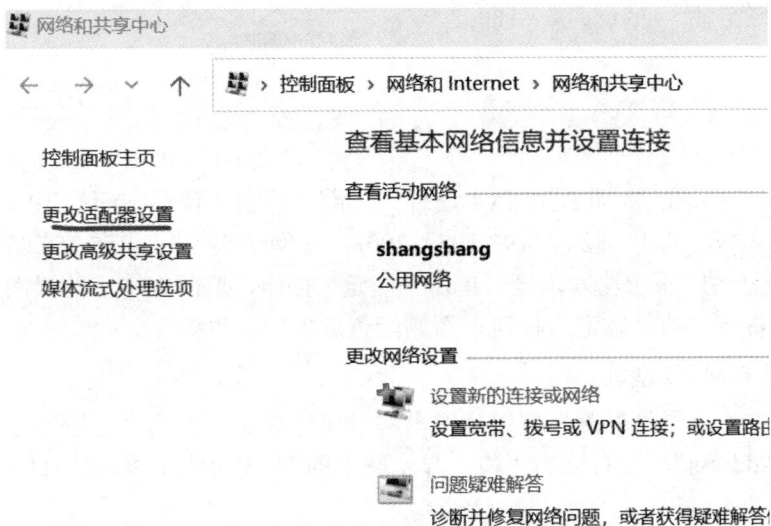

图 1-7　更改适配器设置图

在“更改适配器设置”页面的右侧会出现所有的网卡，找到要设置的网卡，如图 1-8 所示，双击“以太网 5”(不同的计算机显示的网卡名字可能不一样)，弹出“以太网属性”界面，如图 1-9 所示。在属性页面找到“Internet 协议版本 4(TCP/IPv4)”，并且双击进入配置页面，如图 1-10 所示。

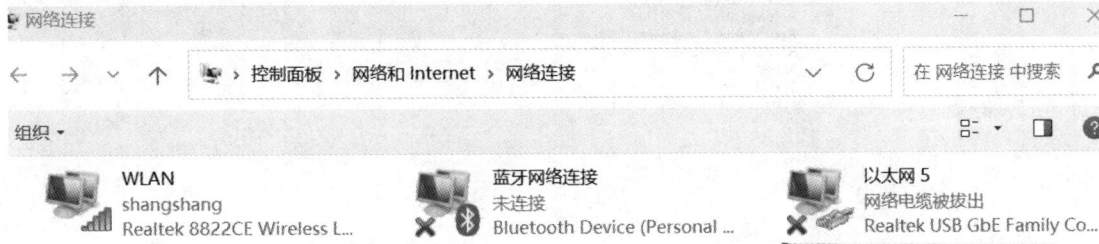

图 1-8　网卡

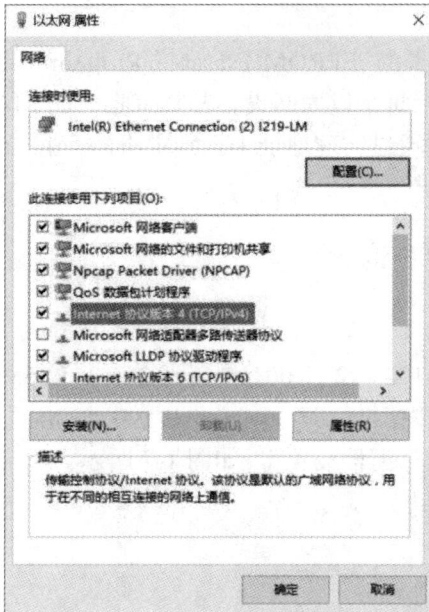

图 1-9　"以太网属性"界面　　　　　　　　图 1-10　IP 地址配置界面

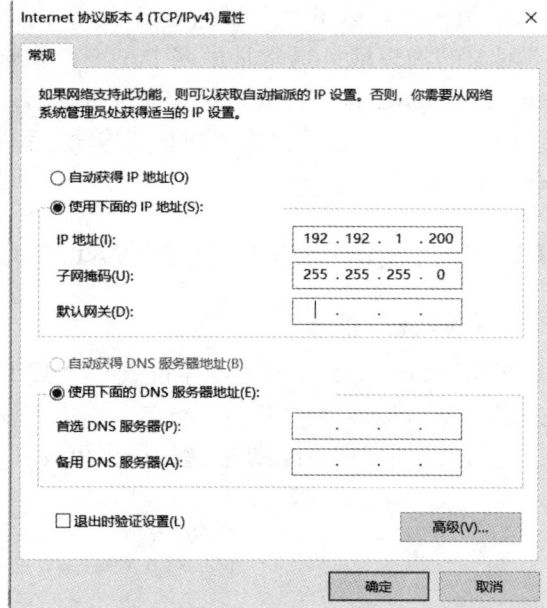

在"Internet 协议版本 4(TCP/IPv4)属性"界面，选中"使用下面的 IP 地址"，然后在下面的框内输入分配的 IP 地址"192.192.1.200"、子网掩码"255.255.255.0"，默认网关和 DNS 服务器地址暂时不用输入，最后单击"确定"按钮，返回上一步的界面，此时切记还需要单击界面右下方的"确定"按钮，否则配置数据无法生效。

2. 查询网卡 MAC 地址

在图 1-9 中，单击"配置"按钮，弹出网卡属性界面，选择"高级"标签栏，然后选择"Network Address"，在右侧的"值"显示网卡的 MAC 地址，如图 1-11 所示。

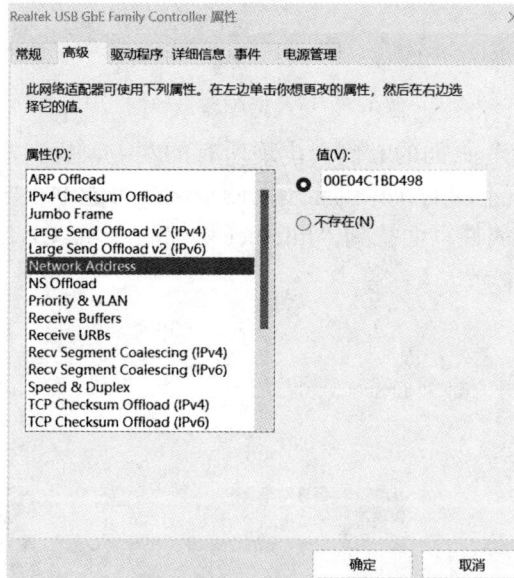

图 1-11　查询 MAC 地址

1.1.3 任务实施：配置校园网计算机 IPv4 地址和查询 MAC 地址

按照表 1-2 中的要求实施任务。

表 1-2 任务实施表

任务	配置校园网计算机 IPv4 地址和查询 MAC 地址		
步骤	子任务	输出	评估方法和标准
1	区分教学楼、办公楼、宿舍楼的 IP 地址的类别	IP 地址分类	IP 地址分类正确
2	1. 将自己计算机的 IP 地址设置成办公楼的 IP 地址段 192.168.211.x 255.255.255.0，x 为 1～253 之间的任意一个整数，但是不能重复。建议同学们按照学号顺序从 1 开始； 2. 网关地址设置为 192.168.211.254； 3. DNS 地址设置为 202.102.128.68	IP 地址配置成功截图	1. 再次进入 IP 地址配置界面，显示 IP 地址配置正确； 2. 截图显示正确的 IP 地址
3	查询自己计算机的 MAC 地址	MAC 地址查询结果截图	截图正确

1.2 任务 2 计算校园网 IPv4 地址的 VLSM

在本书开头给出的总体任务的表 1 中，其需求标识栏的 III.3 列出了教学楼计算机的 IP 地址范围为 192.168.212.0/25，宿舍楼的 IP 地址范围为 192.168.213.0/26，网管服务器的地址是 10.52.1.1/28。这些地址并不是标准的 A 类、B 类、C 类、D 类地址，而是一种可变长的子网掩码的地址，子网掩码的长度并不是 8、18 或者 24 位。

本任务的要求如下：

(1) 计算这种可变长的 IP 地址，确定网络地址、主机地址以及可用的地址范围；

(2) 给教学楼、宿舍楼的计算机分配 IP 地址；

(3) 输出过程文档。

1.2.1 知识准备：IPv4 地址的 VLSM 计算

IP 地址如果只使用 A、B、C 类分配，会造成大量浪费。A 类地址的网络最多只能是 1～127，共 127 个；B 类地址的网络最多只能是 128～191，共 64 个；C 类地址的网络最多只能是 192～223，共 32 个。因此，A、B、C 类的网络数量是有限的，在网络主机和设备越来越多的情况下，网络地址数量愈发显得捉襟见肘。另外，IP 地址本身也存在巨大浪费，例如，一个企业组网时按照规划分成三个网络，每个网络主机数不会超过 64 台，如果给这个企业分配 C 类地址，那么需要占用 3 个 C 类地址。但是如果使用 VLSM 地址的话，只需一个 C 类地址就可以完成分配。

　　VLSM(Variable Length Subnet Mask，可变长子网掩码)是在为每个子网上保留足够的主机数的条件下，在这个 IP 段内通过借用主机号部分的比特位来做网络号，也就是增加网络号的位数。例如，A 类最多有 23 位可以借，B 类最多有 15 位可以借，C 类最多有 7 位可以借。这样在借来的网络位上可以定义不同的子网，从而通过增加网络的数量来提高 IP 地址的利用率，而且所有子网内的 IP 地址都属于这个网络，在路由表中通过路由汇总或者聚合也可以减少路由的数量。

　　在使用 VLSM 时，最重要的是确定网络号借用主机号的位数从而来确定子网掩码。在A、B、C 类地址中，网络掩码都是 8 的整数倍，A 类的掩码是 8 位，B 类的掩码是 16 位，C 类的掩码是 24 位。VLSM 使用的子网掩码的位数可以是 2~30 的任意一个值，如图 1-12中的原掩码是 24 位，现在向主机位借了 1 位，因此新的掩码变成了 25 位，即11111111.11111111.11111111.10000000，借的这位网络位使 192.168.1.0 的网络变成了 2 个子网，当借位为 1 时是一个子网，借位为 0 时是另外一个子网。

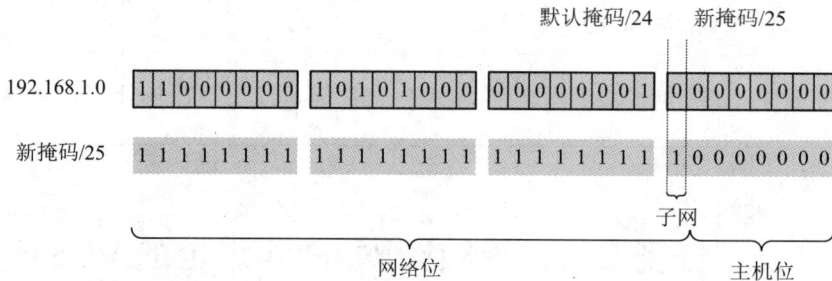

图 1-12　VLSM 子网借位

　　在 VLSM 地址中，常用 a.c.d.e/f 这种格式来描述 IP 地址，a.c.d.e 表示 IP 地址，f 表示子网掩码，如 193.122.133.45/28、98.6.78.12/14 等，这种格式和 193.122.133.45 mask 255.255.255.240、98.6.78.12 mask 255.252.0.0 是一样的。当然，A、B、C 类地址也可以使用 2.2.2.2/8、130.130.111.123/8、193.4.5.6/24 这种表示方式。因此，在描述 IP 地址时，只说地址不说掩码是不准确的。

　　VLSM 地址的子网掩码不是 8 的整数倍，但是 IP 地址在表示时是按照 8 位比特换算成十进制的，这就造成了部分网络位和部分主机位换算成了同一个十进制数，所以 VLSM IP地址不能像 A、B、C 类地址一样直观地看出这个 IP 地址属于哪一个网络，必须通过 VLSM地址计算才能看出子网和 IP 地址。

1.2.2　参考案例：计算 IPv4 地址的 VLSM

1. 193.123.133.45/28 地址计算

其具体步骤如下：

第一步：确定子网掩码。

IP 地址是 193.123.133.45/28，子网掩码是 28 位，说明掩码的 32 位比特由高到低分别为连续的 28 个 1 和 4 个 0，即 11111111.11111111.11111111.11110000。

第二步：计算这个 IP 地址的子网号。

IP 地址转化为二进制：11000001.01111011.10000101.00101101。

子网掩码二进制：11111111.11111111.11111111.11110000。

对应比特与运算得出子网号：11000001.01111011.10000101.00100000。

转化为十进制的子网号是 193.123.133.32。

第三步：根据子网号计算其他地址。

在这个子网里，最低 4 位是主机位，可以取 0000 到 1111 的任意值。取 0000 就是子网号；当取 0001 时，IP 地址为 193.123.133.33；当取 0010 时，IP 地址为 193.122.133.34。依次类推，最后一个取 1111 时，IP 地址为 193.123.133.47，主机位为全 1，表示是这个网络的广播地址。

所以该 IP 地址的计算结果如表 1-3 所示。

表 1-3　IP 地址计算结果

IP 地址	网络号	广播地址	可以分配的 IP 地址范围
193.123.133.45/28	193.123.133.32	193.123.133.47	193.123.133.33～193.123.133.46

2. 141.178.199.201/22 地址计算

其具体步骤如下：

第一步：确定子网掩码。

IP 地址是 141.178.199.201/22，子网掩码是 22 位，说明掩码的 32 位比特由高到低分别为连续的 22 个 1 和 10 个 0，即 11111111.11111111.11111100.00000000。

第二步：计算这个 IP 地址的子网号。

IP 地址转化为二进制：10001110.10110010.11000111.11001001。

子网掩码二进制：11111111.11111111.11111100.00000000。

对应比特与运算得出子网号：10001110.10110010.11000100.00000000。

转化为十进制的子网号是 141.178.196.0。

第三步：根据子网 ID 计算其他地址。

在这个子网里，最低 10 位是主机位，可以取 00.00000000 到 11.11111111 的任意值。取 00.00000000 就是子网号；当取 00.00000001 时，IP 地址为 141.178.196.1；当取 00.00000010 时，IP 地址为 141.178.196.2。依次类推，最后一个取 11.11111111 时，IP 地址为 141.178.199.255，主机位为全 1，表示是这个网络的广播地址。

这个 IP 地址的计算结果如表 1-4 所示。

表 1-4　IP 地址计算结果

IP 地址	网络号	广播地址	可以分配的 IP 地址范围
141.178.199.201/22	141.178.196.0	141.178.199.255	141.178.196.1～141.178.199.254

1.2.3　任务实施：计算校园网 IPv4 地址的 VLSM

按照表 1-5 的要求实施任务。

表 1-5 任 务 实 施 表

任务	计算校园网 IPv4 地址的 VLSM		
步骤	子 任 务	输 出	评估方法和标准
1	计算教学楼 192.168.212.0/25 的地址范围	按照表 1-4 的格式，输出计算结果，包括：可用地址范围、网络号、广播地址	IP 地址计算正确
2	计算教学楼 192.168.213.0/26 的地址范围	按照表 1-4 的格式，输出计算结果，包括：可用地址范围、网络号、广播地址	IP 地址计算正确
3	计算网管服务器地址 10.52.1.1/28 的地址范围	按照表 1-4 的格式，输出计算结果，包括：可用地址范围、网络号、广播地址	IP 地址计算正确

1.3 任务 3 常用网络命令的使用

为了给后续的设备配置和业务验证做准备，本任务要求如下：

(1) 在实验室的计算机和自己的计算机上执行 ipconfig/all、ping、tracert 和 arp 命令；

(2) 输出过程文档。

1.3.1 知识准备：常用的网络命令

网络配置命令由操作系统提供，如 Windows、Linux 和 UNIX 等操作系统，另外交换机和路由器的系统也包含了这些命令，但是不同的操作系统的命令形式不一样。例如，Windows 系统下查看 IP 配置的命令是 ipconfig，而 Linux 系统下查看 IP 配置的命令是 ifconfig，本书介绍的是 Windows 系统下的命令。

1. ipconfig

ipconfig 可用于显示当前 TCP/IP 配置的设置值，这些信息一般用来检验人工配置的 TCP/IP 是否正确。

此命令用法：ipconfig [/allcompartments] [/? | /all |]

常用格式：ipconfig 和 ipconfig /all

(1) 命令 "ipconfig"：当不带任何参数选项时，可显示所有已经配置的接口的 IP 地址、子网掩码和缺省网关值等信息。

(2) 命令 "ipconfig /all"：当使用 all 选项时，可显示已经配置的所有信息。如果 IP 地址是从 DHCP 服务器租用的，将显示 DHCP(Dynamic Host Configuration Protocol，动态主机配置协议)服务器的 IP 地址和租用地址预计失效的日期。

2. ping

ping 用于确定本地主机是否能与另一台主机成功交换(发送与接收)数据包，再根据返回的信息，可以推断 TCP/IP 参数是否设置正确、设备运行是否正常、网络是否连通等。

此命令用法：ping [-t] [-a] [-n count] [-l size] [-f] [-i TTL] [-v TOS] [-r count] [-s count] [[-j host-list] | [-k host-list]] [-w timeout] [-R] [-S srcaddr] [-c compartment] [-p] [-4] [-6] target_name

常用的参数如下：

- -t：ping 指定的主机，直到停止，若要停止，则键入"Ctrl + C"。
- -a：将地址解析为主机名。
- -n count：要发送的回显请求数。
- -l size：发送缓冲区大小。
- -r count：记录计数跃点的路由(仅适用于 IPv4)。

在使用 ping 命令时，常出现的几种情况如下：

(1) 命令"ping 127.0.0.1"：该 ping 命令会被送到本地计算机的 IP 系统。如果不通，就表示 TCP/IP 的安装或运行存在某些最基本的问题。

(2) 命令"ping 网关 IP"：该命令如果应答正确，就表示局域网中的网关路由器正在运行并能够作出应答，否则就是网关路由器出现故障、中间链路硬件故障、配置数据有误等。

(3) 命令"ping 远程 IP"：该命令如果应答正确，就表示广域网中的设备能够正常作出应答，网络正常连通，否则就是网关路由器出现故障、中间链路硬件故障、配置数据有误等。

(4) 如果想一直检测，直至检测的状态发生变化，可以增加"-t"参数，如"ping -t 10.10.10.10"。

3. tracert

tracert 是一个简单的网络诊断工具，探测数据包从源地址到目的地址经过的路由器 IP 地址，常用于排查路由故障，以便确定哪一个路由接口出现问题。

此命令用法：tracert [-d] [-h maximum_hops] [-j host-list] [-w timeout] [-R] [-S srcaddr] [-4] [-6] target_name

常用的参数如下：

- -d：不将地址解析成主机名。
- -h maximum_hops：搜索目标的最大跃点数。

例如，命令"tracert 202.102.111.134"，可以检测当前主机到 202.102.111.134 所经过的下一跳地址。

4. arp

arp 命令用来显示和修改由 ARP 协议生成与使用的"IP 到 MAC"的地址转换表。

此命令用法如下：

- arp -s inet_addr eth_addr [if_addr]
- arp -d inet_addr [if_addr]
- arp -a [inet_addr] [-N if_addr] [-v]

常用参数如下：

- -a：通过询问当前协议数据，显示当前 ARP 项。如果指定 inet_addr，则只显示指定计算的 IP 地址和物理地址。如果不止一个网络接口使用 ARP，则显示每个 ARP 表的项。
- inet_addr：指定 Internet 地址。
- -N if_addr：显示 if_addr 指定的网络接口的 ARP 项。

- -d：删除 inet_addr 指定的主机。inet_addr 可以是通配符"*"，以删除所有主机。
- -s：添加主机，并将 Internet 地址 inet_addr 与物理地址 eth_addr 相关联。
- eth_addr：指定物理地址。
- if_addr：如果存在，则指明显示或者修改这个网络接口的物理地址，因为一个网卡可能有多个 IP 地址，一个物理网络上可以有多个逻辑网络，而且主机可能有多个网卡。

例如，命令"arp -a"显示当前计算机的 ARP 缓存数据，命令"arp -s 192.178.1.1 23-45-67-89-12-12"是指在当前 ARP 缓存里增加了一条 IP 地址 192.178.1.1 到 MAC 地址 23-45-67-89-12-12 的映射数据。

1.3.2　参考案例：常用网络命令的测试

1. ipconfig 的测试

在 Windows 的左下角搜索栏里面输入"CMD"，会出现"命令提示符"，双击即可进入 DOS 界面，如图 1-13 所示。

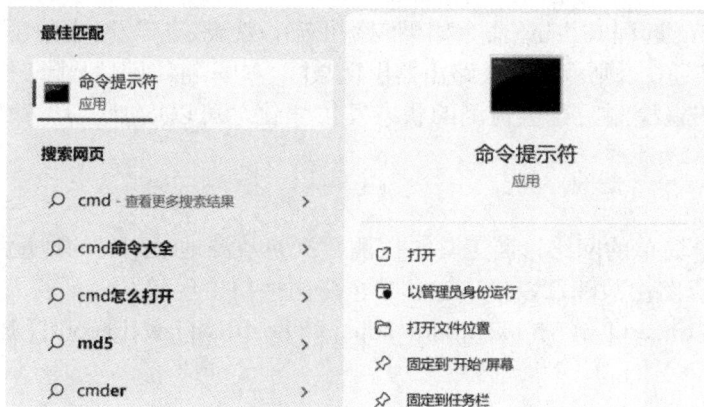

图 1-13　进入 DOS 界面

在 DOS 界面的命令提示符后面输入"ipconfig"，可查看计算机的网络配置信息，如图 1-14 所示，显示了网卡的 IPv4 地址、子网掩码和默认网关等信息。

图 1-14　ipconfig 测试结果

2. ping 的测试

在 DOS 界面上输入"ping 127.0.0.1"和"ping 202.102.128.70"。其中，图 1-15 是测试

计算机本身 IP 环境是否正常，经过测试能够 ping 通自身环路，说明 IP 环境正常；图 1-16 是测试计算机与 202.120.128.70 这个 IP 地址的设备是否连通，测试结果中数据包 100%丢失表示计算机到这个 IP 地址是不通的。

```
C:\Users\cuihaibin>ping 127.0.0.1

正在 Ping 127.0.0.1 具有 32 字节的数据:
来自 127.0.0.1 的回复: 字节=32 时间<1ms TTL=64
来自 127.0.0.1 的回复: 字节=32 时间<1ms TTL=64
来自 127.0.0.1 的回复: 字节=32 时间<1ms TTL=64
来自 127.0.0.1 的回复: 字节=32 时间<1ms TTL=64

127.0.0.1 的 Ping 统计信息:
    数据包: 已发送 = 4，已接收 = 4，丢失 = 0 (0% 丢失)，
往返行程的估计时间(以毫秒为单位):
    最短 = 0ms，最长 = 0ms，平均 = 0ms
```

图 1-15　ping 测试(一)

```
C:\Users\cuihaibin>ping 202.102.128.70

正在 Ping 202.102.128.70 具有 32 字节的数据:
请求超时。
请求超时。
请求超时。
请求超时。

202.102.128.70 的 Ping 统计信息:
    数据包: 已发送 = 4，已接收 = 0，丢失 = 4 (100% 丢失)
```

图 1-16　ping 测试(二)

3. tracert 的测试

在 DOS 界面上输入"tracert www.baidu.com"，tracert 后面也可以跟一个具体的 IP 地址，如图 1-17 所示。经过测试，计算机到 www.baidu.com 的路由经过了很多的网关接口或者路由器接口，其中"*"代表请求超时，并不是这个地址不通，而是从安全性角度考虑，这些 IP 地址禁止了 tracert 测试。

```
C:\Users\cuihaibin>tracert www.baidu.com

通过最多 30 个跃点跟踪
到 www.a.shifen.com [110.242.68.3] 的路由:

  1     4 ms     3 ms     3 ms   192.168.101.1
  2    19 ms     5 ms     6 ms   192.168.0.1
  3     4 ms     5 ms     3 ms   172.16.3.254
  4     6 ms     4 ms    11 ms   192.168.1.1
  5    10 ms   156 ms     *      119.164.136.1
  6     *        *       11 ms   221.0.6.157
  7     *        *        *      请求超时。
  8     *        *        *      请求超时。
  9    31 ms    23 ms    26 ms   110.242.66.174
 10    42 ms    59 ms    20 ms   221.194.45.130
```

图 1-17　tracert 测试

4. arp 的测试

在 DOS 界面上输入"arp -a"，会显示计算机的 ARP 缓存表，如图 1-18 所示。Internet 地址一栏列出了计算机发生过的数据收发的所有目的 IP 地址，物理地址一栏是这个 IP 地址对应的二层 MAC 地址，类型一栏说明了 IP 地址是动态或者静态的，动态指的是通过 DHCP 协议配置的，静态是手工配置的。

```
C:\Users\cuihaibin>arp -a

接口: 192.168.101.102 --- 0x15
  Internet 地址         物理地址              类型
  192.168.101.1        90-17-c8-4b-9c-c5     动态
  192.168.101.6        f8-9e-94-1f-fd-9c     动态
  192.168.101.10       9c-da-3e-6f-42-7b     动态
  192.168.101.41       8e-bd-a1-75-27-52     动态
  192.168.101.50       5e-bd-e6-b0-c7-54     动态
  192.168.101.112      2c-8d-b1-70-34-01     动态
  192.168.101.255      ff-ff-ff-ff-ff-ff     静态
  224.0.0.2            01-00-5e-00-00-02     静态
  224.0.0.22           01-00-5e-00-00-16     静态
  224.0.0.251          01-00-5e-00-00-fb     静态
  224.0.0.252          01-00-5e-00-00-fc     静态
  239.255.255.250      01-00-5e-7f-ff-fa     静态
  255.255.255.255      ff-ff-ff-ff-ff-ff     静态
```

图 1-18　arp 测试

1.3.3 任务实施：常用网络命令的使用

按照表 1-6 的要求实施任务。

表 1-6 任务实施表

任务	常用网络命令的使用		
步骤	子 任 务	输 出	评估方法和标准
1	在实验室的计算机和自己的计算机上执行"ipconfig /all"命令	命令执行结果截图	截图列出所有的 IP 信息
2	在实验室的计算机和自己的计算机上执行"ping 202.102.128.68"命令	命令执行结果截图	截图显示 ping 的执行结果，如果网络正常，则可以 ping 通
3	在实验室的计算机和自己的计算机上执行"tracert 202.102.128.68"命令	命令执行结果截图	截图显示 tracert 的执行过程，包含很多的下一跳地址信息
4	在实验室的计算机和自己的计算机上执行"arp -a"命令	命令执行结果截图	输出计算机的 ARP 缓存内容，包括 IP 地址和 MAC 地址的映射关系

模 块 总 结

MAC 地址是网络的二层地址，IP 地址是网络的三层地址，它们是完成数据路由和交换的最重要的依据。IP 地址分为 A、B、C、D 类，它们都有固定长度的子网掩码，但是在实际的工程中，更多地使用可变长度的掩码来确定网络规模和主机规模，即 VLSM 地址，它是在普通 IP 地址的基础上通过网络位向主机位借位来改变网络位和主机位的比特数目，从而改变了网络和主机的规模。VLSM 地址的计算首先要确定网络掩码的位数，然后将掩码的比特和 IP 地址的比特对应位做与运算，即可确定网络号，然后再将主机位从全 0 取值到全 1，最后按照 8 比特换算成十进制，就可以计算出 VLSM 地址。

在网络的开通和维护工作中，经常需要借助一些命令来查询网络信息、检查网络状态、验证业务正常与否，如 ipconfig、ping、tracert、arp 等，因此必须掌握这些命令的使用方法，学会使用它们来解决实际的网络问题。

模 块 习 题

一、单选题

1. IP 地址工作在 OSI 模型的(　　)。

A. 物理层　　　　　　　　　　B. 数据链路层

C. 网络层　　　　　　　　　　　D. 传输层

2. IPv6 的地址是(　　)。

A. 32 位二进制　　　　　　　　　B. 48 位二进制

C. 128 位二进制　　　　　　　　 D. 64 位二进制

3. MAC 用来识别 OSI 模型中第二层数据链路层的地址。MAC 地址采用十六进制数表示，共 6 个字节，一共 48 位比特。通常由高位到低位每 4 位比特为一组，表示 1 位十六进制，因此 MAC 表示为(　　)个十六进制数。

A. 32　　　　　　B. 12　　　　　　C. 48　　　　　　D. 6

4. VLSM 是在为每个子网上保留足够的主机数的条件下，在这个 IP 段内通过借用主机号部分的比特位来做网络号，也就是增加网络号的位数，下面不可能在掩码中出现的数字是(　　)。

A. 250　　　　　B. 252　　　　　C. 128　　　　　D. 240

5. Windows 系统下查看 IP 配置的命令是(　　)。

A. ping　　　　　B. arp　　　　　C. tracert　　　　D. ipconfig

6. 通过一个 IP 地址可以知道这个 IP 地址所处网络的网络地址、主机地址、广播地址。IP 地址 19.128.128.177/17 的网络地址是(　　)。

A. 19.128.128.128　　　　　　　　B. 19.128.0.0

C. 19.128.128.0　　　　　　　　　D. 19.0.0.0

二、填空题

1. IPv6 的地址是 128 位，是 IPv4 地址长度的 4 倍，采用十六进制表示。为了更方便书写，RFC 2373 中规定：当地址中存在一个或多个连续为 0 的段时，为了缩短地址长度，可用一个_____符号表示，地址中只允许有一个这种符号。

2. ipconfig 可用于显示当前 TCP/IP 配置的设置值，这些信息一般用来检验人工配置的 TCP/IP 是否正确。当使用_____选项时，ipconfig 可显示已经配置的所有信息。

3. 08:00:20:0A:8C:6D 是一个 MAC 地址，其中 MAC 地址中的_____代表网络硬件制造商的编号。

4. 127.0.0.1 是_____地址，192.168.5.255 是_____地址。

三、论述题

1. 把十进制 147 转换成二进制，把 10110011 转换为十进制。

2. 计算 IP 地址 11.192.128.172/18 的网络地址、广播地址、可用的主机地址。

3. 要在计算机的 ARP 缓存里添加"11-22-33-44-55-66"和 192.168.12.23 的映射关系，简述其命令。

模块 2 校园网的规划与设计

组建计算机网络，首先要对网络拓扑、硬件、数据三方面进行系统的规划和设计：网络拓扑主要是设计网络基本组网方式以及设备之间的连接关系；硬件设计主要是选择设备的类型和数量、线缆类型和数量以及设备之间的互连接口；数据设计则是规划网络的各种运行参数，包括 VLAN、IP 地址、路由、访问控制、备份节点、备份路由和安装策略等。本模块设置了五个简单任务，分别为：画校园网网络拓扑图、规划交换机硬件、规划路由器硬件、规划 VLAN 和规划 IP 地址。需要注意的是，组网规划还有其他的一些重要内容，如路由规划、访问控制规划、地址池规划等，这些规划需要较高的技能和经验，在这个阶段，并不具备规划这些数据所需的知识点，所以这些规划内容将在后续的任务中分别提及，在本模块中不会集中讲解，但是要知道规划还包括这些方面的内容。

知识目标

(1) 熟悉常用的网络拓扑结构；
(2) 掌握中兴交换机与路由器的硬件、接口和线缆；
(3) 掌握 VLAN 的概念、工作原理和划分方法；
(4) 掌握 IP 地址分配的原则和子网划分的方法。

技能目标

(1) 会使用 WPS、PPT、Excel、Word 等工具画网络拓扑图；
(2) 会根据网络需求选择合适的交换机、路由器以及确定线缆的类型、数量、长度等其他属性；
(3) 会根据网络需求规划 VLAN 数据；
(4) 会根据网络需求规划 IP 地址，会划分子网。

2.1 任务 4 画校园网网络拓扑图

网络拓扑图是在工程初期根据组网需求画的粗略的网络结构图，用来描述网络的基本组成和基本的连接关系，以图形的形式为网络规划提供参考。在网络规划完成之后，可以根据网络规划画出详细的网络规划设计图，设计图中会详细描述设备类型、数量、线缆类型、连接关系、接口、IP 地址、VLAN、冗余链路等信息，以直观地帮助我们完成网络实施。

本任务是根据本书开头所给的总体任务的表 1 的需求标识栏的Ⅰ.1 中的要求，并综合考虑其他组网需求，使用简单的作图工具来画出校园网网络拓扑图，要求如下：

(1) 标识网络的组成部分和位置；

(2) 标识网络设备是交换机、路由器、服务器或者其他设备；

(3) 标识设备之间的连接关系和线缆类型；

(4) 标识连接外网的设备和位置；

(5) 无须标记 IP 地址、VLAN、接口等信息。

2.1.1 知识准备：网络拓扑图概念和作图

1. 网络拓扑图

网络拓扑图是指由计算机、路由器、交换机、打印机等网络节点设备与通信介质组成的网络结构图。简而言之，就是将各网络节点设备与通信介质的位置、连接关系等直观地呈现在图示中，反映网络各实体间的结构关系。

网络拓扑图的常见结构有星形结构、环形结构、树状结构、总线结构、网状结构、混合结构等。

1) 星形结构

这是最古老的连接方式之一，网络有中央节点，其他节点(工作站、服务器)都与中央节点直接相连，这种结构以中央节点为中心，因此又称为集中式网络，如图 2-1 所示。

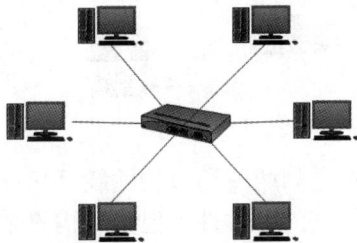

图 2-1 星形结构

2) 环形结构

区别于星形结构对中心系统的依赖，环形结构中的传输媒体从一个端用户到另一个端用户，直到将所有的端用户连成环形。数据在环路中沿着一个方向在各个节点间传输，信息从一个节点传到另一个节点，如图 2-2 所示。

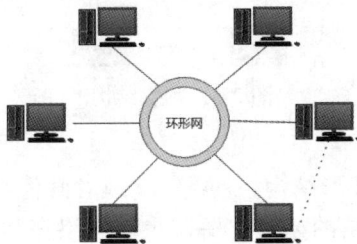

图 2-2 环形结构

3) 树状网络

在实际建造一个大型网络时，往往是采用多级星形连接按层次方式排列形成树形网络，树的枝叶是网络的接入设备，而树干是网络的汇聚和核心设备，形成清晰的层级和控制关系，如图2-3所示。

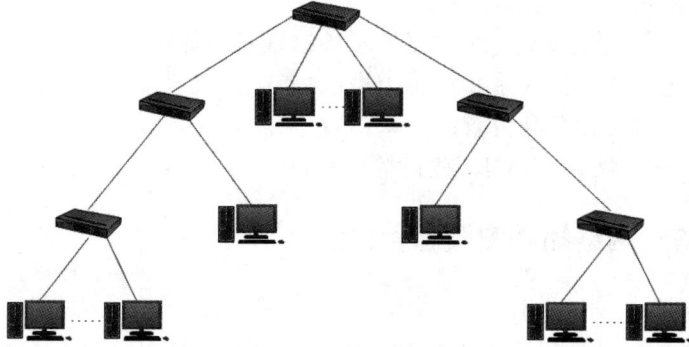

图2-3　树状结构

4) 总线结构

总线结构也是最早的网络结构之一，以太网最早就采用这种网络结构。它使用线缆和设备形成一套数据交换通道，所有的端用户就近接入通道，连接端用户的物理媒体由所有设备共享，各工作站地位平等，无中心节点控制，如图2-4所示。

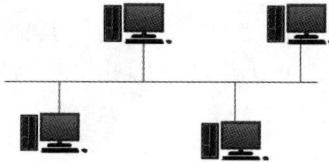

图2-4　总线结构

5) 网状结构

将各节点之间或者部分节点之间两两通过传输线互相连接起来，形成一个类似网状的连接关系。网状拓扑结构具有较高的可靠性，但其结构复杂，实现起来成本较高，不易管理和维护，不常用于局域网，如图2-5所示。

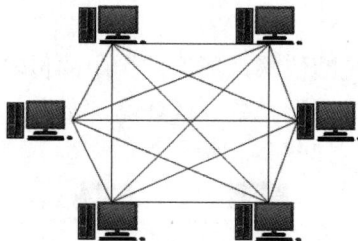

图2-5　网状结构

6) 混合结构

混合结构是由星形结构、环形结构、总线结构或者其他结构结合在一起的网络结构，这样的拓扑结构更能满足较大网络的拓展，解决星形网络在传输距离上的局限，且同时又解决了总线形网络在连接用户数量上的限制。

2. 制图工具和资源

画网络图有很多工具，平常使用的 WPS、Word、Excel、PPT 等办公工具均可画出简单的网络图。如果网元较多，网络拓扑复杂，则建议使用微软公司的 Visio 专用画图工具。另外，还需要使用一些专门的图形图标资源来标识交换机、路由器、三层交换机、网关、防火墙、线缆、服务器、计算机、打印机等，如果找不到对应的图形图标，也可以使用框图加名称标识来代替。

3. 构思网络拓扑图

在规划网络拓扑的时候要仔细分析网络的功能需求，构思网络拓扑图，主要考虑以下几点：

(1) 确定网络拓扑。计算机网络一般采取混合结构，一般是树形、环形、星形和总线型的结合。

(2) 确定网络拓扑图中的设备。设备一般包括交换机、三层交换机、路由器、防火墙、计算机、服务器等，不需要考虑设备的数量。

(3) 确定网络的层次。确定网络的层次关系，这是网络拓扑最重要的内容，根据网络的要求，确认网络的接入层、汇聚层、核心层，复杂的网络还需要确认核心汇聚和核心骨干层。

(4) 确定网络中关键设备的位置。确认汇聚设备、核心设备、服务器、互联路由器等关键设备的位置。

(5) 确定网络拓扑中使用的传输媒介。确认网络中使用的光纤和网线以及使用光纤的部分和使用网线部分。

(6) 确定设备之间的连接关系。确定相邻设备之间采用什么介质连接，是否需要备用链路等。

(7) 拓扑图上设备的布局。按照地图上北下南的方向，上层(靠近核心)的设备画在上方，下层(远离核心)的设备画在下方，同一层次的设备按照由左向右排列。

(8) 拓扑图具备一定的美观性。

4. 画拓扑图

画拓扑图的一般流程如下：

(1) 在纸上笔画拓扑图草图，作为制图的参考。

(2) 打开专用工具，放置各种网络设备图标，在设备之间增加连线。

(3) 使用文本框标记拓扑图的图标信息，如某接入交换机。

(4) 使用文本框标记拓扑图其他信息，如某机房、某楼层等。

(5) 调整图标大小和字体大小，调整所有的图标、字体、连线粗细、颜色、连接点的切合程度等，保证风格统一。

(6) 在图的上方标识"某网络拓扑图"。

(7) 输出的拓扑图为 JPG 格式，并保存。

2.1.2　参考案例：画初步网络拓扑图

【案例说明】

一个学校有 7 栋楼，其中，在教学楼、图书馆、实验楼、食堂、学生宿舍、教工宿舍各安装 1 台交换机，将 6 栋楼的计算机接入校园网；在办公楼建有一个网络机房，机房里有 3 台服务器、1 台核心交换机、1 台防火墙和 1 台路由器，3 台服务器通过网线接入核心交换机，6 栋楼的接入交换机通过光纤接入机房的核心交换机。核心交换机使用光纤连接到防火墙的内部口，防火墙的外部口使用光纤连接路由器，路由器的外部端口使用光纤连接到运营商提供的外部网络接口。

请根据上面的描述，画出这个校园网的网络拓扑图。

【案例实施】

本案例使用 PPT 的画图功能来画这个网络拓扑图，画图的过程略过。最终拓扑图如图 2-6 所示，此拓扑图与案例的组网需求基本吻合。注意，网络拓扑图不止一种画图结果，只要能够满足组网需求即可。

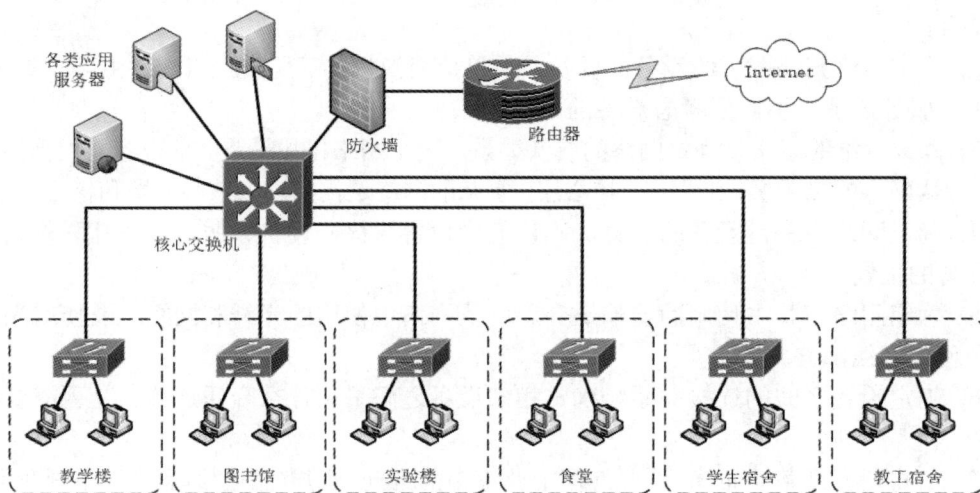

图 2-6   校园网网络拓扑图示例

2.1.3   任务实施：画校园网网络拓扑图

按照表 2-1 的要求完成任务。

表 2-1   任务实施表

任务	画校园网网络拓扑图		
步骤	子 任 务	输 出	评估方法和标准
1	使用 PPT 工具画出校园网的网络拓扑图	拓扑图文件	(1) 拓扑图契合总体任务中硬件组网需求和解决方法，准确地呈现网络结构；(2) 拓扑图中的图标准确，信息标识完整，有助于快速理解网络组成；(3) 拓扑图相对美观

注意：针对本任务，本书提供了一个网络拓扑图给同学们作为参考，如附录二。要注意的是，这仅仅是满足网络需求的其中一种网络拓扑，采用的网络拓扑不同，网络实施方法也会在某些模块有所不同，具体实施方案要围绕网络拓扑来进行。

2.2 任务 5 规划交换机硬件

根据本书开头给出的总体任务的表 1 中的需求标识栏Ⅰ-Ⅰ的硬件组网要求和Ⅱ-Ⅰ到Ⅱ-Ⅳ的 VLAN 功能要求，完成以下任务：

(1) 交换机硬件规划，包括交换机的类型和数量，线缆的类型、数量和长度，接口的类型和连接关系等；

(2) 输出规划文档。

2.2.1 知识准备：交换机硬件概述

本书的交换机采用了中兴通讯的 ZXR10 5950-L 系列全千兆智能路由交换机，该交换机是针对企业用户推出的三层盒式交换机。它提供高密度千兆接入接口和万兆上行接口，具备全面的二层交换和三层路由能力，支持丰富的安全和可靠性机制，同时支持 40 Gb/s 堆叠，可广泛应用于企业网接入汇聚，也可用于运营商园区。

1. ZXR10 5950-28TD-L 硬件

ZXR10 5950-L 系列交换机的硬件结构，包括盒体、电源、以太网交换主板等。ZXR10 5950-28TD-L 是 ZXR10 5950-L 系列中的一种交换机，盒体高度为 43.6 mm，前面板提供 24 个千兆以太网电接口，电接口类型是 RJ45，支持 5 类及 5 类以上双绞线。同时，前面板提供 4 个 10 Gb/s 光接口，支持 10 Gb/s SFP+接口光模块和 1 Gb/s SFP(Small Form-factor Pluggable，小型可插拔)接口光模块。

1) 设备外观和接口

ZXR10 5950-28TD-L 的正面如图 2-7 所示。

1. 10/100/1000 Mb/s 电接口   5. 模式按钮
2. Mini USB Console 口   6. USB 口
3. Console 口   7. 4 个 10 Gb/s 光接口
4. 10/100/1000Base-T 管理网口

图 2-7 ZXR10 5950-28TD-L 正面图

ZXR10 5950-28TD-L 的接口说明如表 2-2 所示。

表 2-2　ZXR10 5950-28TD-L 的接口说明

名　称	数量	描　述
10/100/1000Base-T 以太网接口	24	固定以太网电接口
10 Gb/s 光接口	4	固定以太网光接口，支持 10 Gb/s SFP+接口光模块和 1 Gb/s SFP 接口光模块，不支持 100 M 光模块
Console 口	2	Mini USB 接口和 RJ45 接口各一个，用于实现对业务的配置管理，不可同时使用
10/100/1000Base-T 管理网口	1	实现对设备进行 BOOT 及版本下载等功能
USB 口	1	A-USB 接口实现对 U 盘数据读写的操作

ZXR10 5950-28TD-L 的背面如图 2-8 所示，图中的"1"是双电源接口，使用交流电。

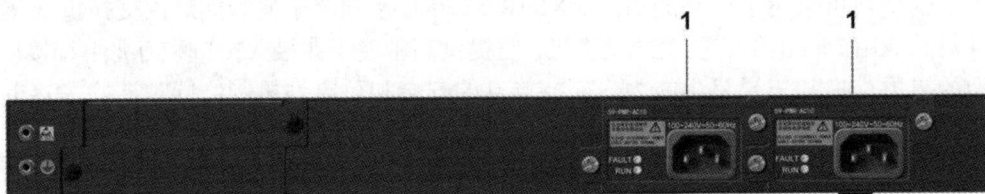

图 2-8　ZXR10 5950-28TD-L 背面图

2) 设备指示灯

ZXR10 5950-28TD-L 的指示灯包括系统指示灯和端口指示灯，各指示灯功能如下：

• 1 个系统状态指示灯 RUN/ALM(运行/告警)指示设备运行状态，1 个 MNG(管理)指示灯指示调试网口的运行状态。

• 24 个端口指示灯表示 24 个 10/100/1000Base-T 端口的状态，每个端口对应 1 个指示灯。

• 4 个端口指示灯表示 4 个 10 Gb/s 光接口的状态，每个端口对应 1 个指示灯。

• 电源指示灯 PWR 指示电源的运行状态。

• 风扇指示灯 FAN 指示风扇的运行状态。

ZXR10 5950-28TD-L 系统指示灯详细的功能说明如表 2-3 所示。

表 2-3　ZXR10 5950-28TD-L 系统指示灯功能说明

指示灯	灭	绿	红	黄
RUN/ALM (运行/告警)	设备没有上电	绿闪：设备运行正常	红亮：设备运行故障	
MNG(管理)	无连接	绿亮：1 Gb/s Link(连接，表明物理连接正常)；绿闪：1 Gb/s Active(激活，表明正在发送或接收数据)		黄亮：10/100 Mb/s Link(连接，表明物理连接正常)；黄闪：10/100 Mb/s Active(激活，表明正在发送或接收数据)

指示灯	灭	绿	红	黄
FAN(风扇)	设备没有上电	绿亮：风扇运行正常	红亮：风扇运行故障	
PWR(电源)	设备没有上电	绿亮：电源运行正常	红亮：电源运行故障	

ZXR10 5950-28TD-L 的前面板上有模式(M_button)按钮，按模式按钮可以选择所需要的模式，对应的端口状态指示灯会变亮，方便用户直观地维护设备。

模式(M_button)按钮的操作方法如下：

·按一下按钮，对应的指示灯闪烁，若在 2 秒内再次按下按钮切换模式，则对应的指示灯闪烁 2 秒后熄灭，进入该模式，指示灯执行该模式功能。

·如果一直处于某一模式，并且 3 分钟内没有按下按钮，则会自动退出该模式，返回 LINK 模式。

·如果一直处于某一模式，但是 3 分钟内再次按下按钮，则会对模式进行切换，对应的指示灯开始闪烁。

·在 LINK、SPEED、DUPLEX、STAT 模式下，状态均是实时更新；在 PING 模式下，每 20 秒执行一次 PING 过程；在其他模式下，每 3 秒更新对应的状态。

ZXR10 5950-28TD-L 端口指示灯功能说明如表 2-4 所示。

表 2-4　ZXR10 5950-28TD-L 端口指示灯功能说明

M_button 功能选择	状态	含　义
无/LINK(连接)	灭	没有连接
	绿亮	连接建立
	绿闪	有数据转发
SPD(速率)	绿亮	端口速率和端口默认速率一致
	黄亮	端口速率和端口默认速率不一致
DUP(双工)	绿亮	端口处于全双工状态
	黄亮	端口处于半双工状态
STAT(状态)	灭	端口的 STP 状态是 disable
	绿亮	端口的 STP 状态是 forward
	黄亮	连接错误、错误帧、CRC 错误等
CPU%(处理器)	绿亮	利用端口 1～10 指示灯显示设备当前的 CPU 利用率，每个端口表示 10%
MEM%(内存)	绿亮	利用端口 1～10 指示灯显示设备当前的内存占用率，每个端口表示 10%

M_button 功能选择	状态	含　义
↑BW%(上行带宽)	绿亮	利用端口 1～10 指示灯显示设备当前的上行口出带宽的带宽占用率，以上行口当前的速率为基准
↓BW%(下行带宽)	绿亮	利用端口 1～10 指示灯显示设备当前的上行口入带宽的带宽占用率，以上行口当前的速率为基准
PING(ping 测试)	绿亮	设备会向网管中心发 5 个 ICMP 包，对于每个 ICMP 包，用端口 1～5 指示灯来指示收到正确的回复
	黄亮	设备会向网管中心发 5 个 ICMP 包，对于每个 ICMP 包，用端口 1～5 指示灯来指示没有收到正确的回复
CRC(循环教研)	黄亮	端口有 CRC 错误帧统计
STORM(风暴)	黄亮	端口是风暴端口
NoMAC(无 MAC)	黄亮	端口没有学习到 MAC

2. 线缆

交换机(路由器)使用的线缆主要包括配置线、网线和光纤。

1) 配置线

ZXR10 5950-L 系列交换机随机附带串口配置线，串口配置线一端为 DB9 串行接口，与计算机串口连接，另一端为 RJ45 口，与 ZXR10 5950-L 系列交换机的 Console 口连接。该系列交换机的串口配置线如图 2-9 所示。

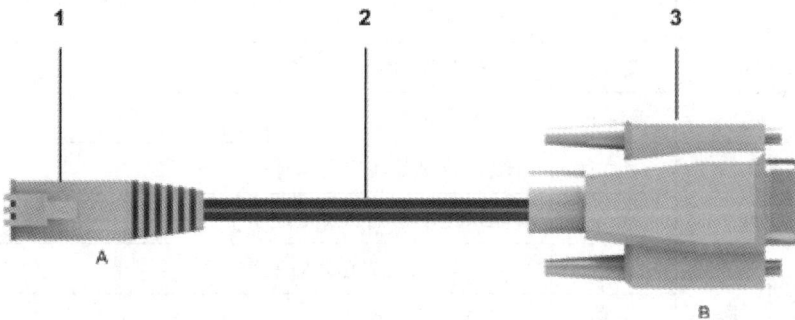

1. RJ45 口
2. 2 对水平对绞电缆 SBVVP-2
3. DB9 串行接口

图 2-9　ZXR10 5950-L 系列交换机的串口配置线示意图

2) 网线和 RJ45 连接器

网线用于连接交换机或者路由器的电口，由 2 对或 4 对金属导线扭在一起，每根金属导线外面包着不同颜色的胶皮，它们被捆成一条电缆并用坚韧的护套包裹。网线的两端接 RJ45 连接器。网线内部和成品如图 2-10 和图 2-11 所示。

图 2-10 网线内部

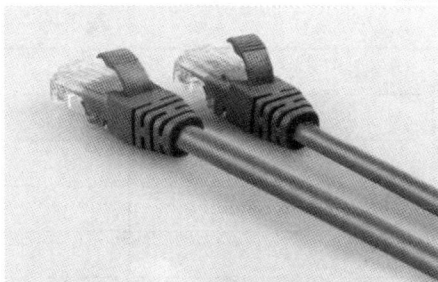

图 2-11 网线成品

RJ45 连接器是一种标准化接口，通常用于将计算机网卡连接到交换机或者路由器，或者用于交换机和路由器之间互连。RJ45 接口由插头(接头、水晶头)和插座(模块)组成，如图 2-12 所示。插头有 8 个凹槽和 8 个触点，用以插入网线里面的 8 根金属线，接触触点就可以传输信号，如图 2-13 所示，因此要求 RJ45 水晶头具有良好的导通性能，RJ45 头上的垫片具有防止松动、插拔、自锁等功能。

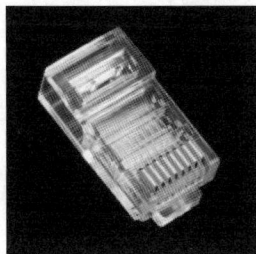

图 2-12 RJ45 插头和 RJ45 插座

图 2-13 网线插入 RJ45 插头

网线内的 8 根金属线具备不同的颜色，可以用颜色来区分线序，线序有 2 种标准，其中 T568B 标准是直连线，其线序如表 2-5 所示。

表 2-5 直连线线序

A 端	色谱	B 端
1	白橙	1
2	橙	2
3	白绿	3
4	蓝	4
5	白蓝	5
6	绿	6
7	白棕	7
8	棕	8

直连网线常在以下几种情况中使用：
• ZXR10 5950-L 与以太网交换机之间的以太网口连接。
• 计算机与以太网交换机之间的以太网口连接。
另外一种 T568A 标准是交叉线，其线序如表 2-6 所示。

表 2-6　交 叉 线 线 序

A 端	色谱	B 端
1	白橙	3
2	橙	6
3	白绿	1
4	蓝	4
5	白蓝	5
6	绿	2
7	白棕	7
8	棕	8

交叉网线常在以下几种情况中使用：

· 两台 ZXR10 5950-L 之间的以太网口连接。

· ZXR10 5950-L 与计算机之间的以太网卡口连接。

· 两台以太网交换机之间的以太网口连接。

· 两台计算机之间的以太网卡口连接。

3) 光纤和 SFP 光模块

光纤是使用细玻璃束传输经过调制的光的通信介质。光纤分为多模和单模两种，用户可根据实际使用情况配置。

多模光纤：使用光的多种模式传送信号，通常用于短距离传输，常被记作 8.3/125 μm 光纤。

单模光纤：使用光的单一模式传送信号，通常用于长距离传输，常被记作 50/125 μm 和 62.5/125 μm 光纤。

每条光纤一般由 5 部分组成，即纤芯、包层、缓冲层、加强层(纺纶)、外护套。纤芯是处于光纤中心的光传输部件，通常为硅或玻璃，和包层的化学成分有些差别。这样以特定角度射入的光就会在纤芯和包层的界面不断发生反射，使光在整个传输过程中一直保持在纤芯内部。

光纤的物理横截面如图 2-14 所示，从中可以看出光纤 5 大组成部分的位置关系。

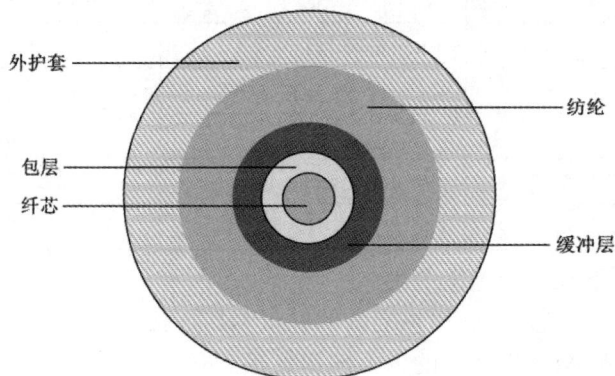

图 2-14　光纤的物理横截面

　　ZXR10 5950-L 的每个光接口使用两根光纤，一根光纤用于接收数据，一根光纤用于发送数据。使用时要注意面板上的 TX、RX 标记，两端接口要成对使用，如果一根光纤一端是 TX，则另外一端必须是 RX，反之亦然。交换机的光口一般采用 SFP/SFP+模块，光模块如图 2-15 所示。

图 2-15　SFP 光模块

光纤接头类型有多种，其具体情况如表 2-7 所示。

表 2-7　光纤接头类型

设备端连接器类型	对端连接器类型	光纤类型	光纤用途
LC	FC	单模室内光纤	设备接口线路板到 ODF 的光纤
LC	LC	单模室内光纤	设备间接口线路板光纤互连
LC	SC	多模室内光纤	设备间接口线路板光纤互连
LC	SC	单模室内光纤	设备接口线路板到其他设备的光纤
LC	LC	多模室内光纤	设备接口线路板到其他设备的光纤

　　如果交换机的两个端口使用一对光纤直接互连，一般采用 LC-LC 型接头的光纤，LC 接头的形状是小方头，如图 2-16 所示。如果交换机的两个端口之间经过 ODF(Optical Distribution Frame，光纤配线架)(图 2-17)的转接，我们会使用两对 LC-FC 的光纤，将光纤的 FC 接头接到 ODF 的法兰盘(适配器)上，然后再将 LC 分别接到两台交换机的光口上，LC 的形状是小圆头，LC-FC 光纤如图 2-18 所示。

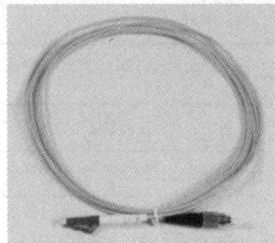

图 2-16　LC-LC 光纤　　　　　　　图 2-17　ODF　　　　　　　图 2-18　LC-FC 光纤

2.2.2　参考案例：交换机硬件网络规划

【案例说明】

　　某学校要组建一个实验室的局域网，实验室共有 47 台计算机，计划采用 ZXR10 5950-28TD-L

交换机进行组网，实验室的交换机光接口上连到实验大楼中心机房，实验室到中心机房的距离为 60 米，中心机房提供 1 个 10GE 的光接口连接互联网，实验室内交换机放在同一机柜，交换机到计算机的线缆距离均小于 20 米。实验室的交换机采用光纤互连，机房和实验室只有交流电，不提供直流电。请规划出满足组网需求的设备型号、数量以及线缆的类型和数量。

【案例实施】

1. 确定交换机数量

根据接入终端数量和上连口数量确定交换机的数量。设备型号已经确定是 ZXR10 5950-28TD-L，设备数量需要考虑现场的计算机数量和交换机互连端口，每台 ZXR10 5950-28TD-L 交换机有 24 个 RJ45 电接口，4 个 10GE 的光接口，现场的计算机数量是 47 台，互连端口使用光纤互连，上连口用光接口互连。因此，2 台交换机即可满足需求。

2. 确定各种线缆数量和属性

确定交换机数量后，交换机到计算机的长度少于 20 米，因此网线长度在 20 米以内。因为两台交换机放置在同一机柜，交换机之间的互连光纤为 1 米即可，到核心机房的距离 60 米，因此需要 1 对 60 米的光纤。交换机是交流电供电。

3. 确定端口的连接关系

根据组网需求考虑交换机端口的连接关系，即设备本端和对端的连接关系，包括交换机和交换机之间的互连和交换机到上连端口之间的互连。

4. 输出硬件规划表

设备规划和设备互连情况如表 2-8 和 2-9 所示。

表 2-8　设 备 规 划 表

设备	设备型号/辅料规格	数量	属　　性
交换机	ZXR10 5950-28TD-L	2	接入交换机
网线	超五类网线(接计算机)	47	长度 20 米
光纤	LC-LC 多模光纤	1 对	长度 1 米，交换机互连
光纤	LC-LC 单模光纤	1 对	长度 60 米，交换机上连
供电	交流电		

表 2-9　设 备 互 连 表

A 端	端口	B 端	端口
5950-28TD-L-1(第一台)	25	与 5950-28TD-L-2(第二台)	25
5950-28TD-L-1(第一台)	26	上连中心机房	互联网接口
5950-28TD-L-1(第一台)	1～24	计算机	网卡
5950-28TD-L-2(第二台)	1～24	计算机	网卡

2.2.3　任务实施：规划校园网交换机硬件

按照表 2-10 的要求完成任务。

表 2-10 任务实施表

任务	规划校园网交换机硬件		
步骤	子 任 务	输 出	评估方法和标准
1	完成校园网所有交换机的硬件、线缆规划	输出硬件规划表	按照表 2-8 输出硬件规划表，规划内容合理，数据完备
2	完成校园网所有交换机的端口互连规划	输出设备互连表	按照表 2-9 输出端口互连规划表，规划内容合理，格式准确

2.3 任务 6 规划路由器硬件

根据本书开头给出的总体任务的表 1 中的需求标识栏 I.1 的硬件组网要求和 IV.1、V.1 与 V.2 的内外网互联要求，完成如下任务：

(1) 路由器硬件规划，包括路由器的类型和数量，线缆的类型、数量和长度，接口的类型和连接关系等；

(2) 输出规划文档。

2.3.1 知识准备：路由器硬件概述

1. ZXR10 1800-2S 路由器硬件

本书选择的路由器是 ZXR10 ZSR V2 系列路由器，ZXR10 1800-2S 是其中的一款路由器，是中兴通讯推出的集路由、交换、无线、安全、VPN(Virtual Private Network，虚拟专用网络)于一体的智能集成多业务路由器产品。该路由器采用模块化设计，其系统架构支持升级扩展，可构建智能、高效、可靠、灵活、易维的网络。

ZXR10 ZSR V2 系列产品采用基于模块化的结构设计，单板及部件均支持在线热插拔，具备非常灵活的可扩展性。整机主要由插箱、背板、主控转发板、线路接口板、电源模块、风扇插箱等组件构成。

ZXR10 1800-2S 路由器属于桌面型产品，其电源及主控板模块固定在设备盒体上，业务单板后插，并采用后出线方式。

ZXR10 1800-2S 机箱高度为 1 U(1 U = 44.45 mm)，设备外形尺寸为 380 mm(宽) × 43.6 mm (高) × 200 mm(深)。ZXR10 1800-2S 机箱的正面面板如图 2-19 所示，其背面面板如图 2-20 所示。

图 2-19 ZXR10 1800-2S 正面面板图

图 2-20　ZXR10 1800-2S 背面面板图

ZXR10 1800-2S 正面面板部件说明如表 2-11 所示。

表 2-11　ZXR10 1800-2S 正面面板部件说明

面板部件	标　识
USB 接口	USB
指示灯	ALM

ZXR10 1800-2S 背面面板接口和指示灯说明如表 2-12 所示。

表 2-12　ZXR10 1800-2S 背面面板接口和指示灯说明

面板标识	部件类型	说　　明
ANT1～ANT2	天线接口	天线插槽，当配置无线模块时用于安装天线
OAM	网口(RJ45)	维护网口(10/100/1000 M)，用于系统控制与版本下载
CON/AUX	串口(RJ45)	调试串口，用于设备管理与功能配置
GE1～GE6	GE 电接口	6 个 GE 电接口
COMBO，GE5～GE6	COMBO 接口	2 个光电复用接口
SIM CARD	SIM 卡接口	SIM 卡接口，支持 GSM/CDMA2000/WCDMA/TD-SCDMA/LTE 网络模式
LNK/ACT	指示灯	2 个 COMBO 光接口链路状态指示灯，绿色

　　ZXR10 1800-2S 采用横插式结构，机箱设计了 2 个业务槽位，如图 2-21 所示。其中，电源模块和 MPFU(主控转发板)是集成于设备上，不可插拔；2 个线路 SPIU(接口板)槽位，对应槽位号分别为 0 和 1。

图 2-21　ZXR10 1800-2S 槽位分布图

2. 线缆

　　ZXR10 1800-2S 的线缆与交换机线缆一样，请参考任务 5，需要说明的是直连网线和交叉网线的应用场景。

　　直连网线常在以下情况中使用：

· ZXR10 ZSR V2 系列路由器与以太网交换机之间的以太网口连接。

　　交叉网线常在以下几种情况中使用：

· 两台 ZXR10 ZSR V2 系列路由器之间的以太网口连接。

- ZXR10 ZSR V2 系列路由器与计算机之间的以太网卡口连接。

2.3.2 参考案例：路由器组网的规划

【案例说明】

某学校有 2 个重要的专业实验室，基于保密需求，2 个实验室要求不连校园网，但是要求用 ZXR10 1800-2S 路由器实现实验室互连，互连介质采用光纤，2 个实验室之间的距离为 50 米，实验室到交换机的连接采用网线，交换机到路由器的距离为 1 米。请规划出满足组网需要的路由器型号和数量、线缆的类型和数量、互连接口等。

【案例实施】

1. 确定路由器数量

设备型号已经确定为 ZXR10 1800-2S，每台 ZXR10 1800-2S 有 6 个 RJ45 电接口，2 个 GE 的 COMBO(光电混合)口。每个实验室 1 台路由器，一共需要 2 台路由器。

2. 确定线缆数量和属性

2 台路由器光纤互连，因此需要 1 对 LC-LC 光纤，光纤长度为 50 米。

3. 确定端口的连接关系

根据组网需求，考虑交换机与路由器之间以及路由器之间互连的连接关系，即设备本端和对端的连接关系。

4. 输出硬件规划表

设备规划和设备互连情况如表 2-13 和表 2-14 所示。

表 2-13 设备规划表

设备	设备型号/辅料规格	数量	属性
路由器	ZXR10 1800-2S	2	接入路由器
网线	超五类网线	2	1 米，连接交换机
光纤	LC-LC 单模光纤	1	50 米，路由器互连
供电	交流电		

表 2-14 设备互连表

A 端	端口	B 端	端口
ZXR10 1800-2S-1	电接口 1	实验室 1 交换机	电接口 24
ZXR10 1800-2S-2	电接口 1	实验室 2 交换机	电接口 24
ZXR10 1800-2S-1	GE-1	ZXR10 1800-2S-2	GE-1

2.3.3 任务实施：规划校园网路由器硬件

按照表 2-15 的要求完成任务。

表 2-15　任 务 实 施 表

任务	规划校园网路由器硬件		
步骤	子 任 务	输　出	评估方法和标准
1	完成校园网所有路由器的硬件、线缆规划	输出硬件规划表	按照表 2-12 输出硬件规划表，规划内容合理，信息完备
2	完成校园网所有路由器的接口互连规划	输出设备互连表	按照表 2-13 输出接口互连规划表，规划内容合理，信息完备

2.4　任务 7　规划 VLAN

在本书开头给出的总体任务的表 1 中需求标识栏的 Ⅱ.1 的 VLAN 功能部分，详细描述了 VLAN 的划分要求，并给出了 VLAN 的划分方法，本任务的要求如下：

(1) 给办公楼、教学楼、宿舍楼的交换机定义 VLAN；

(2) 根据每个 VLAN 接入的计算机数量分配端口；

(3) 输出规划文档。

2.4.1　知识准备：VLAN 相关知识

1. VLAN 概念

一个交换机的所有端口属于一个广播域，因此每个端口都可以收到所有的广播信息，工作效率会降低，安全性得不到保障。VLAN(Virtual Local Area Network，虚拟局域网)可以将一个局域网在逻辑上划分为若干个虚拟的局域网，每个虚拟的局域网是一个广播域，多个虚拟的局域网就是多个广播域，从而实现了数据在二层上的隔离。所以若在交换机上配置 VLAN，则可以实现同一个 VLAN 的用户之间在二层访问，不同 VLAN 之间的用户在二层不能访问，如果需要互相访问就只能在三层实现。

2. VLAN 标识

为了实现 VLAN 的功能，在以太网帧的基础上添加了 12 比特的 VLAN 标识，所以 VLAN 标识的范围是 $0\sim2^{12}$，即 $0\sim4096$，如图 2-22 所示。交换机配置 VLAN 之后，会根据 VLAN 标识对以太网数据帧进行丢弃、转发、添加标签、移除标签等操作。

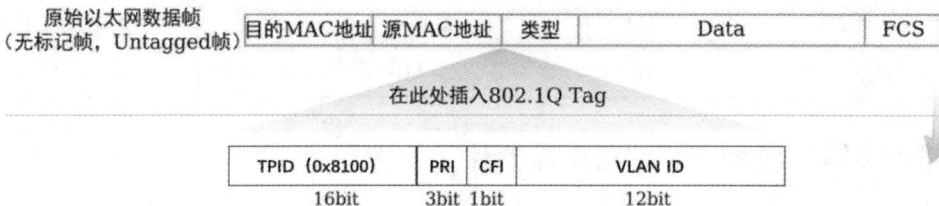

原始以太网数据帧 (无标记帧，Untagged帧)	目的MAC地址	源MAC地址	类型	Data	FCS

在此处插入802.1Q Tag

TPID (0x8100)	PRI	CFI	VLAN ID
16bit	3bit	1bit	12bit

图 2-22　VLAN 数据帧

VLAN 标识有 2 种方式，分别为：Tag 和 UNTag。

(1) Tag(打标签)，即在以太网帧(Ethernet II 格式的帧)的 VLAN ID 字段添加 802.1Q 协议的标签。802.1Q 是一种基于 VLAN 的网络协议，它定义了在以太网上传输 VLAN 信息的格式和机制。在 802.1Q 协议中，每个数据帧都被打上一个标记，表示该数据帧所属的 VLAN 编号。802.1Q 帧是由交换机来处理的，而不是用户主机。当交换机收到普通的以太网帧时，会将其插入 4 字节的 VLAN 标记转变为 802.1Q 帧，简称"打标签"。当交换机转发 802.1Q 帧时，可能会删除其 4 字节的 VLAN 标记转变为普通以太网帧，简称"去标签"。

(2) UNTag(无标签)，即没有标记 VLAN 标识的数据。在这种情况下，交换机要处理 VLAN 信息，需要给交换机端口定义 PVID(Port-base VLAN ID，基于端口的 VLAN ID)，PVID 代表端口的缺省 VLAN。交换机从对端设备收到的帧有可能是没有标记 VLAN ID 的数据帧，但所有以太网帧在交换机中都是以有标识的形式来被处理和转发的，因此交换机必须给端口收到的没有标签的数据帧添加上标签。为了实现此目的，必须为交换机配置端口的缺省 VLAN。当该端口收到没有标签的数据帧时，交换机将给它加上该缺省 VLAN 的 VLAN Tag，即 PVID；当数据从接口发出之后，交换机会剥离 VLAN Tag。

3. VLAN 链路

交换机与计算机、交换机、路由器或者其他设备之间互连时，链路可以分为：Access Link(接入链路)和 Trunk Link(中继链路)。

Access Link 是连接用户主机和交换机的链路，通过的帧为不带 Tag 的以太网帧或者和端口 VLAN ID 相同的 Tag 帧。

Trunk Link 是连接交换机和交换机(路由器)的链路，通过的帧一般为带 Tag 的 VLAN 帧，也允许通过不带 Tag 的以太网帧。

4. VLAN 端口模式

配置 VLAN 的交换机的端口类型有 Access Port、Trunk Port、Hybrid Port 三种。

(1) Access Port：接入端口，一般用于终端设备与交换机之间。

接入端口只能属于一个 VLAN，接入端口的 PVID 值与端口所属的 VLAN ID 相同，默认为 1。

接入端口接收数据帧的处理方法：一般只接收"未打标签"的普通以太网 MAC 帧。根据接收帧的端口 PVID 值给帧"打标签"，即插入 4 字节的 VLAN 标记字段，字段中的 VLAN ID 取值与端口 PVID 取值相同。

发送端口发送数据帧的处理方法：若帧中的 VLAN ID 与端口的 PVID 相同，则"去标签"并转发该帧，否则不转发。

(2) Trunk Port：中继端口，一般用于交换机之间或交换机与路由器之间的互连。中继端口可以属于多个 VLAN，用户可以设置中继端口的 PVID 值，默认情况下，中继端口 PVID 值为 1。

中继端口发送数据帧的处理方法：对 VLAN ID 等于 PVID 的帧，"去标签"，再转发；对 VLAN ID 不等于 PVID 的帧，直接转发。

中继端口接收数据帧的处理方法：接收"未打标签"的帧。根据接收帧的端口的 PVID

给帧"打标签"，即插入 4 字节的 VLAN 标记字段，字段中的 VLAN ID 取值与端口的 PVID 取值相同，如该端口允许进入，则直接接收"已打标签"的帧，否则丢弃。

(3) Hybrid Port：混合端口，可以属于多个 VLAN，可以接收和发送多个 VLAN 的报文，可以用于交换机之间的连接，也可以用于连接用户的计算机。

混合端口接收数据帧的处理方法：如果收到带标签的数据帧，检查允许列表中是否存在该数据帧的 VLAN ID，有则接收，没有就丢弃。如果收到无标签的数据帧，为其打上接口的 PVID 并接收。这点与 Trunk Port 一样。

混合端口发送数据帧的处理方法：检查 Untagged 允许列表和 Tagged 允许列表，如果要转发的数据帧在 Untagged 或 Tagged 列表中，则该数据帧可以从这个接口转发出去。如果在 Untagged 列表中，剥离数据帧的标签再转发；如果在 Tagged 列表中，带数据帧原标签转发。如果要转发的数据帧不在 Untagged 或 Tagged 列表中，则该数据帧不能从该接口转发出去。

5. VLAN 划分方法

VLAN 划分方法有多种，比较常用的有基于端口、基于 MAC 地址、基于 IP 地址和基于协议的划分方法。

1) 基于端口的划分方法

基于端口的 VLAN 划分方法是最简单的一种方法，是根据交换机端口来划分 VLAN。在这种方法中，每个端口都被分配到一个 VLAN 中，每个 VLAN 可以包括多个端口。但是，在接入和中继模式下，一个接口只能属于一个 VLAN；在混合模式下，一个接口可以属于多个 VLAN。

2) 基于 MAC 地址的划分方法

基于 MAC 地址的 VLAN 划分方法是根据设备的 MAC 地址来划分 VLAN。在这种方法中，交换机会根据设备的 MAC 地址将其分配到相应的 VLAN 中。这种方法可以实现设备的移动性，即当设备从一个端口移动到另一个端口时，它仍然可以保持在同一个 VLAN 中。

3) 基于 IP 地址的划分方法

基于 IP 地址的 VLAN 划分方法是根据设备的 IP 地址来划分 VLAN。在这种方法中，交换机会根据设备的 IP 地址将其分配到相应的 VLAN 中。这种方法可以实现更细粒度的控制，例如，可以将同一子网中的设备分配到不同的 VLAN 中。

4) 基于协议的划分方法

基于协议的 VLAN 划分方法是根据网络协议来划分 VLAN。在这种方法中，交换机会根据网络协议将其分配到相应的 VLAN 中。例如，可以将所有的 VoIP 流量分配到一个 VLAN 中，将所有的视频流量分配到另一个 VLAN 中。

2.4.2　参考案例：VLAN 划分

【案例说明】

有两个办公室，每个办公室一个交换机。其中，计算机 A、B、C、D 在一个办公室，A、B 属于市场部，C、D 属于财务部；计算机 E、F、G、H 在另一个办公室，E、F 属于市场部，G、H 属于财务部。两个办公室之间的两台交换机使用网线直连，如图 2-23 所示，现在要求 A、B、E、F 互通，C、D、G、H 互通，请划分 VLAN 以实现功能要求。

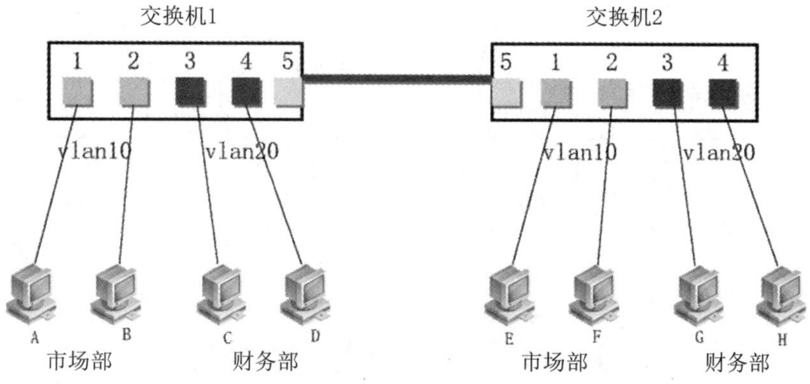

图 2-23　VLAN 规划图

【案例实施】

划分方法：使用基于端口的 VLAN 划分方法来划分 VLAN。

按照 VLAN 概念，同一个 VLAN 的端口之间互通，不同 VLAN 之间的端口隔离。A、B、E、F 划分到同一个 VLAN，C、D、G、H 划分到同一个 VLAN，这些连接计算机的端口都是 Access 接口。因为计算机要实现跨交换机通信，所以需要将两个交换机连接起来，链路既要通过市场部 VLAN 的数据，也要通过财务部 VLAN 的数据，因此这条链路是中继链路，端口是 Trunk 端口。VLAN 规划结果如表 2-16 所示。

表 2-16　VLAN 规划表

交换机	VLAN	端口	接口类型
交换机 1	10	1、2	Access
	20	3、4	Access
	10	5	Trunk
	20	5	Trunk
交换机 2	10	1、2	Access
	20	3、4	Access
	10	5	Trunk
	20	5	Trunk

2.4.3　任务实施：规划校园网中办公楼、教学楼、宿舍楼的 VLAN

按照表 2-17 的要求完成任务。

表 2-17 任务实施表

任务	规划校园网中办公楼、教学楼、宿舍楼的 VLAN		
步骤	子 任 务	输 出	评估方法和标准
1	办公楼的 VLAN 规划	按照表 2-16 格式输出 VLAN 规划表	规划 VLAN,满足总体任务要求,数据准确完备
2	教学楼的 VLAN 规划	按照表 2-16 格式输出 VLAN 规划表	规划 VLAN,满足总体任务要求,数据准确完备
3	宿舍楼的 VLAN 规划	按照表 2-16 格式输出 VLAN 规划表	规划 VLAN,满足总体任务要求,数据准确完备

2.5 任务 8 规划 IP 地址

根据本书开头给出的总体任务的表 1 中需求标识栏的 Ⅲ.1 到 Ⅲ.3 以及 Ⅳ.1、Ⅴ.1 的要求以及建议的实现方法来规划 IP 地址,本任务的要求如下:

(1) 规划校园网计算机的 IP 地址及其网络掩码;

(2) 规划交换机、路由器的接口地址及其网络掩码;

(3) 输出过程文档。

2.5.1 知识准备:IP 地址划分

IP 地址划分是网络规划的最重要的内容之一,主要包括用户终端地址、网关地址、路由器和交换机管理地址、路由器接口地址、路由器环回地址、交换机 VLAN 地址、服务器 IP 地址、NAT 地址池地址、公网 IP 地址等以及这些地址的网络掩码。

如果分配的 IP 地址是规范的 A 类、B 类、C 类地址,其地址主机位和网络位按照 8 个比特位区分,主机位和网络位一目了然,因此只需要在保证 IP 地址足够的情况下,根据组网要求按照一定的规律顺序分配即可,比如按照位置、按照功能单位、按照业务类型等分配。

但是在实际的组网中,为提高 IP 地址分配的灵活性、节省 IP 地址或者降低 IP 地址广播范围,往往在 A、B、C 三类 IP 地址的基础上使用非 8 位整数倍网络掩码长度来灵活确定网络段。例如,基于 C 类地址使用主机位少于 8 位的网络,或者基于 C 类地址使用主机位大于 8 位的网络。因此,会经常使用 VLSM 地址计算方法来划分网络和主机。

子网是使用子网掩码来将一个大的网络人为分割为若干个小型网络,一个子网内的 IP 地址属于一个子网,多个子网的 IP 属于同一个大网络,通过这种方式从三层分割了广播域,减少了网络范围。

如图 2-24 所示,子网划分就是将原来的两级 IP 地址进一步划分为三级 IP 地址,即"<网络地址/网络号>,<子网地址/子网号>,<主机地址/主机号>"的格式。

| 二级网络地址 | 网络地址 | 主机地址 | |
| 三级网络地址 | 网络地址 | 子网地址 | 主机地址 |

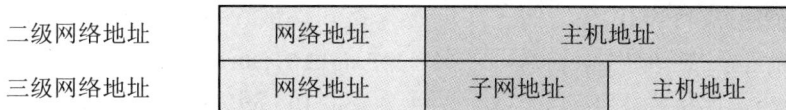

图 2-24　子网划分示意图

在图 2-24 中，子网划分借用现有网段主机位的最左边的某几位作为子网位，划分出多个子网，即：

(1) 把原来有类网络 IPv4 地址中的网络号部分向主机号部分借位，网络位数增加。

(2) 把一部分原来属于主机号部分的位变成网络号的一部分，这部分通常称为子网号。

因此，IP 地址从"网络号 + 主机号"变成"网络号 + 子网号(m) + 主机号(n)"，其中 m、n 为比特位数，m + n 为 8 或者 16 或者 24，划分后的子网数量为 2^m 个。因为主机号全为 0 和全为 1 的 IP 地址分别为网络地址与广播地址，是不能分配给某个特定的主机使用的，因此要扣除，即划分后每个子网的可用主机数为 $2^n - 2$ 个。但是因为 IP 地址是以 8 个比特位为单位转化为一个十进制数，因此这种子网的 IP 地址转化为十进制数后无法直观地判断网络和主机，需要计算。

子网划分的步骤如下：

(1) 根据组网需求确定所需子网数，比如按照部门、位置、功能等来确定子网数目。

(2) 确定每个子网可用主机数。

(3) 确定网络位需向主机位部分借多少位，才能满足需子网数量要求。

(4) 根据每个子网的主机数得知子网地址空间大小。

(5) 进行子网位数和主机位数的均衡，保证子网位数与主机位数的和为 8 或者 16，从而进行地址划分。

2.5.2　参考案例：IP 地址规划

【案例说明】

某公司有 4 个部门，每个部门拥有 50 台主机，这 50 台计算机通过一台路由器实现上网，路由器的互连地址使用 200.161.31.0/24 段的地址，为整个公司分配一个 C 类地址 200.161.30.0/24，请规划计算机地址以及路由器的接口地址。

【案例实施】

1. 规划计算机地址

确定子网数：4 个部门，$2^m \geq 4$，所以 m = 2。

确定主机数：50 台主机，$2^n - 2 \geq 50$，所以 n = 6。

C 类地址网络号为 24 位，主机位为 8 位，向第 4 段主机位借位，由上述可知子网位 m 为 2，因此网络位是 26。主机位 n 为 6，子网空间为 64，子网数为 4，根据原主机位为 8 位，可知原网络主机地址空间为 0~255，共 256 个，调整后的子网空间为 64，以 64 个地址为步长，可得出 4 个子网范围分别为 0~63、64~127、127~191、192~255。

因此，当子网两位比特由小到大组合时，可得出以下结论：

当子网两位比特为 00 组合时，子网 1 为 200.161.30.0/26~200.161.30.63/26。

当子网两位比特为 01 组合时，子网 2 为 200.161.30.64/26～200.161.30.127/26。

当子网两位比特为 10 组合时，子网 3 为 200.161.30.128/26～200.161.30.191/26。

当子网两位比特为 11 组合时，子网 4 为 200.161.39.192/26～200.161.30.255/26。

主机位全为 0 和 1 的地址分别为网络地址与广播地址，不能分配给主机使用。若子网 1 的网络号为 200.161.30.0，则广播地址为 200.161.30.63；若子网 2 的网络号为 200.161.30.64，则广播地址为 200.161.30.127；若子网 3 的网络号为 200.161.30.128，则广播地址为 200.161.30.191；若子网 4 的网络号为 200.161.30.192，则广播地址为 200.161.30.255。

综上所述，最后计算机的地址规划如表 2-18 所示。

表 2-18　计算机地址规划结果

序号	子　网	可用地址范围	广播地址
1	200.161.30.0	200.161.30.01/26～200.161.30.62/26	200.161.30.63
2	200.161.30.64	200.161.30.65/26～200.161.30.126/26	200.161.30.127
3	200.161.30.128	200.161.30.129/26～200.161.30.190/26	200.161.30.191
4	200.161.30.192	200.161.39.193/26～200.161.30.254/26	200.161.30.255

另外一种方法：确定 m 和 n 后，即可确定网络掩码，可以采用任务 2 的方式进行计算，特别是 A、B 类地址借位，因为主机数目超过了 256，采用步长的计算方式不方便，所以此时采用任务 2 中的比特位计算的方式虽然麻烦，但是更好理解。

2. 规划路由器接口地址

路由器的接口地址一般使用 30 位掩码，即 255.255.255.252 的网络掩码，这样路由器和其连接设备的接口地址只有 2 个 IP 地址，可以最大限度地降低广播流量，提高转发效率。因此，根据上面的转换方法，以 4 个地址为步长，可知其范围分别为 0～3、4～7、8～11、12～15、16～19……，每一段都可以分配给一对互连的接口。路由器接口可以使用的 IP 地址规划如表 2-19 所示。

表 2-19　路由器接口规划表

序号	路由器接口地址	对端接口地址
1	200.161.31.1/30	200.161.31.2/30
2	200.161.31.5/30	200.161.31.6/30
3	200.161.31.9/30	200.161.31.10/30
4	200.161.31.13/30	200.161.31.14/30
5	200.161.31.17/30	200.161.31.19/30
...	...	...

2.5.3　任务实施：规划校园网 IP 地址

按照表 2-20 的要求完成任务。

表 2-20　任 务 实 施 表

任务	规划校园网 IP 地址		
步骤	子　任　务	输　　出	评估方法和标准
1	办公楼计算机的 IP 地址规划	计算机 IP 地址规划表	规划正确，格式按照表 2-18
2	教学楼计算机的 IP 地址规划	计算机 IP 地址规划表	规划正确，格式按照表 2-18
3	宿舍楼计算机的 IP 地址规划	计算机 IP 地址规划表	规划正确，格式按照表 2-18
4	交换机互连接口的 IP 地址	互连 IP 地址规划表	规划正确，格式按照表 2-19
5	路由器互连接口的 IP 地址	互连 IP 地址规划表	规划正确，格式按照表 2-19

模 块 总 结

在规划设计的开始时，网络拓扑虽然仅仅是一个反映设备类型、部署位置以及连接关系的简单且粗糙的图形，但是它可以帮助网络设计者更好地理解网络组网需求和实现功能，在这个基础上进行分析之后，再做出详细的规划设计。最后根据详细的规划设计，画出网络规划设计图，将一些规划设计的重要信息直接在图上标注，如对接接口、对接 IP、VLAN ID、链路类型、冗余设备、备份链路等，以帮助网络设计者更好地领会组网意图，更加便捷地开通和维护网络以及处理网络故障。

硬件规划主要包含完成设备选型，确定设备数量、接口、线缆类型和长度等。VLAN 规划完成二层网络的设计，主要是 VLAN 的定义和端口划分。规划 IP 地址是规划三层网络的基础，从而完成终端 IP 地址、设备 IP 地址、接口地址、网关地址等数据的分配。另外，网络其他的一些数据也必须提前完成规划，如地址池、备份链路、备用路由、策略路由、访问策略等，由于这些数据规划需要较多较深的知识作为理论支撑，将在后续的任务中陆续讲解。

模 块 习 题

一、单选题

1. 网络拓扑图的常见结构有星形结构、环形结构、总线结构、网状结构、树形结构、混合结构等。其中(　　)的数据在网络中沿着一个方向在各个节点间传输，信息从一个节点传到另一个节点。

A. 环形结构　　　B. 总线结构　　　C. 网状结构　　　D. 树形结构

2. ZXR10 5950-L 系列全千兆智能路由交换机的接口不包括(　　)接口。

A. 以太网接口　　B. Console　　　C. 光接口　　　　D. COMBO

3. 在 ZXR10 5950-L 的设备侧，用到的光纤接口型号是(　　)。

A. FC　　　　　　B. LC　　　　　　C. SC　　　　　　D. PC

4. 交换机的接入端口接收数据帧的处理方法：一般只接收(　　)的普通以太网 MAC

帧。根据接收帧的端口 PVID 值给帧"打标签",即插入 4 字节的 VLAN 标记字段,字段中的 VLAN ID 取值与端口 PVID 取值相同。

A. 打任意标签 B. 打与端口 PVID 相同的标签

C. 未打标签 D. 打与端口 PVID 不同的标签

二、填空题

1. ZXR10 5950-L 系列交换机随机附带串口配置线,串口配置线一端为_____串行接口,与计算机串口连接,另一端为_____口,与 ZXR10 5950-L 系列交换机的_____口连接。

2. 一个交换机所有的端口属于一个_____域,因此每个端口都可以收到所有的广播信息。VLAN 可以将一个局域网在逻辑上划分为若干个虚拟的局域网,每个虚拟的局域网是一个_____,从而实现了数据在_____的隔离。

3. VLAN 标识有 2 种方式,其中一种是 Tag(打标签),即在以太网帧(Ethernet II 格式的帧)的 VLAN ID 字段添加_____协议的标签。

4. 按照标准,直连网线的线序是两端_____。

三、论述题

1. 简述在校园网络建设时,需要进行哪些方面的数据规划工作。

2. A、B、C 三台交换机使用 24 号端口两两互连,其中计算机 1、2、3、4 分别接到 A 交换机的 1、2、3、4 号端口,计算机 5、6、7、8 分别接到 B 交换机的 1、2、3、4 号端口,计算机 9、10、11、12 分别接到 C 交换机的 1、2、3、4 号端口。现在要求:计算机 1、5、9 互通,计算机 2、3、6、8、11 互通,计算机 4、6、7、10、12 互通,其余的彼此隔离,请规划 VLAN 数据。

3. 某公司有 6 个部门,每个部门拥有 20 台主机,这 120 台计算机通过几台二层交换机进行组网,为了方便灵活,交换机不进行 VLAN 划分,为整个公司分配一个 C 类地址 199.11.100.0/24,要求不同部门配置不同的 IP 地址,实现各部门计算机不能互通,请给 6 个部门分配可以使用的 IP 地址和掩码。

模块 3　二层交换机基本功能的实现

二层交换机是组建局域网最基础的设备，一般用于接入层直接接入用户业务，完成局域网内数据的交换和转发。本模块以中兴通讯 ZXR10 5950-28TD-L 交换机为例，讲解了基本的二层交换机功能的实现，包括交换机连接、VLAN 隔离、MAC 表管理，让读者在学习了本模块的内容后能够了解交换机的工作原理，掌握交换机的配置方法，学会使用二层交换机组网和配置基本数据。

知识目标

(1) 掌握配置交换机的软件工具 secureCRT 的使用；
(2) 掌握计算机使用 COM 口和 Telnet 协议连接交换机的方法；
(3) 掌握交换机 VLAN 划分的方法；
(4) 熟悉交换机 MAC 地址表建立的过程；
(5) 掌握基本的配置和维护 VLAN 的命令。

技能目标

(1) 会使用计算机串口连接交换机；
(2) 会远程登录连接交换机；
(3) 会配置 VLAN 实现网络隔离；
(4) 会管理 MAC 表、分析和解决网络二层问题。

3.1　任务 9　交换机的基本操作

为了配置交换机，首先要登录交换机，并掌握交换机的一些基本操作。本任务要求如下：

(1) 分别使用 COM 口和 Telnet 两种方式登录交换机，其中使用 Telnet 登录的用户名和密码要求为个人姓名的全拼；

(2) 修改交换机名字为自己的姓名；

(3) 查询交换机二层和三层接口信息；

(4) 输出过程文档。

3.1.1　知识准备：交换机基本操作简介

1. 交换机管理方式

ZXR10 5950-L 提供了多种管理方式，如图 3-1 所示。

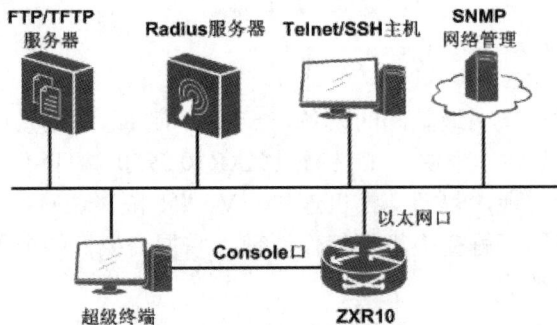

图 3-1　ZXR10 5950-L 配置方式示意图

ZXR10 5950-L 的管理方式如下：

(1) 通过计算机的 COM(Cluster Communication Port，串行通信端口)口进行管理，即计算机连接交换机 Console 口，这是用户管理交换机最基础的方式。

(2) 通过 Telnet 方式进行管理，采用这种方式可以在网络中任一位置管理交换机，前提是网络到设备能够连通。

(3) 通过网管工作站进行管理，此时需要安装部署支持 SNMP(Simple Network Management Protocol，简单网络管理协议)的网络管理系统，并将交换机接入网络管理系统。

(4) 通过 TFTP(Trivial File Transfer Protocol，简单文件传输协议)/FTP 服务器下载配置文件到交换机，此种方式一般用来对交换机进行离线升级。

(5) 通过 SSH(Secure Shell，安全外壳协议)方式进行配置，采用这种方式可以在网络中任一位置对交换机进行配置，前提是网络到设备能够连通。这种方式和 Telnet 方式的操作一致，只是使用的协议不一样。

本书主要介绍上述中的前 3 种管理方式。

2. 交换机 Console 口和连接线缆

1) 交换机 Console 口

交换机有进行数据配置的端口，即 Console 控制接口，如图 3-2 所示，也有的设备上标注为 CON/AUX 接口。它是网络设备用来与计算机或终端设备进行连接的常用接口，也是最基本最安全的接口，使用串行通信协议。Console 口只是用来接收计算机发来的命令和回传交换机配置结果的，与业务数据无关。ZXR10 5950-L 的 Console 口有2 个，一个是普通的 Console 口，一个是 Mini USB Console 口(请参考任务 2.2 中的知识准备)。

图 3-2　交换机和路由器 Console 口

2) 计算机 COM 口和交换机 Console 口连接

台式或者老式笔记本计算机有 COM 口，COM 是串行接口，简称串口，是采用串行通信方式的扩展接口，如图 3-3 所示。

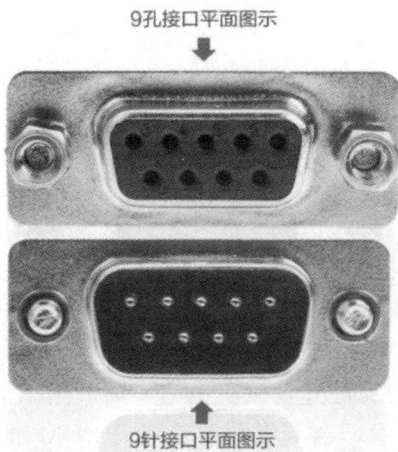

图 3-3　计算机的 COM 口

当计算机连接交换机时，使用串口线连接计算机串口和交换机的 Console 口，串口线又叫 RS232 线缆。RS232 是串行数据通信接口的标准，全称是 EIA-RS-232，它被广泛用于计算机串行接口连接外设。但是现在的笔记本式计算机一般不配备 RS232 口，因此需要一根 USB 转串口的转接线，将笔记本计算机的 USB 口转变为 RS232 口，如图 3-4 是常用的串口线和 USB 转串口线。串口线一端是 RJ45 头，一端为 DB9 孔式头；USB 转串口线一端为 USB 口，一端为 DB9 针式头。先用 USB 转串口线的 USB 口连接计算机的 USB 口，再用 DB9 针式头连接串口线的 DB9 孔式头，串口线的 RJ45 头连接设备的 Console 口，如图 3-5 所示。

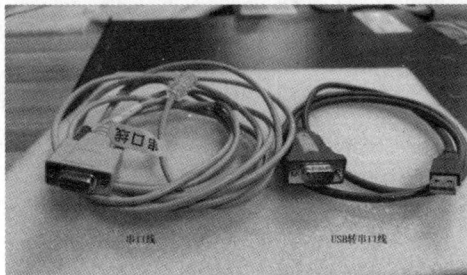

图 3-4　串口线和 USB 转串口线

图 3-5　笔记本式计算机连接交换机 Console 口

但是，部分 USB 转串口线缆接好后可能无法直接使用，如果安装好后在 Windows 系统的"设备管理器"界面，出现了如图 3-6 中下画线地方的叹号，则说明需要安装驱动程序。驱动程序可以根据 USB 转串口的型号从网上下载，也可以直接使用驱动精灵等工具安装。

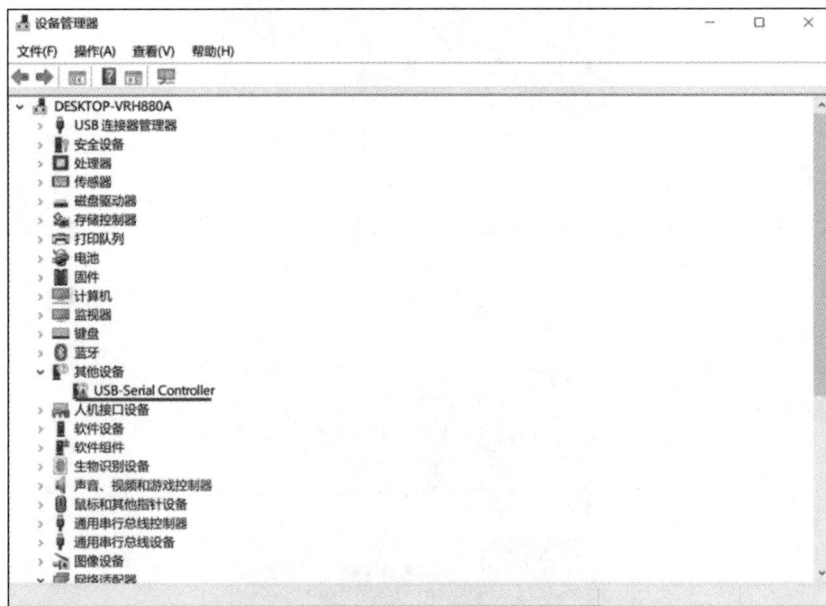

图 3-6　设备管理驱动识别

安装驱动程序时，打开安装包并直接单击它，然后根据提示一步一步安装即可，如图 3-7 所示。安装好后在"设备管理器"界面的"端口(COM 和 LPT)"一项将出现一个新的 COM 口，如图 3-8 所示。USB 转串口线占用系统的 COM7 号端口，这个端口要记牢，后面在 SecureCRT 配置中会使用。

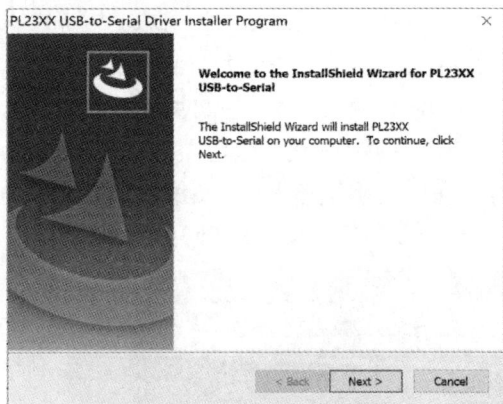

图 3-7　驱动程序的安装

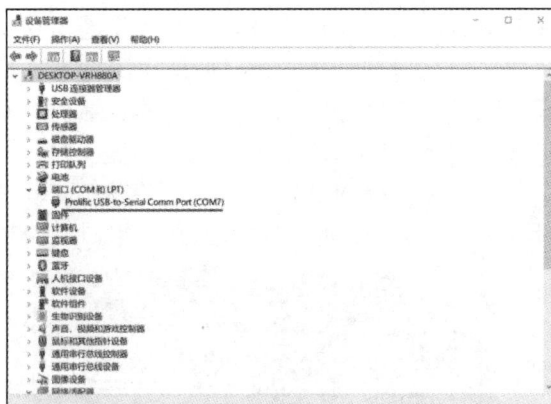

图 3-8　安装好的"设备管理器"界面

3) 工具软件 SecureCRT

SecureCRT 是一款支持 SSH(Secure Shell，安全外壳协议，包括 SSH1 和 SSH2)、Telnet、串口通信等的终端仿真程序。使用 SecureCRT 设定通信协议后，可以本地登录或者远程登录到设备上，使用计算机对设备进行配置、维护等操作。SecureCRT 软件可以从官网下载，网址为 https://www.vandyke.com/cgi-bin/releases.php?product=securecrt。

下载后单击安装包，然后根据提示一步一步完成即可，如图 3-9 所示。安装好后在计算机桌面上将生成 图标。

图 3-9　SecureCRT 的安装

3.1.2　参考案例：交换机基本操作

本案例介绍了 3.1.1 中描述的计算机管理交换机方式中的(1)和(2)，(5)与(2)类似，只是将 SecureCRT 中配置的协议由 Telnet 修改为 SSH 即可。

1. COM 口登录操作

1) 交换机上电

将交换机电源线插入交换机电源接口，查看交换机的电源指示灯是否正常亮起。如果电源指示灯不亮，说明接入电源或者电源线或者交换机电源模块有问题。

2) 计算机连接交换机

使用串口线和 USB 转串口线连接笔记本式计算机的 USB 口与交换机 Console 口。

3) SecureCRT 软件登录配置

在笔记本式计算机上双击 图标，打开 SecureCRT 软件进行首次登录配置，在主窗口页面中单击快捷键上从左往右数的第 3 个图标，即"新建连接"图标，如图 3-10 所示。

图 3-10　打开快速连接配置

然后在弹出的"新建会话向导"窗口中的"SecureCRT®协议"栏选择"Serial"(串口通信)，如图 3-11 所示，单击"下一页"按钮，弹出端口参数配置的窗口，如图 3-12 所示。

图 3-11　选择 Serial 接口

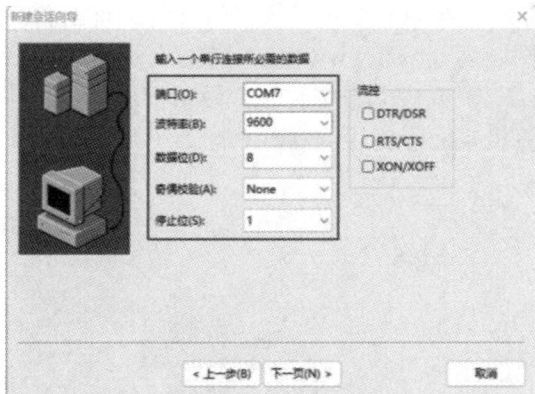

图 3-12　端口参数配置

端口参数配置窗口的数据配置如下：

• 端口：选择在 3.1.1 节中安装好驱动后，在计算机设备管理器中查到的 COM 端口号，如"COM7"。

• 波特率：表示单位时间内传送的码元符号的个数。如果是路由器，选择"115200"；如果是交换机，选择"9600"。

• 数据位：表示一组数据实际包含的数据位数，选择"8"。

• 奇偶校验：奇偶检验位应该在数据位之后，用来校验数据是否正确，选择"None"(无)。

• 停止位：表示本组数据结束，选择"1"。

• 流控(数据流控制)：协调数据收发一致，防止数据在传输过程中丢失，不要勾选任何流控方式。

上述数据配置完成后，单击"下一页"按钮，出现如图 3-13 所示的界面，在"会话名称"栏输入一个名字或者保持默认名称。

图 3-13　定义连接名

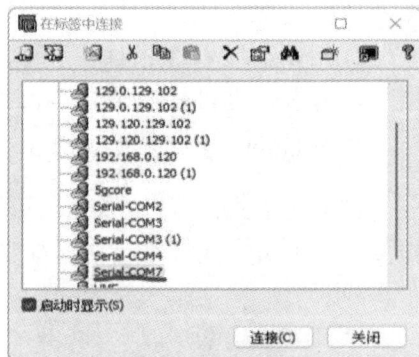

图 3-14　SecureCRT 主窗口

单击"完成"按钮后，在 SecureCRT 主窗口会出现刚刚定义好的连接"Serial-COM7"，如图 3-14 所示。双击"Serial-COM7"，计算机成功连接到交换机，屏幕会显示交换机的启动信息，直到出现如图 3-15 所示的界面，说明交换机启动完成。注意，在交换机或者路由器启动的过程中，除非要进行特殊(如文件管理、升级等)操作，否则不要按任意键，因为会中断启动进程，进入特殊操作界面。

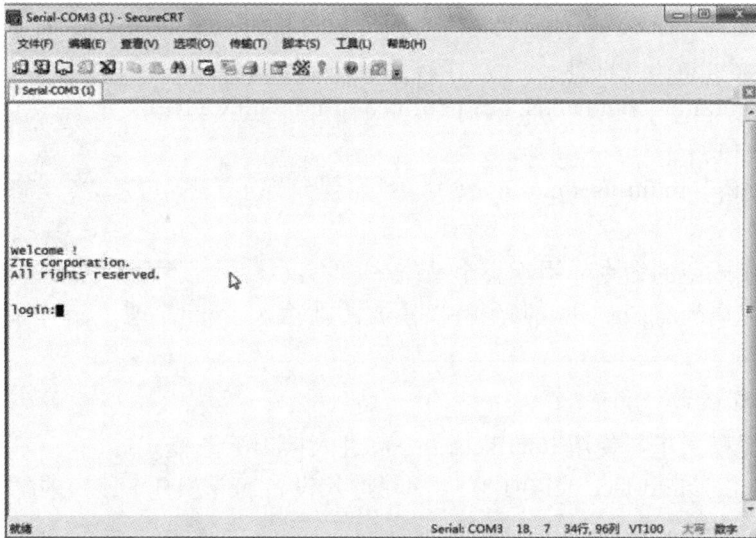

图 3-15　串口登陆成功

2. 了解命令模式

配置交换机是在交换机输入界面上输入命令行来实现的，因此必须熟悉命令输入的要求和规范。同时，基于安全考虑，交换机设定了一些命令模式，在不同的模式下，可以输入的命令不同。

为了方便用户对交换机进行配置和管理，ZXR10 5950-L 根据功能和权限将命令分配到不同的模式下，一条命令只有在特定的模式下才能被执行。

在任何命令模式下输入"？"都可以查看该模式下允许使用的命令。命令模式包括用户模式、特权模式、全局配置模式、接口配置模式和路由配置模式。

1) 用户模式

当使用超级终端方式登录系统时，会自动进入用户模式；当使用 Telnet 方式登录时，用户输入登录的用户名和密码后会进入用户模式。

用户模式的提示符是交换机的主机名后跟一个"＞"号，实例如下(缺省的主机名是 ZXR10)：

ZXR10>

在用户模式下，可以执行 ping、telnet 等命令，还可以查看一些系统信息。

2) 特权模式

在用户模式下，输入"enable"命令和相应口令后，即可进入特权模式。特权模式的提示符是交换机的主机名后跟一个"＃"号：

ZXR10>enable

Password:　　　/*系统默认密码为：zxr10。输入的密码不在屏幕上显示*/

ZXR10#

在特权模式下，可以查看到更详细的配置信息，还可以进入配置模式对整个交换机进行配置，因此必须用口令加以保护，以防止未授权的用户使用。

若要从特权模式返回到用户模式，则需使用 disable 命令。

3) 全局配置模式

在特权模式下，输入"configure terminal"命令可以进入全局配置模式：

ZXR10#configure terminal

Enter configuration commands, one per line.　　End with CTRL/Z.

ZXR10(config)#

ZXR10(config)#multi-user configure　　　/*配置允许多人操作模式*/

%Info 140359:

全局配置模式下的命令作用于整个系统，而不仅仅是一个协议或接口。

若要退出全局配置模式并返回到特权模式，则输入"exit"或"end"命令，或按组合键"Ctrl + Z"。

4) 接口配置模式

在全局配置模式下，使用 interface 命令可进入接口配置模式：

ZXR10(config)#interface gei-0/1/1/1　　　/*进入设备 gei-0/1/1/1 接口的配置模式*/

ZXR10(config-if-gei-0/1/1/1)#

在接口配置模式下，可以修改各种接口的参数。若要退出接口配置模式并返回到全局配置模式，则输入"exit"命令；若要退出接口配置模式直接返回到特权模式，则输入"end"命令或按组合键"Ctrl + Z"或者"Ctrl + C"。

5) 路由配置模式

在全局配置模式下，使用 router 命令可进入路由配置模式，以 OSPF 路由协议为例：

ZXR10(config)#router ospf 1

ZXR10(config-ospf-1)#

若要退出路由配置模式并返回到全局配置模式，则输入"exit"命令；若要退出路由配置模式并返回到特权模式，则输入"end"命令或按组合键"CTRL + Z"。

3. 了解命令输入规范

1) 上下文帮助

ZXR10 5950-L 支持上下文敏感帮助功能。上下文敏感帮助功能是指在任意命令模式下，只要在系统提示符后面输入一个"?"，就会显示该命令模式下可用命令的列表和命令的简要说明，还可以得到任何命令的关键字和参数列表，如图 3-16 所示。

```
ZXR10>?
Exec commands:
  disable   Turn off privileged commands
  enable    Turn on privileged commands
  exit      Exit from current mode
  login     Login as a particular user
  logout    Exit from the EXEC
  ping      Send echo messages
  ping6     Send IPv6 echo messages
  query     List all commands with the keywords in the current command mode
  quit      Quit from the EXEC
  show      Show running system information
  ssh       Open a SSH connection
  ssh6      Open an IPv6 SSH connection
  telnet    Open a telnet connection
  telnet6   Open an IPv6 telnet connection
  trace     Trace route to destination
  trace6    Trace route to destination using IPv6
  who       List users who are logining on
ZXR10>
```

图 3-16　可用命令列表

在字符或字符串后面输入"?"，可显示以该字符或字符串开头的命令或关键字列表，如图 3-17 所示。注意，在字符(字符串)与"?"之间没有空格。

```
ZXR10#co?
  commit  configure  copy
ZXR10#co
```

图 3-17　特定命令或关键字列表

在字符串后面按"Tab"键，如果以该字符串开头的命令或关键字是唯一的，则将其补齐，并在后面加上一个空格。注意，在字符串与 Tab 键之间没有空格，示例如下：

ZXR10#con<Tab>

ZXR10#configure　　/*configure 和光标之间有一个空格*/

在命令、关键字或参数后输入空格和"?"，可以列出下一个要输入的关键字或参数，并给出简要解释，如图 3-18 所示。注意，问号之前需要输入空格。

```
ZXR10#configure ?
  exclusive  Configured exclusively, the terminal will lock system
             configuration
  terminal   Enter configuration mode
ZXR10#configure
```

图 3-18　列出下一个要输入的关键字或参数

如果输入不正确的命令、关键字或参数，按回车键后，用户界面就会用"^"符号提供错误隔离。"^"符号出现在所输入的不正确的命令、关键字或参数的第一个字符的下方，如图 3-19 所示。

```
ZXR10(config)#inteface
inteface
        ^
%Error 140303: Invalid input detected at '^' marker.
ZXR10(config)#
```

图 3-19　命令出错帮助

假设要设置一个时钟，在 ZXR10 5950-L 上使用了上下文敏感帮助来检查设置时钟的语法，如图 3-20 所示。

```
ZXR10(config)#cl?
  clock
ZXR10(config)#clock ?
  summer-time            Configure summer (daylight savings) time
  sync-source            Configure clock sync source
  sync-threshold         Configure clock sync threshold
  sync-threshold-switch  Decide to confignure threshold or not
  timezone               Configure time zone
ZXR10(config)#clock
```

图 3-20　上下文帮助

在 clock 命令后面，输入"?"，若系统提示命令不完整，则说明需要输入其他的关键字或参数。

ZXR10 5950-L 还允许把命令和关键字缩写成能够唯一标识该命令或关键字的字符或字符串。例如，可以把 show 命令缩写成 sh 或 sho。

2) 命令历史

用户界面提供了对所输入命令的记录功能，最多可以记录 10 条历史命令，该功能对重新调用长的或复杂的命令或入口特别有用。

若要从记录缓冲区中重新调用命令，则可执行表 3-1 中的操作之一。

表 3-1　历史命令快捷键

命　　令	功　　能
按组合键"Ctrl + P"或 向上箭头键	调用记录缓冲区中的最新命令，重复这些按键将会向前调用旧命令
按组合键"Ctrl + N"或 向下箭头键	向后调用命令，若到达最后一条命令行时再按下此键，则从缓冲区的头部又开始循环

在任何模式下，输入"show history"命令可以列出该模式下最新输入的几条命令，如图 3-21 所示。

```
ZXR10#show history
 ena 18
ena 18
ena
conf t
show history
ZXR10#
```

图 3-21　历史命令

4. 文件系统管理

在 ZXR10 5950-L 中，主控有 flash 卡，在文件系统中的对应目录为/flash。在 flash 卡中，可以对文件进行 rename(重命名)、delete(删除)、dir(显示)、copy(复制)等操作，也可以创建和删除目录。

flash 卡的内容有：版本文件(可选)、配置文件、异常日志文件和告警日志等。

由于文件的 copy、delete 等操作是一种慢速设备操作，为保证在多个终端同时执行时降低一个终端的操作对另外一个终端操作的影响，将文件系统的所有操作由一个独立的进程来实现。该进程中包含两个工作模块：一个工作模块处理所有文件操作命令、相关数据的回送显示等；另外一个低优先级的工作模块负责执行 copy、delete、format(格式化)、mount(挂载)、umount(卸载)等几个可能耗时很长的操作。

另外，对于用命令 more 显示文件操作内容的功能，虽然可以直接由 telnet 进程来实现，这样可以减少系统内部的通信处理，但考虑到以后可能会在其他业务板上也存在文件存储设备，同样也可能存在文件系统操作，所以所有的文件操作命令都在文件操作进程中来进行。

下面是一个文件操作的示例：

ZXR10#rename startrun.dat startrunBF.dat   /*startrun.dat 文件中保存的是交换机前期的配置文件，修改名字后原有的配置会丢失*/

Rename success.

完成上述操作后，在不执行保存操作的前提下，重启设备可以恢复原有的所有配置。

5. 系统信息查询

通过 ZXR10 5950-L 可查看包括主机名、欢迎信息、串口信息、联系地址和联系电话管理口 IP、FTP 用户名、密码和存盘模式在内的各种信息。

1) 设置系统主机名

系统缺省的主机名为 ZXR10，在 ZXR10 5950-L 上使用表 3-2 中的配置步骤可以配置系统主机名。

表 3-2　系统主机名配置步骤

步骤	命　　令	功　　能
1	ZXR10(config)#hostname <hostname>	设置系统主机名，<hostname>指定的系统主机名长度为 1～32 个字符，系统缺省主机名为 ZXR10
2	ZXR10(config)#no hostname	恢复系统缺省主机名 ZXR10

例如，查看和设置系统主机名为 5900e，命令如下：

ZXR10(config)#hostname 5900e　/*这里可以给交换机设置一个名字，如自己姓名的全称*/
5900e(config)#

恢复系统默认主机名，命令如下：

5900e(config)#no hostname
ZXR10(config)#

注意：修改主机名是立即生效的。

2) 查看系统信息

在 ZXR10 5950-L 中，可以使用一些 show 命令来查看系统相关信息，如系统位置信息和联系信息等。

执行命令 "ZXR10#show system-info"，可查看系统描述信息、版权信息、编译时间、系统对象 ID、系统运行时间、联系电话、联系地址等。

执行命令 "ZXR10#show running-config pm-sys"，可查看系统主机名、欢迎信息、串口认证信息。

执行命令 "ZXR10#show version"，可查看所有机框下的所有单板的版本信息。

执行命令 "ZXR10#show shelf-info"，可查看机架图信息，将所有在位板卡的信息全部显示出来。

执行命令 "ZXR10#show processor"，可查看内存及 CPU 运行状态。

执行命令 "ZXR10#show nvram-info"，可查看 EEPROM 中保存的设备启动参数。

执行命令 "ZXR10#show bootrom"，可查看机架内所有工作单板的 bootrom 版本号。

执行命令 "ZXR10#show flash-check"，可查看 flash 文件系统加载和检测信息。

3) 查看接口信息

(1) 执行命令 "ZXR10#show interface brief"，可查看二层接口信息，如图 3-22 所示。

```
ZXR10##show interface brief
Interface      Portattribute  Mode       BW(Mbps)  Admin Phy   Prot  Description
gei-0/1/1/1    electric       Duplex/full  1000     up    down  down
gei-0/1/1/2    electric       Duplex/full  1000     up    down  down
gei-0/1/1/3    electric       Duplex/full  1000     up    down  down
gei-0/1/1/4    electric       Duplex/full  1000     up    down  down
gei-0/1/1/5    electric       Duplex/full  1000     up    down  down
gei-0/1/1/6    electric       Duplex/full  1000     up    down  down
gei-0/1/1/7    electric       Duplex/full  1000     up    down  down
gei-0/1/1/8    electric       Duplex/full  1000     up    down  down
gei-0/1/1/9    electric       Duplex/full  1000     up    down  down
gei-0/1/1/10   electric       Duplex/full  1000     up    down  down
gei-0/1/1/11   electric       Duplex/full  1000     up    down  down
gei-0/1/1/12   electric       Duplex/full  1000     up    down  down
gei-0/1/1/13   electric       Duplex/full  1000     up    down  down
gei-0/1/1/14   electric       Duplex/full  1000     up    down  down
gei-0/1/1/15   electric       Duplex/full  1000     up    down  down
gei-0/1/1/16   electric       Duplex/full  1000     up    down  down
gei-0/1/1/17   electric       Duplex/full  1000     up    down  down
gei-0/1/1/18   electric       Duplex/full  1000     up    down  down
gei-0/1/1/19   electric       Duplex/full  1000     up    down  down
gei-0/1/1/20   electric       Duplex/full  1000     up    down  down
gei-0/1/1/21   electric       Duplex/full  1000     up    down  down
gei-0/1/1/22   electric       Duplex/full  1000     up    down  down
gei-0/1/1/23   electric       Duplex/full  1000     up    down  down
gei-0/1/1/24   electric       Duplex/full  1000     up    down  down
xgei-0/1/1/25  optical        Duplex/full  10000    up    down  down
xgei-0/1/1/26  optical        Duplex/full  10000    up    down  down
xgei-0/1/1/27  optical        Duplex/full  10000    up    down  down
xgei-0/1/1/28  optical        Duplex/full  10000    up    down  down
ZXR10#
```

图 3-22　查询二层接口信息

图 3-22 中的命令输出说明如表 3-3 所示。

表 3-3　二层接口查询信息说明

show 命令输出	描　　述
Interface	接口名
Portattribute	接口光电属性
Mode	全双工/半双工模式
BW(Mbps)	接口带宽
Admin	接口的管理状态，up 表示可用，down 表示不可用
Phy	接口的物理状态，up 表示可用，down 表示不可用
Prot	接口的链路层协议是否可用，up 表示可用，down 表示不可用
Description	接口描述信息

(2) 执行命令 "ZXR10#show ip interface brief"，可查看所有三层接口的简要信息，如图 3-23 所示。

```
ZXR10(config)#show ip interface brief
Interface      IP-Address       Mask              Admin Phy  Prot
mgmt_eth       192.192.192.11   255.255.255.0     up    down down
vlan10         30.0.0.1         255.255.255.252   up    up   down
ZXR10(config)#
```

图 3-23　查询三层接口信息

图 3-23 中的命令输出说明如表 3-4 所示。

表 3-4　三层接口查询信息说明

show 命令输出	描　　述
Interface	接口名
IP-Address	接口 IP 地址
Mask	接口 IP 地址掩码
Admin	接口管理状态，up 表示可用，down 表示不可用
Phy	接口物理状态，up 表示可用，down 表示不可用
Prot	接口协议是否可用，up 表示可用，down 表示不可用

(3) 执行命令 "ZXR10#show ip interface brief include 3$"，可支持匹配正则表达式的三层接口(以 3 结尾的接口)的简要信息，如图 3-24 所示。

```
ZXR10#show ip interface brief include 3$
Interface                        IP-Address        Mask             Admin Phy  Prot
gei-2/3                          unassigned        unassigned       down  down down
ZXR10#
```

图 3-24　关键字匹配查询

上述命令中正则表达式的符号和含义如表 3-5 所示。

表 3-5　正则表达式的符号和含义

字　符	描　　述
^	字符串的起始，"^a" 仅仅匹配字符串开头的一个字符 "a"
^	跟随在左括号([ )后面的脱字符(^)有不同的含义。用来将括号中的字符排除在目标串的匹配处理之外。例如，[^0-9]表明了目标字符不应该是数字
$	字符串的结尾。例如，abc$仅仅匹配字符串末尾的 abc 子串
		允许其两边的任意表达式匹配目标串。例如，a|b 匹配字符 "a" 或 "b"
.	匹配任意字符
*	表达式中，星号左边的字符(或元素)匹配 0 次或多次
+	和星号类似，加号左边的字符匹配 1 次或多次
?	匹配问号左边的字符 0 次或 1 次
( )	作为整体，影响模式计算的顺序。作为标签表达式，用另一个表达式替换已匹配的子串
[ ]	包含字符集，其中的任意一个字符都会和目标串匹配

6. Telnet 连接配置设备

Telnet 方式通常在用本地主机网口配置交换机时使用，通过连接到本地交换机以太网口的主机登录到交换机上进行配置。交换机上需要为 Telnet 访问设置用户名和密码、交换机登录的 IP 地址，并且本地主机能够 ping 通远程交换机。

为了防止非法用户使用 Telnet 访问交换机，必须在交换机上设置 Telnet 访问的用户名和密码，只有使用设置的用户名和密码才能登录到交换机。

在 ZXR10 5950-L 上，按照下列步骤配置远程登录的用户名和密码，PC(Personal Computer，个人计算机)通过串口方式登录 ZXR10 5950-L 交换机，进入配置模式，创建一个本地认证方式的用户。

(1) 配置认证模板。

(2) 配置授权模板。

(3) 创建用户，绑定认证模板和授权模板。

(4) 配置端口的 IP 地址。

配置命令如下：

ZXR10(config)#aaa-authentication-template 2001

ZXR10(config-aaa-authen-template)#aaa-authentication-type local

ZXR10(config-aaa-authen-template)#exit

ZXR10(config)#aaa-authorization-template 2001

ZXR10(config-aaa-author-template)#aaa-authorization-type local

ZXR10(config-aaa-author-template)#exit

ZXR10(config)#system-user

ZXR10(config-system-user)#authentication-template 1

ZXR10(config-system-user-authen-temp)#bind aaa-authentication-template 2001

ZXR10(config-system-user-authen-temp)#exit

ZXR10(config-system-user)#authorization-template 1

ZXR10(config-system-user-author-temp)#bind aaa-authorization-template 2001

ZXR10(config-system-user-author-temp)#local-privilege-level 15

ZXR10(config-system-user-author-temp)#exit

ZXR10(config-system-user)#user-name zte

ZXR10(config-system-user-username)#bind authentication-template 1

ZXR10(config-system-user-username)#bind authorization-templat 1

ZXR10(config-system-user-username)#password zte

ZXR10(config-system-user-username)#exit

ZXR10(config-system-user)#exit

ZXR10(config)#switchvlan-configuration

ZXR10(config-swvlan)#interface gei-0/1/1/1

ZXR10(config-swvlan-if-gei-0/1/1/1)#switchport access vlan50

ZXR10(config-swvlan-if-gei-0/1/1/1)#!

ZXR10(config)#interface vlan50

ZXR10(config-if-vlan50)#ip address 10.1.1.1 255.0.0.0

ZXR10(config-if-vlan50)#exit

输入上述命令后，把计算机的 IP 地址设置为与 10.1.1.1/8 相同网段的不同地址，如 10.1.1.100/8，再用网线把计算机的网卡与交换机的端口 1 连接。

运行 SecureCRT 软件，如图 3-25 所示，依次选择"在标签页中连接"→"新建会话向导"→选择协议→选择"Telnet"→输入需要访问的设备 IP 地址→输入主机名，完成后就会出现对应的快捷登录方式。

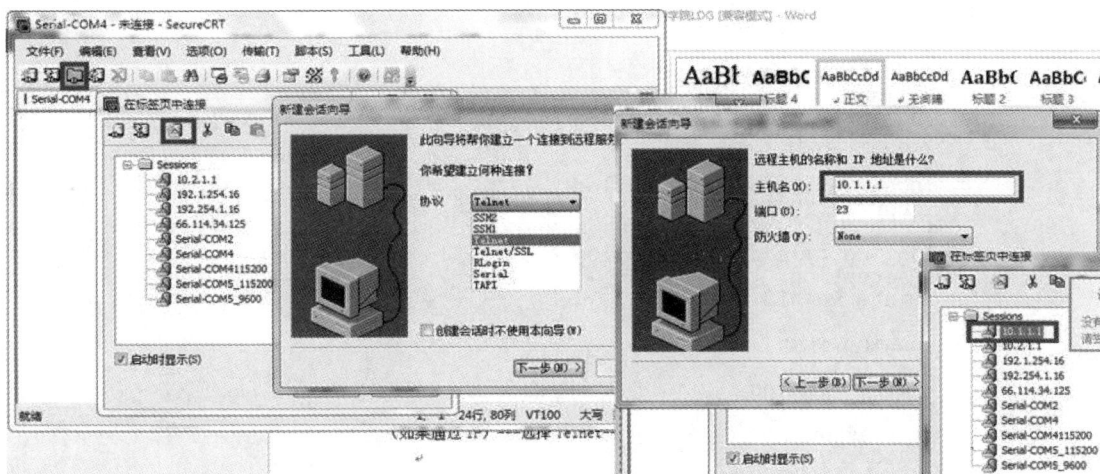

图 3-25 SecureCRT Telnet 登录方式配置

输入的 IP 地址是通过本计算机需要访问的路由器或是交换机的 IP 地址，该地址要求通过计算机可以 ping 通，可能是接入交换机的 IPPORT 的地址，也可能是三层交换机、路由器的 VLAN 地址，也可能是路由器的端口地址，这里是前面配置的 10.1.1.1。

双击 SecureCRT 定义好的连接名字，会出现登录界面，输入前面配置脚本中的用户名"zte"、密码"zte"，即可进入交换机的用户模式，然后执行"show running-config"命令，可查看交换机当前运行的配置数据，但是只显示其关键信息，如图 3-26 所示。

```
ZXR10#show running-config
!<mim>
!configuration has not been saved since system starting
!</mim>
!<pm_sys>
hostname ZXR10
nvram boot-server 192.192.100.101
nvram default-gateway 192.168.1.100
nvram boot-username zte
nvram ftp-path .
!</pm_sys>
!<if-intf>
interface gei-2/1
$
interface gei-2/2
$
interface gei-2/3
$
interface gei-2/4
$
interface gei-2/5
$
interface gei-2/6
$
interface spi-2/1
$
interface mgmt_eth
  ip address 192.168.1.1 255.255.255.0
$
interface null1
$
!</if-intf>
!<switchvlan>
switchvlan-configuration
  vlan 1
```

```
    $
    $
!</switchvlan>
!<alarm>
logging file default almlog
    accept on
    $
logging file default cmdlog
    buffer 1000
    $
logging file default srvlog
    accept on
    interval 10
    $
logging snmp
    accept on
    match cmdlog
    $
!</alarm>
ZXR10#
```

图 3-26　查询交换机当前的运行配置

3.1.3　任务实施：实施交换机基本操作

按照表 3-6 的要求完成任务。

表 3-6　任 务 实 施 表

任务	实施交换机基本操作		
步骤	子　任　务	输　　出	评估方法和标准
1	校园网交换机 COM 口登录	成功登录截图	截图呈现登录成功的信息
2	校园网交换机 Telnet 登录	成功登录截图	截图呈现登录成功的信息
3	修改校园网交换机的名称为自己的姓名	成功修改截图	退出登录后重新登录，提示符那里显示修改后的交换机名字
4	查询校园网交换机二层和三层信息	查询结果截图	截图呈现查询结果正确
5	查询校园网交换机当前配置	查询结果截图	截图呈现查询结果正确

3.1.4　任务拓展：远程交换机登录

在实际组网中，经常需要通过一台交换机管理远端的交换机，在图 3-27 所示的交换机互连图中，可以用计算机连接 ZXR10 5950-L-A 端口 Gei-0/1/1/1，ZXR10 5950-L-A 通过 Gei-0/1/1/24 端口与 ZXR10 5950-L-B 的 Gei-0/1/1/24 互连。通过 ZXR10 5950-L-A 的 Gei-0/1/1/1 端口连接的计算机，可以成功登录 ZXR10 5950-L-A，也可以成功登录 ZXR10 5950-L-B。

请参照前面学过的知识完成数据规划、数据配置和业务验证。

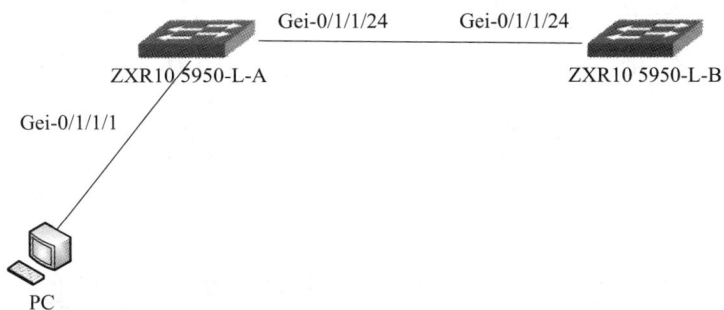

图 3-27 交换机互连图

3.2 任务 10 交换机 VLAN 隔离

按照本书开头给出的总体任务的表 1 中需求标识栏的Ⅱ.1 到Ⅱ.4 的任务要求，并参考建议的实现方法，在任务 7 规划的基础上，完成如下任务：

(1) 完成交换机的 VLAN 配置；

(2) 进行业务验证；

(3) 输出过程文档。

3.2.1 知识准备：VLAN 实现端口隔离

在交换机配置中，命令行中需要正确地标识交换机的端口，ZXR10 5950-L 按下列方式对端口进行命名：

<端口类型-<设备号/<槽位号/<子卡号/<端口号

- 端口类型：包括 gei 千兆以太网端口，xgei 万兆以太网端口和 xlgei 40G 以太网端口。
- 设备号：单个设备号均为 0。
- 槽位号：ZXR10 5950-L 的槽位号。
- 子卡号：子卡号均为 1～2。
- 端口号：接口板上端口的编号从 1 开始。

端口命名举例如下：

- gei-0/1/1/1 表示 1 号子卡千兆以太网接口板上的第 1 个端口。
- xgei-0/1/2/2 表示 2 号子卡万兆以太网接口板上的第 2 个端口。

3.2.2 参考案例：交换机 VLAN 简单隔离组网

1. 参考案例 1

【案例要求】

如图 3-28 所示，交换机 A 和交换机 B 通过端口 24 互连，每个交换机的端口 1 至端口 4 下挂了 4 台计算机，2 台交换机的端口 1 和端口 2 的 4 台计算机能互通，2 台交换机的端口 3 和端口 4 的 4 台计算机能互通，但是端口 1 和端口 2 的计算机不能与端口 3 和端口 4 的计算机互通，这 8 台计算机也不能和其他端口(端口 5~23)连接的计算机互通。

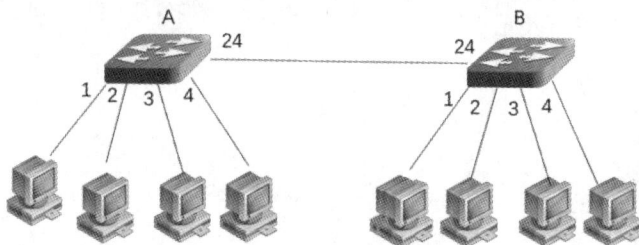

图 3-28　组网示意图

【案例实施】

1) 掌握 VLAN 配置和维护的基本命令

在 ZXR10 5950-L 上使用表 3-7 所示的命令配置和维护 VLAN。

表 3-7　配置和维护 VLAN 的命令

序号	命　　令	功　　能
1	ZXR10(config)#switchvlan-configuration	进入交换机 VLAN 配置模式
2	ZXR10(config-swvlan)#interface <interface-name>	进入交换机 VLAN 端口配置模式
3	ZXR10(config-swvlan-if-ifname)#switchport mode {access| hybrid|trunk}	设置端口的 VLAN 链路模式。"access"：设置端口为 Access 模式；"trunk"：设置端口为 Trunk 模式；"hybrid"：设置端口为 Hybrid 模式。缺省模式为 Access
4	ZXR10(config-swvlan-if-ifname)#switchport access vlan <vlan_id>	将 Access 端口加入 VLAN，如果该 VLAN 不存在，则创建 VLAN。VLAN ID 有效范围为 1~4094
5	ZXR10(config-swvlan-if-ifname)#switchport trunk vlan <vlan_list>	将 Trunk 端口加入 VLAN，如果该 VLAN 不存在，则创建 VLAN。"<vlan_list>"有效范围为 1~4094，可批量配置
6	ZXR10(config-swvlan-if-ifname)#switchport hybrid vlan <vlan_list>{tag|untag}	将 Hybrid 端口加入 VLAN，如果该 VLAN 不存在，则创建 VLAN。"tag"：标记为 Tag 端口；"untag"：标记为 UNTag 端口
7	ZXR10(config-swvlan-if-ifname)#acceptable frame types {all |tag}	接口如果被设置为"tag"，则只接收 VLAN Tag 帧，所有没有带 Tag 的帧会被丢弃；如果被设置为"all"，在这个端口接收的所有帧就不会被丢弃。默认配置是 all
8	ZXR10(config-swvlan)#show vlan	显示 VLAN 中端口配置信息
9	ZXR10(config-swvlan)#show running-config switchvlan [all]	显示交换机 VLAN 配置信息

序号	命　　令	功　　能
10	ZXR10(config-swvlan)#show vlan translation <session_no>	显示 VLAN 翻译指定 session 的配置信息
11	ZXR10(config-swvlan)#show vlan translate statistics session <session_no>	显示对于 VLAN 翻译报文的统计结果
12	ZXR10(config-swvlan)#show vlan statistics vlan {<vlan_id>}	显示基于 VLAN 的 counter 计数信息

2) 数据规划

分析组网要求，数据规划如表 3-8 所示。

表 3-8　数　据　规　划

设备	VLAN	端　　口	端口类型
交换机 A	10	1、2、24	1、2：Access 24：Trunk
	20	3、4、24	3、4：Access 24：Trunk
交换机 B	10	1、2、24	1、2：Access 24：Trunk
	20	3、4、24	3、4：Access 24：Trunk

3) 交换机配置

交换机 A 的配置如下：

ZXR10#conf t

ZXR10(config)#switchvlan-configuration

ZXR10(config-swvlan)#vlan 10

ZXR10(config-swvlan-sub)#switchport pvid gei-0/1/1/1-2

ZXR10(config-swvlan-sub)#exit

ZXR10(config-swvlan)#vlan 20

ZXR10(config-swvlan-sub)#switchport pvid gei-0/1/1/3-4

ZXR10(config-swvlan-sub)#exit

ZXR10(config-swvlan)#interface gei-0/1/1/24

ZXR10(config-swvlan-if-gei-0/1/1/24)#switchport mode trunk

ZXR10(config-swvlan-if-gei-0/1/1/24)#switchport trunk vlan 10

ZXR10(config-swvlan-if-gei-0/1/1/24)#switchport trunk vlan 20

交换机 B 的配置如下：

ZXR10(config)#switchvlan-configuration

```
ZXR10(config-swvlan)#vlan 10
ZXR10(config-swvlan-sub)#switchport pvid gei-0/1/1/1-2
ZXR10(config-swvlan-sub)#exit
ZXR10(config-swvlan)#vlan 20
ZXR10(config-swvlan-sub)#switchport pvid gei-0/1/1/3-4
ZXR10(config-swvlan-sub)#exit
ZXR10(config-swvlan)#interface gei-0/1/1/24
ZXR10(config-swvlan-if-gei-0/1/1/24)#switchport mode trunk
ZXR10(config-swvlan-if-gei-0/1/1/24)#switchport trunk vlan 10
ZXR10(config-swvlan-if-gei-0/1/1/24)#switchport trunk vlan 20
```

4) 配置测试

在交换机上输入"show vlan"，执行结果如图 3-29 所示，可以看出 VLAN 10 包含了使用 PVID 的 gei-0/1/1/1、gei-0/1/1/2 和 Tag 的 gei-0/1/1/24，VLAN 20 包含了使用 PVID 的 gei-0/1/1/3、gei-0/1/1/4 和 Tag 的 gei-0/1/1/24，其他端口都归属于默认的 VLAN 1，配置和规划数据是一致的。

```
ZXR10(config)#show vlan
VLAN    Name     PvidPorts              UntagPorts             TagPorts
--------------------------------------------------------------------------------
1       vlan0001 gei-0/1/1/5-24
                 xgei-0/1/1/25-28
10      vlan0010 gei-0/1/1/1-2                                 gei-0/1/1/24
20      vlan0020 gei-0/1/1/3-4                                 gei-0/1/1/24
```

图 3-29　命令"show vlan"执行结果

给计算机设置同一个网段的 IP 地址，彼此之间 ping，可以测试出交换机 A 和 B 的 1、2 端口连接的计算机可以互通，交换机 A 和 B 的 3、4 端口连接的计算机可以互通，但是交换机 A 和 B 的 1、2 端口连接的计算机与 3、4 端口连接的计算机之间互相 ping 不通。

2. 参考案例 2

【案例说明】

如图 3-30 所示，交换机 A 和交换机 B 通过端口 24 互连，每个交换机的端口 1 至端口 6 分别下挂了 1 台计算机。2 台交换机的端口 1 和端口 2 的 4 台计算机能互通，2 台交换机的端口 3 和端口 4 的 4 台计算机能互通，2 台交换机的端口 5 和端口 6 的 4 台计算机能互通，端口 3 和 4 的计算机不能与端口 5 和端口 6 的计算机互通，两台交换机的端口 1 和端口 2 的 4 台计算机能与端口 3、端口 4、端口 5、端口 6 的 8 台计算机互通，端口 1～端口 6 的计算机不能与端口 7～端口 23 的计算机互通。

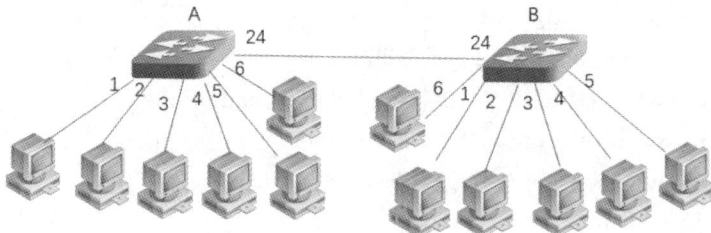

图 3-30　组网示意图

【案例实施】

1) 数据规划

本案例的关键是理解 VLAN 不同的端口类型的含义，特别是 Hybird 端口。案例要求 2 台交换机端口 1 和端口 2 连接的 4 台计算机能与端口 3、端口 4、端口 5、端口 6 连接的 8 台计算机互通，端口 3、端口 4 和端口 5、端口 6 在不同的 VLAN 中，因此端口 1 和端口 2 除了以 Access 模式划分到自己 VLAN 中，另外要以 Hybrid 模式划分到端口 3、端口 4、端口 5、端口 6 所属的 VLAN 中，这是这个案例的关键点。

数据规划如表 3-9 所示。

表 3-9 数 据 规 划

设 备	VLAN	端 口	端口类型
交换机 A	10	1、2、3、4、5、6、24	1、2：Access 3、4、5、6：Hybrid 24：Trunk
	20	1、2、3、4、24	1、2：Hybrid 3、4：Access 24：Trunk
	30	1、2、5、6、24	1、2：Hybrid 5、6：Access 24：Trunk
交换机 B	10	1、2、3、4、5、6、24	1、2：Access 3、4、5、6：Hybrid 24：Trunk
	20	1、2、3、4、24	3、4：Access 1、2：Hybrid 24：Trunk
	30	1、2、5、6、24	5、6：Access 1、2：Hybrid 24：Trunk

2) 数据配置

交换机 A 的配置如下：

```
ZXR10#conf t
ZXR10(config)#switchvlan-configuration
ZXR10(config-swvlan)#vlan 10
ZXR10(config-swvlan-sub)#switchport pvid gei-0/1/1/1-2
ZXR10(config-swvlan-sub)#exit
ZXR10(config-swvlan)#vlan 20
ZXR10(config-swvlan-sub)#switchport pvid gei-0/1/1/3-4
```

ZXR10(config-swvlan-sub)#exit

ZXR10(config-swvlan)#vlan 30

ZXR10(config-swvlan-sub)#switchport pvid gei-0/1/1/5-6

ZXR10(config-swvlan-sub)#exit

ZXR10(config)#switchvlan-configuration

ZXR10(config-swvlan)#interface gei-0/1/1/1

ZXR10(config-swvlan-if-gei-0/1/1/1)#switchport mode hybrid

ZXR10(config-swvlan-if-gei-0/1/1/1)#switchport hybrid vlan 20 untag

ZXR10(config-swvlan-if-gei-0/1/1/1)#switchport hybrid vlan 30 untag

ZXR10(config-swvlan-if-gei-0/1/1/1)#exit

ZXR10(config-swvlan)#interface gei-0/1/1/2

ZXR10(config-swvlan-if-gei-0/1/1/2)#switchport mode hybrid

ZXR10(config-swvlan-if-gei-0/1/1/2)#switchport hybrid vlan 20 untag

ZXR10(config-swvlan-if-gei-0/1/1/2)#switchport hybrid vlan 30 untag

ZXR10(config-swvlan-if-gei-0/1/1/2)#exit

ZXR10(config-swvlan)#interface gei-0/1/1/3

ZXR10(config-swvlan-if-gei-0/1/1/3)#switchport mode hybrid

ZXR10(config-swvlan-if-gei-0/1/1/3)#switchport hybrid vlan 10 untag

ZXR10(config-swvlan-if-gei-0/1/1/3)#exit

ZXR10(config-swvlan)#interface gei-0/1/1/4

ZXR10(config-swvlan-if-gei-0/1/1/4)#switchport mode hybrid

ZXR10(config-swvlan-if-gei-0/1/1/4)#switchport hybrid vlan 10 untag

ZXR10(config-swvlan-if-gei-0/1/1/4)#exit

ZXR10(config-swvlan)#interface gei-0/1/1/5

ZXR10(config-swvlan-if-gei-0/1/1/5)#switchport mode hybrid

ZXR10(config-swvlan-if-gei-0/1/1/5)#switchport hybrid vlan 10 untag

ZXR10(config-swvlan-if-gei-0/1/1/5)#exit

ZXR10(config-swvlan)#interface gei-0/1/1/6

ZXR10(config-swvlan-if-gei-0/1/1/6)#switchport mode hybrid

ZXR10(config-swvlan-if-gei-0/1/1/6)#switchport hybrid vlan 10 untag

ZXR10(config-swvlan-if-gei-0/1/1/6)#exit

ZXR10(config-swvlan)#interface gei-0/1/1/24

ZXR10(config-swvlan-if-gei-0/1/1/24)#switchport mode trunk

ZXR10(config-swvlan-if-gei-0/1/1/24)#switchport trunk vlan 10

ZXR10(config-swvlan-if-gei-0/1/1/24)#switchport trunk vlan 20

ZXR10(config-swvlan-if-gei-0/1/1/24)#switchport trunk vlan 30

交换机 B 的配置如下：

ZXR10#conf t

ZXR10(config)#switchvlan-configuration

ZXR10(config-swvlan)#vlan 10

ZXR10(config-swvlan-sub)#switchport pvid gei-0/1/1/1-2

ZXR10(config-swvlan-sub)#exit

ZXR10(config-swvlan)#vlan 20

ZXR10(config-swvlan-sub)#switchport pvid gei-0/1/1/3-4

ZXR10(config-swvlan-sub)#exit

ZXR10(config-swvlan)#vlan 30

ZXR10(config-swvlan-sub)#switchport pvid gei-0/1/1/5-6

ZXR10(config-swvlan-sub)#exit

ZXR10(config-swvlan)#interface gei-0/1/1/1

ZXR10(config-swvlan-if-gei-0/1/1/1)#switchport mode hybrid

ZXR10(config-swvlan-if-gei-0/1/1/1)#switchport hybrid vlan 20 untag

ZXR10(config-swvlan-if-gei-0/1/1/1)#switchport hybrid vlan 30 untag

ZXR10(config-swvlan-if-gei-0/1/1/1)#exit

ZXR10(config-swvlan)#interface gei-0/1/1/2

ZXR10(config-swvlan-if-gei-0/1/1/2)#switchport mode hybrid

ZXR10(config-swvlan-if-gei-0/1/1/2)#switchport hybrid vlan 20 untag

ZXR10(config-swvlan-if-gei-0/1/1/2)#switchport hybrid vlan 30 untag

ZXR10(config-swvlan-if-gei-0/1/1/2)#exit

ZXR10(config-swvlan)#interface gei-0/1/1/3

ZXR10(config-swvlan-if-gei-0/1/1/3)#switchport mode hybrid

ZXR10(config-swvlan-if-gei-0/1/1/3)#switchport hybrid vlan 10 untag

ZXR10(config-swvlan-if-gei-0/1/1/3)#exit

ZXR10(config-swvlan)#interface gei-0/1/1/4

ZXR10(config-swvlan-if-gei-0/1/1/4)#switchport mode hybrid

ZXR10(config-swvlan-if-gei-0/1/1/4)#switchport hybrid vlan 10 untag

ZXR10(config-swvlan-if-gei-0/1/1/4)#exit

ZXR10(config-swvlan)#interface gei-0/1/1/5

ZXR10(config-swvlan-if-gei-0/1/1/5)#switchport mode hybrid

ZXR10(config-swvlan-if-gei-0/1/1/5)#switchport hybrid vlan 10 untag

ZXR10(config-swvlan-if-gei-0/1/1/5)#exit

ZXR10(config-swvlan)#interface gei-0/1/1/6

ZXR10(config-swvlan-if-gei-0/1/1/6)#switchport mode hybrid

ZXR10(config-swvlan-if-gei-0/1/1/6)#switchport hybrid vlan 10 untag

ZXR10(config-swvlan-if-gei-0/1/1/6)#exit

ZXR10(config-swvlan)#interface gei-0/1/1/24

ZXR10(config-swvlan-if-gei-0/1/1/24)#switchport mode trunk

ZXR10(config-swvlan-if-gei-0/1/1/24)#switchport trunk vlan 10

ZXR10(config-swvlan-if-gei-0/1/1/24)#switchport trunk vlan 20

ZXR10(config-swvlan-if-gei-0/1/1/24)#switchport trunk vlan 30

3）配置测试

在交换机上分别输入"show vlan""show vlan hybird""show vlan trunk"和"show vlan access"，运行结果如图 3-31 所示，可以查看到 VLAN 包含的端口、端口的类型，端口是 PVID 还是 Tag，与规划数据完全一致。

```
ZXR10(config)#show vlan
VLAN   Name      PvidPorts          UntagPorts          TagPorts
-----------------------------------------------------------------------------
1      vlan0001 gei-0/1/1/7-24
                xgei-0/1/1/25-28
10     vlan0010 gei-0/1/1/1-2      gei-0/1/1/3-6       gei-0/1/1/24
20     vlan0020 gei-0/1/1/3-4      gei-0/1/1/1-2       gei-0/1/1/24
30     vlan0030 gei-0/1/1/5-6      gei-0/1/1/1-2       gei-0/1/1/24
ZXR10(config)#show vlan hybrid
VLAN   Name      PvidPorts          UntagPorts          TagPorts
-----------------------------------------------------------------------------
1      vlan0001
10     vlan0010 gei-0/1/1/1-2      gei-0/1/1/3-6
20     vlan0020 gei-0/1/1/3-4      gei-0/1/1/1-2
30     vlan0030 gei-0/1/1/5-6      gei-0/1/1/1-2
ZXR10(config)#show vlan trunk
VLAN   Name      PvidPorts          UntagPorts          TagPorts
-----------------------------------------------------------------------------
1      vlan0001 gei-0/1/1/24
10     vlan0010                                         gei-0/1/1/24
20     vlan0020                                         gei-0/1/1/24
30     vlan0030                                         gei-0/1/1/24
ZXR10(config)#show vlan access
VLAN   Name      PvidPorts          UntagPorts          TagPorts
-----------------------------------------------------------------------------
1      vlan0001 gei-0/1/1/7-23
                xgei-0/1/1/25-28
10     vlan0010
20     vlan0020
30     vlan0030
```

图 3-31　测试结果

给计算机设置同一个网段的 IP 地址，彼此之间做 ping 测试，可以验证它们之间的互通情况是否与案例的要求完全一致。

3.2.3　任务实施：交换机 VLAN 隔离

按照表 3-10 的要求完成任务。

表 3-10　任 务 实 施 表

任务	交换机 VLAN 隔离		
步骤	子　任　务	输　出	评估方法和标准
1	办公楼、教学楼、宿舍楼 VLAN 数据配置	配置脚本	命令行输入正确
2	配置验证，交换机上执行"show vlan""show vlan hybird""show vlan trunk"和"show vlan access"	查询结果截图	VLAN 划分、属性与规划数据完全一致
3	业务验证，计算机之间 ping 测试	测试结果截图	测试结果与案例描述一致

3.2.4　任务拓展：交换机办公网络组网

在某企业办公网中，总公司、分公司 A、分公司 B 三个地方各配置了一台交换机，其组网如图 3-32 所示，现在要求总公司的交换机下挂的计算机可以和两个分公司的计算机通信，但是分公司 A 和分公司 B 的交换机下挂的计算机之间不能进行通信。

请参照前面学过的知识完成数据规划、数据配置和业务验证。

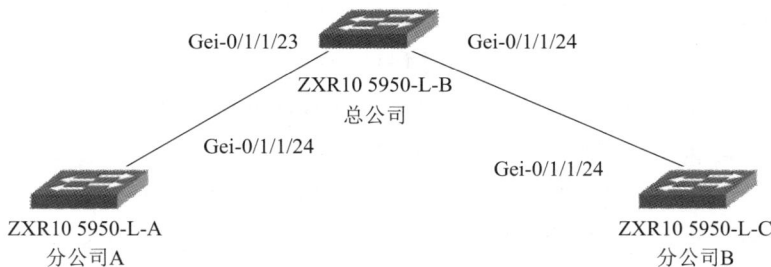

图 3-32　企业办公网组网图

3.3　任务 11　绑定交换机 MAC 地址

考虑到本书开头给出的总体任务的表 1 中需求标识栏的 Ⅵ.1 要求端口只能使用固定的计算机接入，交换机端口绑定计算机 MAC 地址可以实现，本任务的要求如下：

(1) 查询计算机的 MAC 地址；

(2) 配置交换机绑定计算机 MAC 地址；

(3) 使用计算机测试是否能接入交换机；

(4) 另换一台计算机测试能否接入交换机；

(5) 输出过程文档。

3.3.1　知识准备：交换机 MAC 地址表相关知识

1. MAC 地址表的内容

交换机在配置 VLAN 后，根据 MAC 地址和端口的映射再根据 VLAN ID 索引进行报文转发。MAC 地址具有唯一性，这保证了报文的正确转发。每个交换机都维护着一张 MAC 地址表。当交换机收到数据帧时，根据 MAC 地址表来决定对该数据帧进行过滤还是转发到交换机的相应端口。

MAC 地址表的表项由 MAC 地址和 VLAN ID 唯一标识，只要 MAC 地址和 VLAN ID 部分相同，就认为是同一个表项。MAC 地址表的表项包含以下部分：

(1) MAC 地址，如 "00-D0-87-56-95-CA"。

(2) VLAN ID，指 MAC 地址所属的 VLAN ID。

(3) 端口号，指交换机的端口号，如 gei-0/1/1/3。

(4) 其他相关标志。这些标志表示 MAC 地址的状态和操作，有以下几种：

- static：表示 MAC 地址是静态的。
- Dynamic：表示 MAC 地址是动态学习到的 MAC 地址。
- To-Permanent：表示 MAC 地址被固化为永久 MAC 地址。
- permanent：表示 MAC 地址是永久 MAC 地址。
- Filter(Both)：表示依据源/目的 MAC 地址对数据帧进行过滤。
- to-static：表示 MAC 地址是被固化的 MAC 地址。
- Filter(Src)：表示依据源 MAC 地址对数据帧进行过滤。
- Filter(Dst)：表示依据目的 MAC 地址对数据帧进行过滤。
- From：表示 MAC 地址的来源。
- time：表示动态 MAC 地址已经存在的时间。

交换机进行二层转发时，根据数据帧的目的 MAC 和 VLAN 查找 MAC 地址表，用来判断将数据帧转发到哪个端口。

交换机进行三层快速转发时，当得到下一跳 IP 地址对应的 MAC 地址后，同样要通过查找 MAC 地址表来判断需要将数据包转发到哪个端口。

2. MAC 地址来源

MAC 地址表中的 MAC 地址分为动态 MAC 地址、静态 MAC 地址、永久 MAC 地址、过滤 MAC 地址 4 种类型。

1) 动态 MAC 地址

动态 MAC 地址是交换机在网络中通过识别数据帧学习到的，当老化时间到来时会被删除。当设备所连接的交换机的端口发生变化时，MAC 地址表中相应的 MAC 地址和端口的对应关系也会随之改变。动态 MAC 地址在交换机关电重启后会消失，需要重新学习。

2) 静态 MAC 地址

静态 MAC 地址是手工配置的，不会被老化掉，但在交换机关电重启后会消失。

3) 永久 MAC 地址

永久 MAC 地址也是通过配置产生的，不会被老化掉。不管设备所连接的交换机的端口发生怎样的变化，MAC 地址表中 MAC 地址和端口的对应关系始终不会改变。如果在一个端口上配置了静态或者永久 MAC 地址，在改变这个端口的 VLAN 使得这个端口不再属于原 VLAN 时，交换机会提示先删掉 MAC 地址，再进行操作。保存交换机配置后，永久 MAC 地址在交换机关电重启后不会消失。

4) 过滤 MAC 地址

过滤 MAC 地址也是通过配置产生的，不会被老化掉。保存交换机配置后，过滤 MAC 地址在交换机关电重启后不会消失。过滤 MAC 地址分为源过滤、目的过滤、源和目的过滤。源过滤表示不学习报文的源 MAC 地址，目的过滤表示不对报文按目的 MAC 地址进行转发，源和目的过滤表示既不学习源 MAC 地址也不进行转发。

3. MAC 地址表的建立与删除

初始状态下，交换机的 MAC 地址表是空的，为了实现快速转发，必须建立 MAC 地址表。同时，由于 MAC 地址表的容量有限，而网络上的设备变动比较频繁，交换机要及时删除旧的 MAC 地址表项，更新发生了变化的 MAC 地址表项。

1) 动态学习

MAC 地址表中的动态 MAC 地址是由交换机通过学习得来的。交换机学习 MAC 地址的过程如下：

当交换机的某端口收到一个数据帧时，交换机就会分析该数据帧的源 MAC 地址和 VLAN ID(假设为 MAC1 + VLAN ID1)。如果这个 MAC 地址合法，并且可以学习，就以 MAC1 + VLAN ID1 作为键值查找 MAC 地址表；如果 MAC 地址表中不存在该地址，就把该地址添加到表中；如果 MAC 地址表中已经存在该地址，就对该表项进行更新。

注意：MAC 地址学习是对数据帧的源 MAC 地址进行学习，而不是目的 MAC 地址。MAC 地址学习只学习单播地址，对于广播和组播地址不进行学习。

2) MAC 地址老化

MAC 地址表的容量是有限的，为了实现 MAC 地址表资源的有效利用，交换机提供了 MAC 地址老化功能。

如果交换机在一段时间(设定的老化时间)内没有收到某个设备发出的数据帧，交换机就认为该设备已经离开网络。这时，交换机会将这个设备的 MAC 地址从 MAC 地址表中删除，这样就实现了交换机 MAC 地址表的及时更新。MAC 地址老化只对动态 MAC 地址起作用。

3) 手动添加和删除 MAC 地址

如果网络相对比较稳定，某个设备所连接的交换机端口始终是固定的，那么可以通过配置命令，直接将 MAC 地址条目添加到交换机的 MAC 地址表中，可以将 MAC 地址配置成静态、永久两种类型中的任何一种。通过添加静态或永久的 MAC 地址可以防止 MAC 欺骗形式的网络攻击。

通过 MAC 地址删除命令可以删除添加的 MAC 地址。在交换机上使用删除命令还可以强制删除动态学习到的 MAC 地址，让其重新进行学习。

3.3.2　参考案例：交换机 MAC 地址配置

【案例说明】

给交换机的某一接口添加永久 MAC 地址。

【案例实施】

1. 掌握 MAC 地址基本配置和维护命令

有关 MAC 地址的主要配置和维护命令如表 3-11 所示。

表 3-11　MAC 地址的主要配置和维护命令

序号	命　　令	功　　能
1	ZXR10(config)#mac	从配置模式下进入 MAC 配置模式
2	ZXR10(config-mac)#add permanent <mac-address> interface < interface-name>{ all-owner-vlan	vlan< vlan-id>}	添加永久 MAC 地址。"permanent"：永久 MAC 地址；"mac"：MAC 地址；"<interface-name>"：接口名称；"all-owner-vlan"：指定接口下配置的所有 VLAN，会将 MAC 地址与这些 VLAN 的组合写入 MAC 地址表中
3	ZXR10(config-mac)#delete {[mac], [interface < interface_name>],[vlan <1-4094>]}	删除 MAC 地址
4	ZXR10(config-mac)#aging-time <seconds>	设置 MAC 的老化时间，其范围为 60～65 535，单位秒。使用命令 "no aging-time" 可恢复为默认
5	ZXR10(config-mac)#filter {source	both	destination} mac vlan <1-4094 >	设置过滤 MAC 地址。"source"：过滤源 MAC 地址的报文；"both"：过滤源和目的 MAC 地址的报文；"destination"：过滤目的 MAC 地址的报文
6	ZXR10(config-mac)#learning { disable	enable	disable-action {drop	forward}} [interface<interface_name>][vlan <1-4094>]	配置 MAC 的学习功能。"enable"：功能使能；"disable"：功能禁止
7	ZXR10(config-mac)#limit-maximum <num> [interface <interface-name>][vlan <vlan-id>]	配置 MAC 地址学习数目限制,使用"no limit-maximum" 恢复为默认。"<num>"：表示限制的条目个数
8	ZXR10(config-mac)#to-permanent interface <interface-name> {enable|disable}	配置 MAC 地址永久化
9	ZXR10#show mac table [{[{ dynamic	static	permanent	src-filter	dst-filter	to-static| to-permanent}] ,[mac],[interface] , [vlan <1-4094>]}]	显示 MAC 地址
10	ZXR10#show mac aging-time	显示 MAC 老化时间
11	ZXR10#show mac learning [interface < interface-name>]	显示是否学习 MAC 地址
12	ZXR10#show mac limit-maximum {interface < interface-name>| vlan<vlan-id> }	显示学习 MAC 地址数目限制
13	ZXR10#show running-config mac	显示所有的 MAC 配置信息
14	ZXR10#show mac port-information interface <interface-name>	显示端口 MAC 状态信息

2. 交换机配置

交换机配置命令如下:

```
DUT1(config-mac)(config)#mac
DUT1(config-mac)#add permanent 00e0.d122.1000 111 interface gei-0/1/1/1 vlan 111
```

3. 案例验证

在交换机上输入"show mac table"命令可查看 DUT1 的配置结果, 如图 3-33 所示。

```
ZXR10#show mac table
Total MAC address : 1

Flags: Src--Source filter, Dst--Destination filter
       From:0,driver;1,config;2,VPN;3,802.1X;4,micro;5,DHCP;
            6,PBT;7,EVB;8,OTV;9,TRILL;10,ESADI,
       Time--Day:Hour:Min:Sec

MAC           VLAN  Outgoing Information        Attribute     From  Time
----------------------------------------------------------------------------------
00e0.d122.1000 111  gei-0/1/1/1                 Dynamic       0     02:17:23:13
```

图 3-33 命令"show mac table"的执行结果

由图 3-33 可知, VLAN ID 为 111, 交换机端口是 gei-0/1/1/1, MAC 地址是动态学习到的, 来源(From)是 0, 表示本地网卡配置, 地址已经存在 2 小时 17 分 23 秒。

3.3.3 任务实施: 绑定交换机 MAC 地址

按照表 3-12 的要求完成任务。

表 3-12 任 务 实 施 表

任务	绑定交换机 MAC 地址		
步骤	子 任 务	输 出	评估方法和标准
1	查询自己计算机的 MAC 地址	MAC 地址信息截图	查询正确
2	完成交换机 MAC 地址绑定, 即添加永久地址, MAC 地址为第一步查到的 MAC 地址	配置脚本	命令行输入正确
3	"show mac table"命令验证	输出结果截图	与步骤 1 查询的结果一致
4	将自己的计算机接入交换机端口, ping 同一个 VLAN 的其他计算机	测试结果截图	ping 测试是通的
5	将别人的计算机接入交换机端口, ping 同一个 VLAN 的其他计算机	测试结果截图	ping 测试是不通的

3.3.4 任务拓展: 绑定交换机企业网络 MAC 地址

在某企业办公网中, 总公司、分公司 A 和分公司 B 各配置了 1 台交换机, 组网如图 3-34 所示。总公司有 5 台计算机, 其中 1 台计算机的 MAC 地址是"08:00:20:0A:00:01", 其他

4台计算机的 MAC 地址前面部分相同，最后一部分依次是 02、03、04、05。分公司 A 有 5 台计算机，其中 1 台计算机的 MAC 地址是"08:00:20:0A:0A:01"，其他 4 台计算机的 MAC 地址前面部分相同，最后一部分依次是 02、03、04、05。分公司 B 有 5 台计算机，其中 1 台计算机的 MAC 地址是 "08:00:20:0A:0B:01"，其他 4 台计算机的 MAC 地址前面部分相同，最后一部分依次是 02、03、04、05。

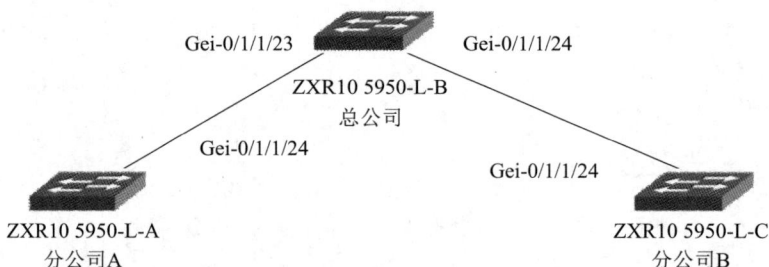

图 3-34　企业办公网组网图

现在要求总公司的 5 台计算机可以在 3 台交换机上的任一空闲端口和其他按照要求正常连接交换机的计算机进行互通，分公司 A 的 5 台计算机只可以连接在交换机 A 上的空余端口和其他按照要求正常连接交换机的计算机进行互通，如果连接在总公司的交换机和分公司 B 的交换机上则无法和其他按照要求正常连接交换机的计算机进行互通。分公司 B 的 5 台计算机只可以连接在交换机 C 上的空余端口使用，如果连接在总公司的交换机和分公司 A 的交换机上则无法和其他按照要求正常连接交换机的计算机进行互通。

请参照前面学过的知识完成数据规划、数据配置和业务验证。

模 块 总 结

VLAN 配置是交换机配置的主要内容，交换机 VLAN 具备三种端口，分别为接入端口、中继端口和混合端口，这三种端口对于收发数据的处理是学习的重点，也是难点。

Access 端口收到一个报文时，会先判断是否有 VLAN 信息。如果没有，则打上端口的 PVID 并进行转发；如果有，则直接丢弃。该端口发送到一个报文时，会剥离 VLAN 信息，然后直接发送出去。

Trunk 端口收到一个报文时，会先判断是否有 VLAN 信息。如果没有，则打上端口的 PVID 并进行转发；如果有，则判断该端口是否允许该 VLAN 的数据进入，若允许则转发，否则丢弃。该端口发送一个报文时，会比较端口的 PVID 和将要发送的 VLAN 信息，如果相等，则剥离 VLAN 信息再发送，否则直接发送。

Hybird 端口收到一个报文时，会先判断是否有 VLAN 信息。如果没有，则打上 PVID 并进行转发；如果有，则直接丢弃。该端口发送一个报文时，会判断该 VLAN 在本端口的属性，如果其属性是 UNTag，则剥离 VLAN 信息再转发，否则直接发送。

这三种端口的组合还可以实现复杂的端口隔离和互通的功能。

另外，MAC 地址绑定是在网络配置中为了保证某些端口专用而经常使用的操作，只要给交换机的端口配置一个永久地址就可以实现。

模块 4　三层路由器基本功能的实现

路由器是连接两个或多个网络的硬件设备，在网络间起到网关的作用。本模块以中兴ZXR10 1800-2S 路由器为例，设置了连接与登录路由器设备、配置路由器直连路由、配置路由器静态路由、配置路由器 OSPF 路由、配置路由器的 BGP 路由等任务，帮助读者了解静态路由协议与常用的动态路由协议的概念和原理，掌握配置路由数据的思路和方法，从而能在组网中熟练地配置路由数据。

知识目标

(1) 掌握使用 COM 口、Telnet 连接路由器的方法；
(2) 掌握路由器设备关于登录、认证、IP 地址、路由等方面的基本配置命令；
(3) 掌握直连路由、静态路由的基本概念和配置方法；
(4) 掌握 OSPF、BGP 协议的概念和配置方法。

技能目标

(1) 会使用串口线、网线连接和登录路由器；
(2) 会配置直连路由、静态路由；
(3) 会配置 OSPF 协议；
(4) 会配置 BGP 协议；
(5) 会分析和解决由路由错误引发的网络故障。

4.1　任务 12　连接与登录路由器设备

在本书开头给出的总体任务的表 1 的需求标识栏的 IV.1 和 V.1 中，办公楼、教学楼、宿舍楼以及机房均设计规划有路由器 ZXR10 1800-2S，用来实现网络内部的互联和上网，前提条件是登录路由器。因此，本任务的要求如下：

(1) 使用 COM 口登录路由器；
(2) 恢复路由器为出厂配置；
(3) 使用 Telnet 方式登录路由器；

(4) 输出过程文档。

4.1.1　知识准备：路由器设备连接相关知识

ZXR10 1800-2S 提供了多种配置方式，如图 4-1 所示。

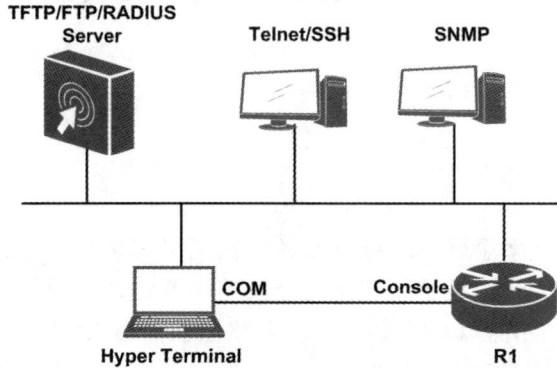

图 4-1　路由器配置示意图

ZXR10 1800-2S 的配置方式如下：

(1) 通过 Console 口进行配置，这是用户对路由器进行设置的基本方式。

(2) 通过 Telnet/SSH 方式进行配置，采用这种方式可以在网络中任何可达位置对路由器进行配置。

(3) 通过 TFTP/FTP 服务器下载/上传路由器配置文件，实现对路由器配置的更新，也可对路由器软件版本进行升级。

(4) 通过网管系统使用 SNMP 协议进行配置，前提是要将路由器接入网管系统。

一般会采用方式(1)和方式(2)配置路由器，线缆、连接方式以及软件的配置方法与任务 9 类似，只不过在使用 secureCRT 工具的时候，波特率采用"115200"，如图 4-2 所示。

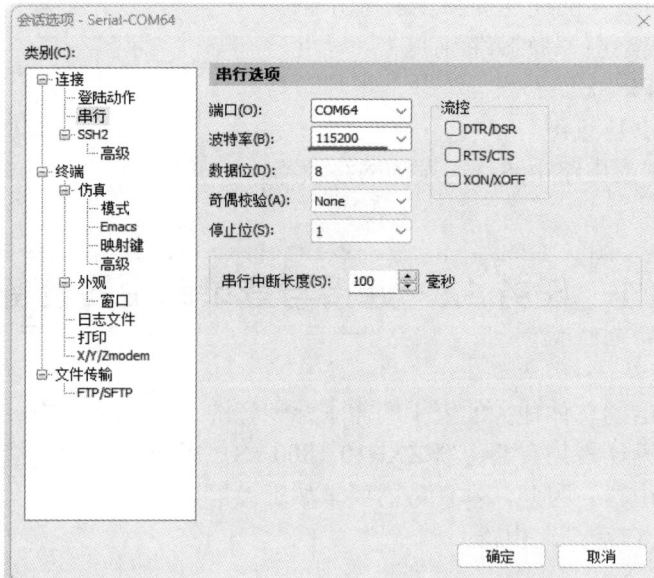

图 4-2　secureCRT 中路由器的波特率设置

4.1.2 参考案例：路由器连接和初始配置

【案例说明】

使用计算机的 COM 口连接路由器，登录路由器，并执行"show running-config"命令查询路由器的配置。

【案例实施】

1. 路由器登录

登录路由器的步骤如下：

(1) 使用串口线将 PC 的 COM 口与 ZXR10 1800-2S 的 Console 口连接，如图 4-3 所示。

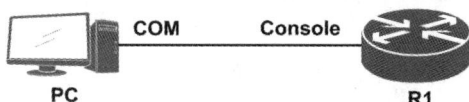

图 4-3 通过 Console 口连接路由器示意图

(2) 启动 secureCRT 软件，按照任务 9 的步骤设置 secureCRT，除了 Speed(波特率)为"115200"，其他配置与交换机的配置一样。

(3) 单击"Open"按钮连接 ZXR10 1800-2S，如果设备已经启动，处于正常工作状态，连接完成后按下 PC 键盘上的"Enter"键，屏幕出现 ZXR10 提示符就表示连接成功，输入用户名"msr"，密码"zxr10msr"，即可完成登录，如图 4-4 所示。

注意：此用户名和密码是出厂默认的用户名和密码。

```
****************************************************************
Welcome to ZXR10 Intelligent Integrated Multi-Service Router
                    of ZTE Corporation
****************************************************************

Login at: 11:40:20 10-18-2023
Username:zte
Password:
R2#
```

图 4-4 路由器登录成功界面

2. 命令模式

路由器的命令输入规范和命令帮助与交换机类似，用户模式和文件操作方法与交换机不同。

为了方便用户对路由设备进行配置和管理，根据功能和权限将命令分配到不同的模式下，一条命令只有在特定的模式下才能被执行。

在任何命令模式下，输入问号"?"都可以查看该模式下允许使用的命令。命令模式包括用户模式、特权模式、全局配置模式、接口配置模式和路由配置模式。

1) 用户模式

用户模式的两种进入方式为：

(1) 当使用超级终端方式登录系统时，将自动进入用户模式。

(2) 当使用 Telnet 远程登录时，在输入登录的用户名和密码后进入用户模式。

用户模式的提示符是在路由设备的主机名后跟一个">"号，示例如下(缺省的设备主机名称为 ZXR10)：

ZXR10>

在用户模式下，可以执行 ping、telnet 等命令，还可以查看一些系统信息。

2) 特权模式

在用户模式下，输入 "enable <1-18>" 命令和对应等级的口令密码后，即可进入特权模式。用户首次登录设备时，需要输入 "enable 18" 及默认初始密码 "zxr10" 才可进入特权模式。

特权模式的提示符是在路由设备的主机名后跟一个 "#" 号，示例如下：

ZXR10>enable

Password:　　　/*输入的密码不在屏幕上显示*/

ZXR10#

在特权模式下，可以查看到更详细的配置信息，还可以进入配置模式对整个路由设备进行配置和管理，因此必须使用口令加以保护，以防止未授权的用户使用。

要从特权模式返回到用户模式，可使用 disable 命令。

3) 全局配置模式

在特权模式下，输入 "configure terminal" 命令进入全局配置模式，示例如下：

ZXR10#configure terminal

Enter configuration commands,one par line,End with Ctrl/Z。

ZXR10(config)#

全局配置模式下的命令将作用于整个系统，而不仅仅是只作用于一个协议或接口。

若要退出全局配置模式并返回到特权模式，则输入 "exit" 或 "end" 命令，也可以使用组合键 "Ctrl + Z"。

4) 接口配置模式

在全局配置模式下，使用 interface 命令进入接口配置模式，示例如下：

ZXR10(config)#interface gei-0/1　　　/*进入 gei-0/1 接口配置模式*/

ZXR10(config-if-gei-0/1)#

在接口配置模式下，可以修改接口的各种属性参数。若要退出接口配置模式并返回到全局配置模式，则输入 "exit" 命令。若要退出接口配置模式直接返回到特权模式，则输入 "end" 命令或使用组合键 "Ctrl + Z"。

5) 路由配置模式

在全局配置模式下，使用 router 命令进入路由配置模式，以 OSPF 路由协议为例说明如下：

ZXR10(config)#router ospf 1　　　/*进入 OSPF 路由配置模式*/

ZXR10(config-ospf-1)#

若要退出路由配置模式并返回到全局配置模式，则输入 "exit" 命令；若要退出路由配置模式并返回到特权模式，则输入 "end" 命令或使用组合键 "Ctrl + Z"。

3. 恢复出厂配置

如果想清空路由器的配置，可以通过恢复设备出厂配置来进行初始化，设备会主动删除 startrun.dat 文件，此时缺省用户名、密码、缺省管理口 IP 生效。

恢复设备出厂配置过程如下：

ZXR10#startrun restore default

This operation will clear startrun.dat and reload system,continue?

[yes/no]:y

按回车键后，路由器将开始重新启动，等待启动完成之后，此时的路由器已经没有了以前配置的数据，而是恢复了默认出厂数据。

4. Telnet 登录

ZXR10 1800-2S 路由器的 OAM 端口默认 IP 是 192.168.1.1/24，将计算机与 ZXR10 1800-2S 路由器的 OAM 端口相连接，并将计算机的 IP 地址设置为与 192.168.1.1/24 同一个网段的地址；也可以在路由器配置了接口 IP 地址的时候，利用接口的 IP 地址进行 Telnet 登录，如图 4-5 所示。为了完成 Telnet 登录，首先需要在路由器上配置登录的认证用户，可以通过以下几个步骤完成配置：

(1) 配置认证模板。

(2) 配置授权模板。

(3) 创建用户。

(4) 绑定认证模板和授权模板。

R1　　　　　　　　　　　**PC**

图 4-5　Telnet 连接配置实例

配置过程如下：

R1(config)#aaa-authentication-template 2001

R1(config-aaa-authen-template)#aaa-authentication-type local

R1(config-aaa-authen-template)#exit

R1(config)#aaa-authorization-template 2001

R1(config-aaa-author-template)#aaa-authorization-type local

R1(config-aaa-author-template)#exit

R1(config)#system-user

R1(config-system-user)#authentication-template 1

R1(config-system-user-authen-temp)#bind aaa-authentication-template 2001

R1(config-system-user-authen-temp)#exit

R1(config-system-user)#authorization-template 1

R1(config-system-user-author-temp)#bind aaa-authorization-template 2001

R1(config-system-user-author-temp)#local-privilege-level 15

R1(config-system-user-author-temp)#exit

R1(config-system-user)#user-name who

R1(config-system-user-username)#bind authentication-template 1

R1(config-system-user-username)#bind authorization-templat 1

R1(config-system-user-username)#password zte

R1(config-system-user-username)#exit

R1(config-system-user)#exit

R1(config)#line telnet idle-timeout 120

R1(config)#line telnet absolute-timeout 1440

配置验证：

从上面的命令可知，在路由器里配置了一个用户名为 who、密码为 zte 的用户来完成 Telnet 登录。运行 SecureCRT，并使用 Telnet 登录设备来验证 Telnet 登录是否成功，详细步骤参见任务 9。如果登录正常，则会出现如图 4-6 所示的登录界面。

```
**************************************************************
Welcome to ZXR10 Intelligent Integrated Multi-Service Router
                    of ZTE Corporation
**************************************************************

Login at: 15:47:42 01-06-2013

Username:who
Password:
ZXR10#
```

图 4-6　路由器 Telnet 登录界面

4.1.3　任务实施：连接与登录路由器

按照表 4-1 的要求完成任务并输出文档。

表 4-1　任 务 实 施 表

任务	连接与登录路由器		
步骤	子 任 务	输 出	评估方法和标准
1	COM 口登录路由器	路由器登录界面截图	界面截图显示正确登录路由器
2	恢复路由器出厂设置		执行"show running-config"命令，确认路由器数据已经清空
3	通过 OAM 口使用 Telnet 登录路由器	路由器登录界面截图	界面截图显示正确登录路由器

4.2　任务 13　配置路由器直连路由

给校园网的路由器配置接口地址是实现路由器功能的基础，考虑到本书开头给出的总体任务的表 1 中需求标识栏的 Ⅳ.1 和 Ⅴ.1 的要求，本任务需完成如下内容：

(1) 按照任务 6 的规划给路由器的接口配置 IP 地址；

(2) 检查确认路由器是否生成直连路由；

（3）测试连接同一路由器的计算机是否互通；

（4）输出过程文档。

4.2.1　知识准备：路由器直连路由

1．路由表

在每一个路由器设备中，通常都维护了两张相似的表，即路由表和转发表。路由表被称为 RIB(Routing Information Base，路由信息库)，转发表被称为 FIB(Forwarding Information Base，转发信息库)。它们存储着指向特定网络地址的路径，其中路由表用来决策路由，转发表用来转发分组。路由表实际上并不直接指导数据转发，也就是说，路由器在执行路由查询时，在转发表中进行报文目的地址的查询。路由器将路由表中的活跃路由下载到转发表，此后如果路由表中的相关表项发生变化，转发表也将同步更改。

由于两张表的一致性，在绝大多数场合中，会用"路由器查询路由表来决定数据转发的路径"这一说法，但需要注意的是，路由器查询的是转发表，位于控制层面的路由表只是提供了路由信息。

如图 4-7 所示是一个路由表的示例。

```
Routing Tables: Public
        Destinations : 15        Routes : 15

Destination/Mask    Proto    Pre  Cost     Flags NextHop      Interface
        1.1.1.1/32  Direct   0    0        D     127.0.0.1    LoopBack0
        2.2.2.2/32  OSPF     10   1        D     12.1.1.2     GigabitEthernet0/0/0
        3.3.3.3/32  OSPF     10   2        D     12.1.1.2     GigabitEthernet0/0/0
        12.1.1.0/24 Direct   0    0        D     12.1.1.1     GigabitEthernet0/0/0
        12.1.1.1/32 Direct   0    0        D     127.0.0.1    GigabitEthernet0/0/0
      12.1.1.255/32 Direct   0    0        D     127.0.0.1    GigabitEthernet0/0/0
        14.1.1.0/24 Direct   0    0        D     14.1.1.1     GigabitEthernet0/0/1
        14.1.1.1/32 Direct   0    0        D     127.0.0.1    GigabitEthernet0/0/1
      14.1.1.255/32 Direct   0    0        D     127.0.0.1    GigabitEthernet0/0/1
        23.1.1.0/24 OSPF     10   2        D     12.1.1.2     GigabitEthernet0/0/0
        34.1.1.0/24 OSPF     10   3        D     12.1.1.2     GigabitEthernet0/0/0
        127.0.0.0/8 Direct   0    0        D     127.0.0.1    InLoopBack0
        127.0.0.1/32 Direct  0    0        D     127.0.0.1    InLoopBack0
  127.255.255.255/32 Direct  0    0        D     127.0.0.1    InLoopBack0
  255.255.255.255/32 Direct  0    0        D     127.0.0.1    InLoopBack0
```

图 4-7　路由表示例

图 4-7 包含了如下信息：

1）目的网络地址和子网掩码(Destination/Mask)

网络地址和网络掩码共同确定本机可以到达的目的网络范围。

2）路由协议(Protocol)

路由协议是路由的产生者，包括直连路由(Direct)、静态路由(Static)以及 OSPF、RIP、IS-IS(Intermediate System to Intermediate System，中间系统到中间系统)等动态路由协议。

3）网关(Gateway)或者下一跳(NextHop)

网关或下一跳是指路由的下一个转发地址。

4）接口(Interface)

路由器用于转发数据包的出接口，一般下一跳地址配置在这个接口或者子接口连接的设备上。

5) 优先级(Preference)

一台路由器上可以同时运行多个路由协议。不同的路由协议或者相同的路由协议都可能发现或者生成到某一相同的目的网络的多条路由,但由于不同路由协议的选路算法不同,可能会选择不同的路径作为最佳路径。路由器必须选择其中一个最佳路径作为转发路径加入路由表。路由器按首先是路由优先级,其次是度量值的顺序选择路由。

路由协议的优先级(Preference)指的是路由的管理距离,一般为一个 0 到 255 之间的数字,数字越大在路径选择时优先级越低,数字越小在路径选择时优先级越高,路由优先级最高的协议获取的路由被优先选择加入路由表中。而不同的路由协议有不同的路由优先级,各种路由协议产生的路由优先级的默认值如表 4-2 所示。

表 4-2　各种路由协议产生的路由优先级的默认值

路 由 来 源	优先级的默认值
Direct(直连路由)	0
Static(静态路由)	1
External BGP (External Border Gateway Protocol,外部边界网关协议)	20
OSPF(Open Shortest Path First,开放的最短路径优先)协议	110
IS-IS(Intermediate System to Intermediate System,中间系统到中间系统)协议	115
RIP(Routing Information Protocol,路由信息协议)v1,v2	120
Internal BGP(内部边界网关协议)	200

如图 4-8 所示,一台路由器上同时运行 RIP 和 OSPF。RIP 与 OSPF 都发现并计算出了到达同一条网络"10.0.0.0/16"的最佳路径,但由于路径选择算法不同,所以选择了不同的路径。由表 4-2 可知,RIP 优先级为 120,OSPF 优先级为 110,110 小于 120,所以 OSPF 产生的路由优先级高,路由器将通过 OSPF 学到的这条路由加入路由表。

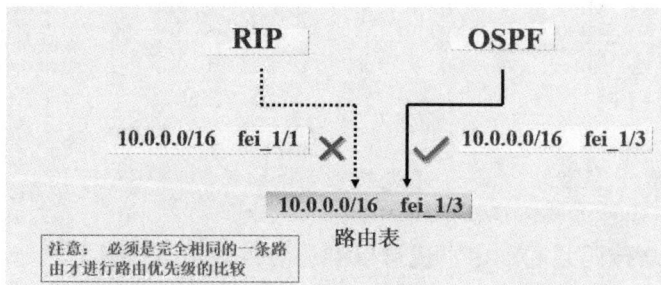

图 4-8　路由选择示例

注意:必须是完全相同的一条路由才会进行路由优先级的比较。例如,10.0.0.0/16 和 10.0.0.0/24 被认为是不同的路由,如果 RIP 学到了其中的一条,而 OSPF 学到了另一条,则两条路由都会被加入路由表。

如果有两条路由都是去往同一个目的地,但分别采用了不同的下一跳 IP 地址,同时这两条路由具备相同的优先级,那它们就是等价路由。路由优先级可以自定义,如果想优先使用其中的一条路由,只需要给另外一条等价路由的优先级定义一个比默认优先级大的值即可。假设从 R1 到 192.168.6.0/24 网段有两条不同的路由,配置如下:

ZXR10_R1(config)#ip route 192.168.6.0 255.255.255.0 192.168.4.2

ZXR10_R1(config)#ip route 192.168.6.0 255.255.255.0 192.168.3.2 25 tag 180

上面两条命令配置了到达同一网络 192.168.6.0/24 的两条不同的静态路由。其中，第一条命令没有配置优先级(管理距离值)，因此使用缺省值 1；第二条命令配置优先级 25(管理距离值 25)。由于第一条路由的优先级小于第二条，所以路由表中将只会出现第一条路由信息，即路由器将只通过下一跳 192.168.4.2 到达目的网络 192.168.6.0/24。只有当第一条路由失效并从路由表中消失后，第二条路由才会生效并出现在路由表中。

6) 度量值(Metric)

除了路由优先级，在路由中度量值对路由的选择也会产生很大的影响，Metric 是衡量同一种路由协议产生的路由状态的度量值。例如，若一个路由器的路由协议产生了两条到达同一个目的地址的路由，它们的优先级都是 1，此时则要根据 Metric 来确定使用哪一条路由。Metric 越小，路径越佳。Metric 实际上包括 COST 值(接口开销)、跳数、链路延时、负载、MTU、可靠性等。不同协议的 Metric 计算不同，OSPF 的 Metric 主要依据接口带宽计算，在任务 14 里将会详细提及。另外，在很多路由器中，直接以 COST 值代替 Metric，例如，在图 4-7 中就是以 COST 值代替了 Metric。

静态路由 Metric 指的是 "Distance metric for this route"，即优先级和度量值可以理解为一个概念。

2. 直连路由

路由器学习路由信息、生成并维护路由表的方法包括直连路由(Direct)、静态路由(Static)和动态路由(Dynamic)。

一个路由器接口所连接的子网之间的路由方式称为直连路由。当路由器的接口都是激活状态且都配有 IP 地址时，路由器就会在路由表中自动生成各个接口的 IP 网络段之间的路由条目，自动产生路由，并随接口的状态变化在路由表中自动出现或消失，使得路由器各接口之间能够进行通信。如图 4-9 所示，路由器 A 的 192.168.0.1/30 和 10.0.0.1/24 两个网段直接连接，路由器 B 的 192.168.0.2/30 和 172.16.0.1/24 两个网段直接相连，因此网线连接之后就直接存在直连路由。在路由表项中，产生方式(Owner)为 Direct，意味着该路由是直连，直连路由优先级为 0，拥有最高路由优先级；Metric 为 0，表示拥有最小度量值。另外，路由表项中产生方式(Owner)为 Address 的路由是针对主机地址产生的路由，它和直连路由具有一样的特性。

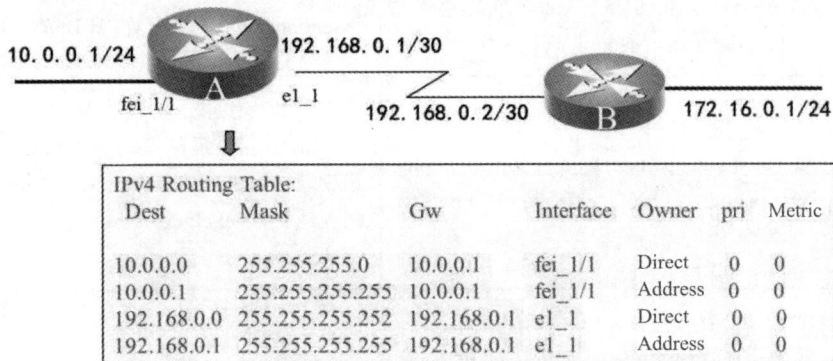

图 4-9　直连路由示意图

直连路由是由链路层协议发现的，该路径信息不需要网络管理员维护，也不需要路由器通过某种算法进行计算获得，只要该接口处于活动状态，路由器就会把通向该网段的路由信息填写到路由表中，但是路由器无法获取与其不直接相连的路由信息。直连路由会随接口的状态变化在路由表中自动变化，当接口的物理层与数据链路层状态正常时，此直连路由会自动出现在路由表中，当路由器检测到此接口宕(down)掉后此条路由也会自动消失。

4.2.2　参考案例：路由器直连路由配置

【案例说明】

两台计算机连接到一个路由器的两个接口上，如图 4-10 所示，要求 A 可以 ping 通 B。

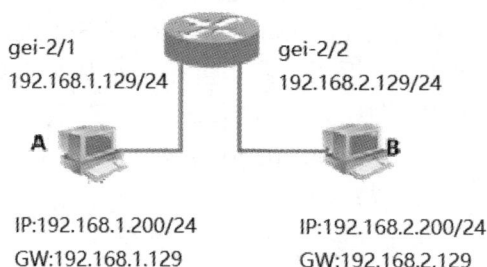

gei-2/1　　　　　　　　　　gei-2/2
192.168.1.129/24　　　　　192.168.2.129/24

A　　　　　　　　　　　　　　　　　B

IP:192.168.1.200/24　　　IP:192.168.2.200/24
GW:192.168.1.129　　　　GW:192.168.2.129

图 4-10　设备组网图

【案例实施】

1. 掌握基本的接口地址配置和维护命令

基本的路由器接口地址配置和维护命令如表 4-3 所示。

表 4-3　基本的路由器接口地址配置和维护命令

序号	命　　令	功能和参数
1	ZXR10(config)#interface < interface-name>	进入接口配置模式
2	ZXR10(config-if-interface-name)#ip address {<ip-address><net-mask> |<A.B.C.D/X> } [<broadcast-address>| secondary]	配置 IP 地址。 secondary：表示配置接口的辅地址
3	ZXR10#show ip interface [brief [phy |<interface-name >|[{ exclude | include}< line>]]]	查看当前接口下配置的 IP 地址信息。 "brief"：显示接口的简短信息；"phy"：显示物理接口的状态；"exclude | include"是正则表达式，"exclude"是不包括，"include"是包括

2. 数据规划

根据案例要实现的功能，其路由数据规划如表 4-4 所示。

表 4-4　路由器直连路由数据规划

序号	设　备	接　口	地　　址
1	PC-A		IP：192.168.1.200/24 GW：192.168.1.129
2	PC-B		IP：192.168.2.200/24 GW：192.168.2.129
3	路由器	gei-2/1	192.168.1.129/24
		gei-2/2	192.168.2.129/24

3. 计算机 IP 地址和网关配置

按照数据规划分别配置计算机 A 和 B 的 IP 地址与网关，如图 4-11 和图 4-12 所示。

注意：网关地址是计算机所接的路由器的接口地址。

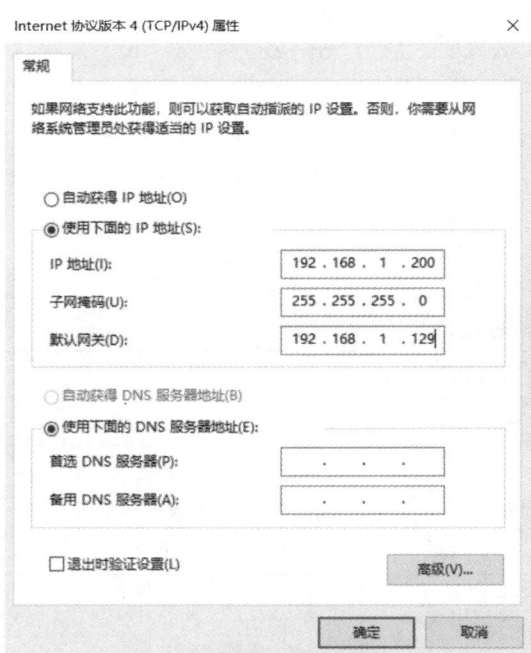

图 4-11　计算机 A 地址配置　　　　　图 4-12　计算机 B 地址配置

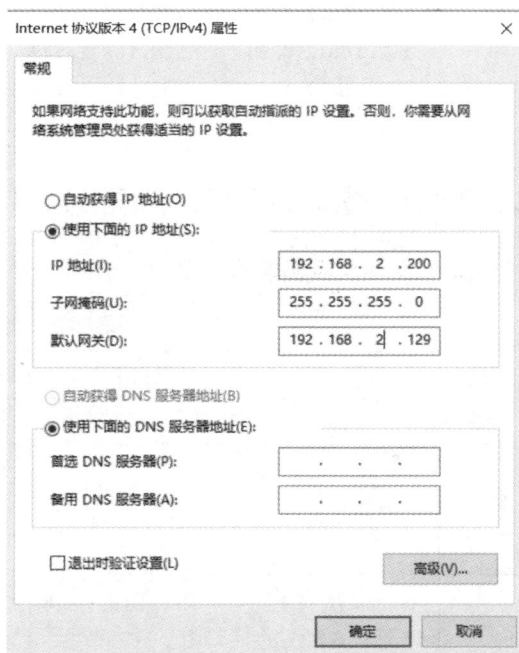

4. 1800-2S 路由器配置

使用串口线连接计算机和路由器，登录配置界面，输入以下命令：

```
ZXR10>enable
ZXR10#conf    t
ZXR10(config)#interface gei-2/1
ZXR10(config-if)#no shutdown
ZXR10(config-if)#ip address 192.168.1.129 255.255.255.0
ZXR10(config-if)#exit
ZXR10(config-if)#interface gei-2/2
ZXR10(config-if)#no shutdown
```

ZXR10(config-if)#ip address 192.168.2.129 255.255.255.0
ZXR10(config-if)#exit

5. 案例验证

在路由器上输入"show ip forwarding route"命令，可以查询到路由器的路由表，如图4-13所示。从图中可以看到路由配置与规划数据完全一致，Owner是Direct，其优先级和度量值都是0。

```
ZXR10#show ip forwarding route
IPv4 Routing Table:
Headers: Dest: Destination,  Gw: Gateway,  Pri: Priority;
Codes : BROADC: Broadcast, USER-I: User-ipaddr, USER-S: User-special,
        MULTIC: Multicast, USER-N: User-network, DHCP-D: DHCP-DFT,
        ASBR-V: ASBR-VPN, STAT-V: Static-VRF, DHCP-S: DHCP-static,
        GW-FWD: PS-BUSI, NAT64: Stateless-NAT64, LDP-A: LDP-area,
        GW-UE: PS-USER, P-VRF: Per-VRF-label, TE: RSVP-TE;
Status codes: *valid, >best;
     Dest                 Gw               Interface      Owner      Pri Metric
*>   192.168.1.0/24       192.168.1.129    gei-2/1        Direct     0   0

*>   192.168.1.129/32     192.168.1.129    gei-2/1        Address    0   0

*>   192.168.2.0/24       192.168.2.129    gei-2/2        Direct     0   0

*>   192.168.2.129/32     192.168.2.129    gei-2/2        Address    0   0
```

图4-13 路由器的路由表

4.2.3 任务实施：配置路由器直连路由

按照表4-5的要求实施任务。

表4-5 任务实施表

任务	配置路由器直连路由		
步骤	子 任 务	输 出	评估方法和标准
1	数据规划	规划数据表	数据规划与任务要求一致，如果在任务6里数据规划不全或者错误，则在这里补齐和修改
2	选择教学楼的互连路由器的接口IP地址，配置直连路由	输出配置脚本	命令输入正确
3	配置验证，输入"show ip forwarding route"	输出结果截图	截图展示配合与规划数据完全一致
4	业务验证：一栋楼的计算机之间互相ping测试	ping测试业务截图	ping测试计算机互通

4.3 任务14 配置路由器静态路由

考虑到本书开头给出的总体任务的表1中需求标识栏的Ⅳ.1和Ⅴ.1的要求，给校园网的路由器配置静态路由来实现内网互通和访问外网，本任务要求如下：

(1) 规划校园网静态路由；

(2) 给路由器配置静态路由；

(3) 检查确认路由器是否生成静态路由，静态路由是否正确；

(4) 测试校园网的任意两台计算机之间可以互通；

(5) 输出过程文档。

4.3.1　知识准备：路由器静态路由

1. 静态路由概述

静态路由是网络管理员通过手工配置指定的路由。当网络结构比较简单时，只需配置静态路由就可以使网络正常工作。静态路由不像动态路由那样根据路由算法建立路由表，也不能自动适应网络拓扑结构的变化。当网络发生故障或者拓扑结构发生变化后，必须由网络管理员手工修改配置。

如图 4-14 所示，静态路由在路由表中的产生方式为静态(Static)，路由优先级默认为 1，Metric 默认为 0。静态路由是否出现在路由表中取决于本地的出口状态。

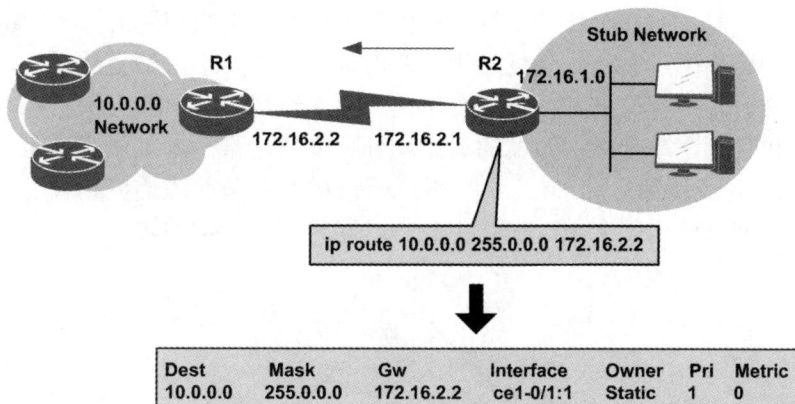

图 4-14　路由器静态路由示意图

静态路由无须进行路由交换，因此会节省网络的带宽、CPU 利用率和路由器内存。此外，静态路由还具有更高的安全性。在使用静态路由的网络中，静态路由表完全是在网络管理员对全网拓扑熟悉的情况下，根据自己的路由需求来进行配置的，因此可以对网络中的路由行为进行精确控制，在某种程度上提高了网络的安全性。

但是，采用静态路由的网络的扩展性能差，该网络需要网络管理员必须真正理解网络拓扑并正确配置路由。在网络拓扑发生变化时，静态路由不会自动改变，需要管理员及时对静态路由表进行调整。在有多个路由器、多条路径的路由环境中，配置静态路由将会变得很复杂。

2. 静态路由的下一跳地址

静态路由不同于其他动态路由协议，不需要在接口上设置相关的协议数据，只需要对用户配置的静态路由的参数，包括目的地址、掩码、下一跳、出接口等做合法性校验即可，但是静态路由的配置是否生效仍然需要以相应的出接口信息的状态变化来决定。

所有的静态路由项都必须明确下一跳地址，在发送报文时，根据报文的目的地址寻找路由表中与之匹配的路由。只有指定了下一跳地址，链路层才能找到对应的链路层地址，并转发报文。

3. 默认路由

默认路由又称为缺省路由，也是一种特殊的静态路由，目的地址与掩码为全零，即"0.0.0.0 0.0.0.0"。当路由表中的所有路由都选择失败的时候，为了使报文有最终的目的地址，将使用默认路由。

默认路由可以是管理员设定的静态路由，也可能是某些动态路由协议自动产生的结果。默认路由的优点是可以极大地减少路由表条目，从而大大减轻了路由器的处理负担；其缺点是如果不正确配置，就可能会导致路由自环或为非最佳路由。

在图 4-14 中，如果用"ip route 0.0.0.0 0.0.0.0 172.16.2.2"来取代"ip route 10.0.0.0 255.0.0.0 172.16.2.2"，在没有更为明细的路由的情况下，这两条路由的效果是一样的。在末端网络出口路由器上，配置默认路由是最佳选择。

4. 静态路由负荷分担

对同一路由协议来说，允许配置多条目的地相同且开销也相同的路由。通过静态配置，可以使转发表中，对于同一个目的地址，有多条可用的优先级相同的静态路由条目，当到达同一目的地的路由中，没有更高优先级的路由时，这几条路由都会被采纳，在转发去往该目的地的报文时，依次通过各条路径发送，从而实现网络的负荷分担。

负荷分担可使超出单个接口带宽的流量均分到多条链路上，实现流量在各条链路上的负载均衡。如图 4-15 所示，从 Device A 到 Device C 有两条前缀、掩码长度、优先级相同的静态路由，这两条路由都会出现在路由表上，同时进行数据的转发。

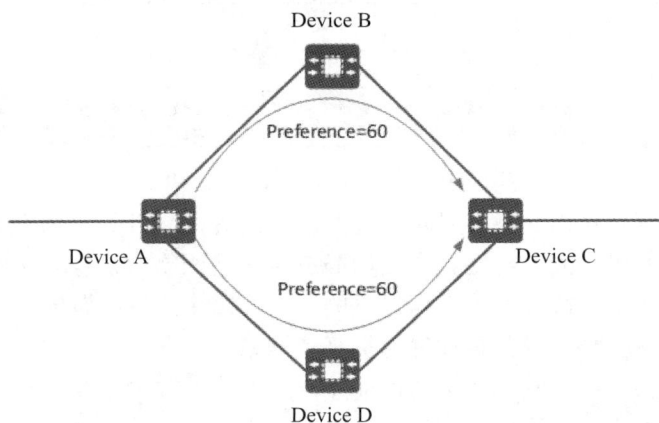

图 4-15　静态路由负荷分担

4.3.2　参考案例：路由器静态路由配置

【案例说明】

参考图 4-14 组网，实现 10.0.0.0/8 和 172.16.1.0/24 网络之间的互通。

【案例实施】

1. 掌握基本的静态路由配置和维护命令

基本的静态路由配置和维护命令如表 4-6 所示。

表 4-6　基本的静态路由配置和维护命令

命　　令	功能和参数
ZXR10(config)#ip route [vrf < vrf-name>]< prefix>< net-mask>{< nexthop-address >[global] }[<distance-metric>][metric <metric>] [bfd enable][track <track-name>][tag <tag-value>] [name <descript-name>]	配置 IPv4 静态路由指定下一跳。"< nexthop-address >"：可以为直连地址或非直连地址；"tag <tag-value>"：路由标识
ZXR10#show running-config static	显示配置了哪些静态路由

2. 数据规划

根据图 4-14 要求实现的功能，其静态路由数据规划如表 4-7 所示。

表 4-7　静态路由数据规划

序号	设　备	接　口	地　址
1	路由器 R1	gei-2/1	10.0.0.1/24
		gei-2/3	172.16.2.1/24
2	路由器 R2	gei-2/1	172.16.2.2/24
		gei-2/3	172.16.1.1/24

3. 1800-2S 路由器配置

路由器 R1 配置如下：

ZXR10#conf　t

ZXR10(config)#interface gei-2/1

ZXR10(config-if-gei-2/1)#no shutdown

ZXR10(config-if-gei-2/1)#ip address 10.0.0.1 255.255.255.0

ZXR10(config-if-gei-2/1)#exit

ZXR10(config)#interface gei-2/3

ZXR10(config-if-gei-2/3)#no shutdown

ZXR10(config-if-gei-2/3)#ip address 172.16.2.2 255.255.255.0

ZXR10(config-if-gei-2/3)#exit

ZXR10(config)#ip route 172.16.1.0 255.255.255.0 172.16.2.1

路由器 R2 配置如下：

ZXR10#conf　t

ZXR10(config)# interface gei-2/1

ZXR10(config-if-gei-2/1)#no shutdown

ZXR10(config-if-gei-2/1)#ip address 172.16.1.1 255.255.255.0

ZXR10(config-if-gei-2/1)#exit

ZXR10(config)#interface gei-2/3

ZXR10(config-if-gei-2/3)#no shutdown

ZXR10(config-if-gei-2/3)#ip address 172.16.2.1 255.255.255.0

ZXR10(config-if-gei-2/3)#exit

ZXR10(config-if)#ip route 10.0.0.0 255.0.0.0 172.16.2.2

4. 案例验证

在路由器 R1 和 R2 上输入 "show ip protocol routing" 可以查看路由表，如图 4-16 所示，协议标注 Static 的路由表项是静态路由，它的优先级是 1，Metric 是 0。

```
ZXR10#show ip protocol routing
Heads: Dest = Destination, Prf\RoutePrf = Router preference,
       Metric\RouteMetric = Router metric
Codes: OSPF-3D = ospf-type3-discard, OSPF-5D = ospf-type5-discard, TE = rsvpte,
       OSPF-7D = ospf-type7-discard, USER-I = user-ipaddr, RIP-D = rip-discard,
       OSPF-E = ospf-ext, ASBR-V = asbr-vpn, GW-FWD = ps-busi, GW-UE = ps-user,
       BGP-AD = bgp-aggr-discard, BGP-CE = bgp-confed-ext, NAT64 = sl-nat64-v4,
       USER-N = user-network, USER-S = user-special, DHCP-S = dhcp-static,
       DHCP-D = dhcp-dft, VES = video-enhanced-service
Marks: *valid, >best, s-stale

     Dest               NextHop          RoutePrf     RouteMetric  Protocol
*>   10.0.0.0/8         172.16.2.2       1            0            Static
*>   172.16.1.0/24      172.16.1.1       0            0            Direct
*>   172.16.1.1/32      172.16.1.1       0            0            Address
*>   172.16.2.0/24      172.16.2.1       0            0            Direct
*>   172.16.2.1/32      172.16.2.1       0            0            Address
```

图 4-16　路由表

在路由器 R2 上输入 "ping 10.0.0.1"，或者在路由器 R2 所连接的计算机上配置 IP 地址为 172.16.1.233，掩码为 255.255.255.0，网关为 172.16.1.1，然后在计算机上执行 "ping 10.0.0.1"，执行结果如图 4-17 所示，说明静态路由生效。

```
ZXR10(config)#ping 10.0.0.1
sending 5,100-byte ICMP echo(es) to 10.0.0.1,timeout is 2 second(s).
!!!!!
Success rate is 100 percent(5/5),round-trip min/avg/max= 1/14/40 ms.
[finish]
```

图 4-17　路由器上 ping 测试

4.3.3　任务实施：配置路由器静态路由

按照表 4-8 的要求实施任务。

表 4-8　任 务 实 施 表

任务	配置路由器静态路由		
步骤	子 任 务	输　出	评估方法和标准
1	规划静态路由数据	静态路由规划表	路由规划正确且完备
2	配置静态路由	输出配置脚本	脚本正确
3	配置验证，执行命令 "show ip protocol routing"	输出结果截图	截图展示内容与规划数据完全一致
4	业务验证：ping 测试	所有楼宇的计算机之间互相 ping	ping 测试计算机互通

4.3.4　任务拓展：配置多路由器静态路由

如图 4-18 所示，主机 10.5.1.17 要将报文传给远端网络的主机 140.1.1.1/24，请完成路由器 R1、R2 和 R3 的静态路由数据规划、数据配置及业务验证。

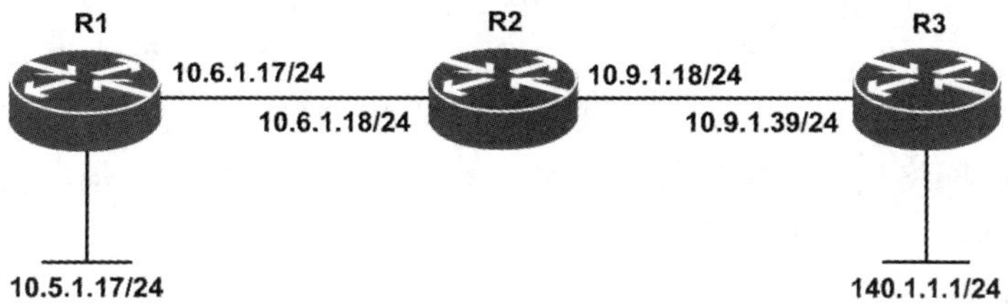

图 4-18　多路由器组网

4.4　任务 15　配置路由器 OSPF 路由

考虑到本书前面所给出的总体任务的表 1 的需求标识栏中 Ⅳ.1 和 Ⅴ.1 的要求，在校园网的路由器上配置 OSPF 协议，通过 OSPF 协议产生的动态路由完成网内和网外互连。本任务具体要求如下：

(1) 规划校园网 OSPF 协议的相关参数；

(2) 给路由器配置 OSPF 协议；

(3) 检查确认路由器是否生成 OSPF 动态路由；

(4) 使校园网的任意两台计算机之间可以互通；

(5) 输出过程文档。

4.4.1　知识准备：OSPF 协议

在 OSPF 出现之前，RIP 是网络上使用最广泛的 IGP(Interior Gateway Protocol，内部网关协议)，但是随着网络规模越来越大，设备越来越复杂，RIP 的某些缺陷限制了它的进一步应用。例如，RIP 是基于距离矢量算法的路由协议，它以跳数作为度量方式，忽略了带宽的影响；RIP 的跳数限制为 15 个，限制了 RIP 的网络规模；RIP 按照路由通告进行路由更新和选择，路由器不了解整个网络拓扑，容易产生路由环路；RIP 收敛速度慢，容易导致路由器之间的路由不一致；RIP 不能处理 VLSM 地址等。OSPF 协议的出现解决了以上的问题。

OSPF 协议是 IETF 组织开发的一个基于链路状态的自治系统内部路由协议，用于在单一 AS(Autonomous System，自治系统)内决策路由。在 IP 网络上，OSPF 通过收集和传递自治系统的链路状态来动态地发现并传播路由。

1. OSPF 的工作原理

在 OSPF 网络中，每台路由器根据自己周围的网络拓扑结构生成 LSA(Link-State

Advertisement，链路状态广播，亦称链路状态通告)，并通过更新报文将 LSA 发送给网络中的其他路由器。OSPF 路由器通过不同类型的 LSA 组建成一个 LSDB(Link State DataBase，链路状态数据库)，再通过 SPF(Shortest Path First，最短路径优先)算法计算出最优的 OSPF 路由，并将其加入路由表。

　　RIP 交互的是路由，OSPF 交互的是链路状态信息，每台路由器都通过链路状态数据库掌握全网的拓扑结构。如图 4-19 所示，每台路由器都会收集其他路由器发来的 LSA，所有的 LSA 放在一起便组成了 LSDB。LSA 是对路由器周围网络拓扑结构的描述，LSDB 则是对整个自治系统的网络拓扑结构的描述。路由器将 LSDB 转换成一张带权的有向图，这张图便是对整个网络拓扑结构的真实反映。在网络拓扑稳定的情况下，各个路由器得到的有向图是完全相同的。

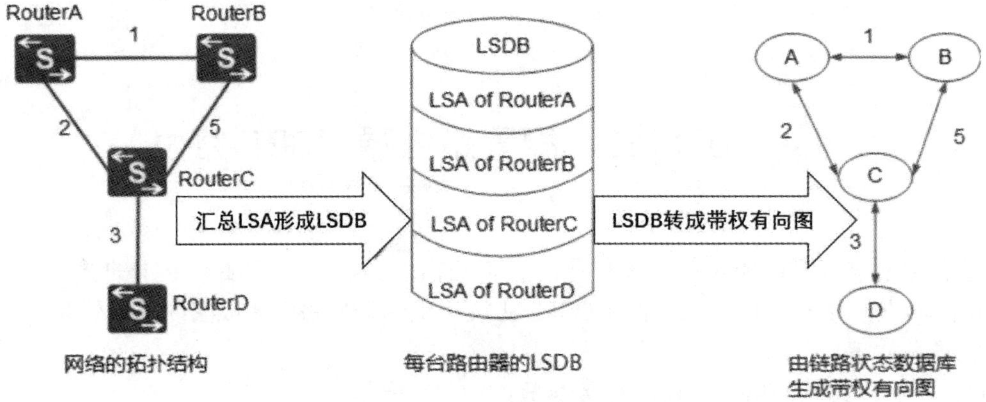

图 4-19　LSA 生成 LSDB 示意图

　　路由器根据 SPF 算法计算到达目的网络的路径，而不是根据路由通告来获取路由信息。如图 4-20 所示，每台路由器根据有向图，使用 SPF 算法计算出一棵以自己为根的最短路径树，这棵树给出了到自治系统中各节点的路由。相对于 RIP，这种机制极大地提升了路由器的自主选路能力，使得路由器不再依靠路由通告进行选路。

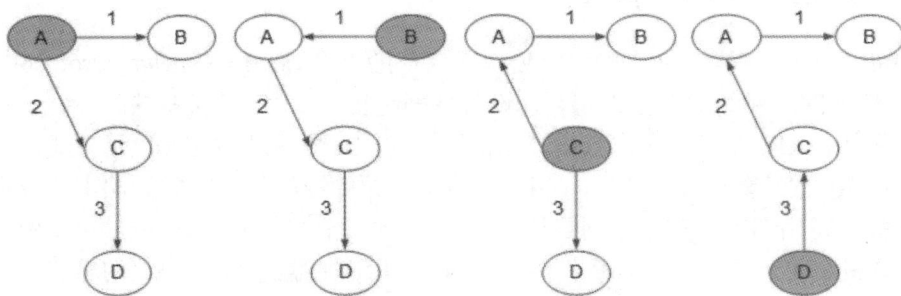

图 4-20　根据 SPF 计算到达目的网络的路径

　　因此，OSPF 协议具备以下的优势：

- 基于链路状态，以链路开销作为度量方式，并把带宽作为参考值，度量方式更科学。
- 没有跳数限制，适用的网络规模更大。
- 每台路由器都能够掌握全网拓扑，通过 SPF 计算路由，不会产生路由环路。

- 收敛速度快。因为路由更新是及时的，并且能够快速传递到整个网络。
- 能够处理 VLSM，灵活地进行 IP 地址分配。

2. OSPF 协议中的一些重要概念

1) OSPF 进程号

OSPF 进程号用于标识本设备中的 OSPF 的进程，一个设备有一个进程号，一台设备上的 OSPF 协议可以开多个进程。该进程号本地有效，只在本地进行标识。

2) Router ID

Router ID 是一个 32 位的无符号整数，用来唯一标识一台路由器。每一台运行 OSPF 的路由器都需要一个 Router ID。Router ID 一般需要手工配置，将其配置为该路由器的某个接口的 IP 地址。因为 IP 地址是唯一的，所以这样就能保证 Router ID 的唯一性。

在没有手工配置 Router ID 时，路由器会自动从当前所有接口的 IP 地址中自动选举一个 IP 地址作为 Router ID。中兴通讯公司路由器的选择规则如下：

(1) 如果在设备上已经配置了 Loopback 接口地址，则 Router ID 为所有 Loopback 接口地址中最小的 IP 地址。

(2) 如果没有配置 Loopback 接口，则设备选择第一个先激活的接口 IP 地址为 Router ID。

(3) 如果有多个已经激活的接口，则设备选择其中最小的 IP 地址为 Router ID。

Router ID 是全局唯一的，选定后一般不变，除非重启 OSPF 进程。

3) Interface

Interface 指运行 OSPF 协议的接口，它会周期性地发送 Hello 包，查找发现邻居。

4) 邻居和邻接

某台 OSPF 路由器启动后，会通过 OSPF 接口向外发送 Hello 报文。收到 Hello 报文的其他 OSPF 路由器检查报文中所定义的参数，如果双方一致就会形成邻居关系。在邻居关系基础上，同步链路状态信息数据库后，它们就形成了邻接关系。邻居表包含了所有建立联系的邻居路由器。

5) DR 和 BDR

在一个广播型多路访问环境中，路由器必须选举一个 DR(Designated Router，指定路由器)和 BDR(Backup Designated Router，备份指定路由器)来标识这个网络。DR 和 BDR 的选举是为了减少网络上的 OSPF 流量。网段上的其他路由器都和 DR 构成邻接关系，而不是它们互相之间构成邻接关系。当 DR 出现问题时，就由 BDR 接手 DR 的工作，同时会再选举出一个 BDR。

6) COST 值

路由器到达某个目的地的 COST 值，是转发路径上设备出端口的 COST 值之和。缺省情况下，OSPF 的 COST 值为 10^8 除以链路带宽。

3. OSPF 的区域划分

随着网络规模日益扩大，网络中的路由器数量不断增加。当一个巨型网络中的路由器都运行 OSPF 路由协议时，就会遇到如下问题：

- 路由器数量的增多会导致 LSDB 非常庞大，这会占用大量的存储空间。

• LSDB 的庞大会增加运行 SPF 算法的复杂度，导致设备 CPU 负担很重。同时，两台路由器之间达到 LSDB 同步也会需要较长时间。

• 网络规模增大之后，拓扑结构发生变化的概率也增大，为了同步这种变化，网络中会有大量的 OSPF 协议报文在传递，这就降低了网络带宽的利用率。

• 每一次变化都会导致网络中所有的路由器重新进行路由计算。

OSPF 可通过划分区域(Area)来解决上述问题，从而减少 LSA 的数量、屏蔽网络变化波及的范围。

区域是从逻辑上将路由器划分到不同的组，每个组用区域号(Area ID)来标识。如图 4-21 所示，路由器 A、B、C、D 在 Area 0 中，路由器 I、J、K、L 分别属于 Area 1、Area 2、Area 3、Area 4。Area 0 被称为骨干区域(BackBone Area)。

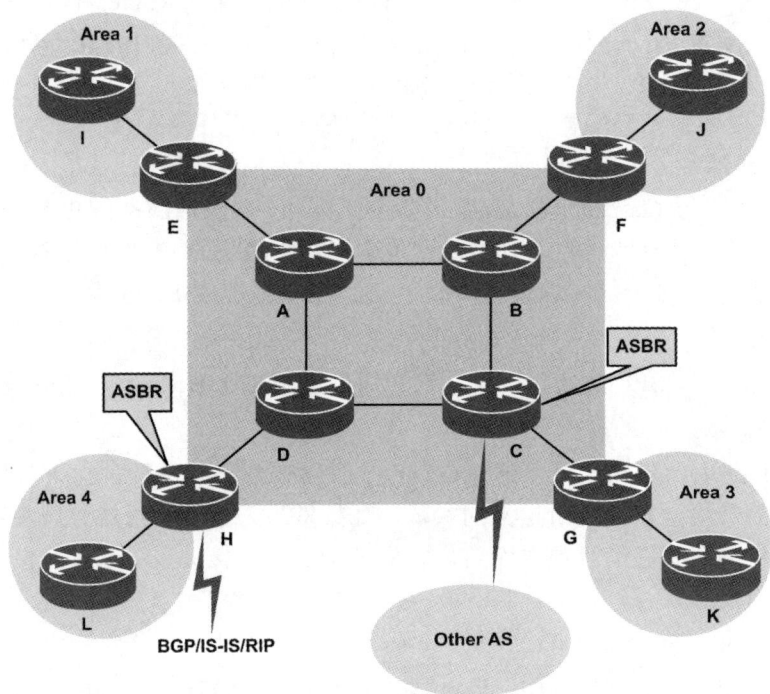

图 4-21　OSPF 区域划分示意图

区域的边界是路由器，而不是链路。一个路由器可以属于不同的区域，但是一个网段(链路)只能属于一个区域，即每个运行 OSPF 路由器的接口必须被指明只属于一个确定的区域。

如果自治系统被划分成多个区域，则必须有一个区域是骨干区域，且保证其他区域与骨干区域直接相连或逻辑上相连，并且骨干区域自身也必须是连通的。ABR(Area Border Router，区域边界路由器)是位于一个或多个 OSPF 区域边界上的路由器，它将这些区域连接到主干网络。图 4-21 中的路由器 E、F、G、H 就是 ABR。

划分区域后，ABR 先根据本区域内的路由生成 LSA，然后可以根据 IP 地址的规律先将这些路由进行聚合后再生成 LSA，这样可以大大减少自治系统中 LSA 的数量。并且网络拓扑的变化先在本区域内进行同步，如果该变化会影响到聚合之后的路由，才会由 ABR 将该变化通知到其他区域。大部分的拓扑变化都会被屏蔽在区域内部，从而减少了对其他区域中路由器的影响。

4.4.2 参考案例：OSPF 配置

【案例说明】

如图 4-22 所示，使用 R1、R2 和 R3 完成网络互连，各个设备的 Router ID 如表 4-10 所示。

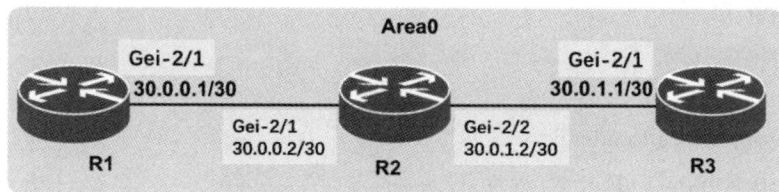

图 4-22 OSPF 基本配置实例

【案例实施】

1. 掌握基本的配置和维护 OSPF 的命令

基本的配置和维护 OSPF 的命令如表 4-9 所示。

表 4-9 基本的配置和维护 OSPF 的命令

序号	命 令	功 能
1	ZXR10(config)#router ospf <process-id> [vrf <vrf-name>]	启动 OSPF 进程，运行 OSPF 协议并进入 OSPF 协议配置模式。 "<process-id>"：进程 ID
2	ZXR10(config-ospf-process-id)#area <area-id>	创建区域。 "<area-id>"：区域 ID
3	ZXR10(config-ospf-process-id-area-id)#network <ip-address><wildcard-mask >	定义 OSPF 协议运行的接口
4	ZXR10(config-ospf-process-id)#router-id <ip-address>	配置路由器的 Router ID，建议使用 Loopback 地址作为路由器 Router ID
5	ZXR10#clear ip ospf process <process-id>	重新启动 OSPF 进程

2. 数据规划

根据组网的功能要求，数据规划如表 4-10 所示。

表 4-10 数 据 规 划

设 备	Router ID	启用接口	地 址 段
R1	1.1.1.2	gei-2/1	30.0.0.1/30
R2	1.1.1.3	gei-2/1	30.0.0.2/30
R2	1.1.1.3	gei-2/2	30.0.1.2/30
R3	1.1.1.4	gei-2/1	30.0.1.1/30

3. 配置思路

OSPF 配置步骤如下：

(1) 定义 Loopback 地址。

(2) 配置接口地址。

(3) 启动 OSPF 进程，定义区域 ID。

(4) 在接口上启用 OSPF。

4. 数据配置

路由器 R1 的配置如下：

```
R1#conf  t
R1(config)#interface loopback1
R1(config-if-loopback1)#ip address 1.1.1.2 255.255.255.255
R1(config-if-loopback1)#exit
R1(config)#interface gei-2/1
R1(config-if-gei-2/1)#ip address 30.0.0.1 255.255.255.252
R1(config-if-gei-2/1)#no shutdown
R1(config-if-gei-2/1)#exit
R1(config)#router ospf 10
R1(config-ospf-10)#area 0
R1(config-ospf-10-area-0)#network 30.0.0.0 0.0.0.3
R1(config-ospf-10-area-0)#exit
```

路由器 R2 的配置如下：

```
R2#conf  t
R2(config)#interface loopback1
R2(config-if-loopback1)#ip address 1.1.1.3 255.255.255.255
R2(config-if-loopback1)#exit
R2(config)#interface gei-2/1
R2(config-if-gei-2/1)#ip address 30.0.0.2 255.255.255.252
R2(config-if-gei-2/1)#no shutdown
R2(config-if-gei-2/1)#exit
R2(config)#interface gei-2/2
R2(config-if-gei-2/2)#ip address 30.0.1.2 255.255.255.252
R2(config-if-gei-2/2)#no shutdown
R2(config-if-gei-2/2)#exit
R2(config)#router ospf 10
R2(config-ospf-10)#area 0
R2(config-ospf-10-area-0)#network 30.0.0.0 0.0.0.3
R2(config-ospf-10-area-0)#network 30.0.1.0 0.0.0.3
R2(config-ospf-10-area-0)#exit
```

路由器 R3 的配置如下：

```
R3#conf  t
R3(config)#interface loopback1
```

R3(config-if-loopback1)#ip address 1.1.1.4 255.255.255.255

R3(config-if-loopback1)#exit

R3(config)#interface gei-2/1

R3(config-if-gei-2/1)#ip address 30.0.1.1 255.255.255.252

R3(config-if-gei-2/1)#no shutdown

R3(config-if-gei-2/1)#exit

R3(config)#router ospf 10

R3(config-ospf-10)#area 0

R3(config-ospf-10-area-0)#network 30.0.1.0 0.0.0.3

R3(config-ospf-10-area-0)#exit

5. 验证

在路由器 R3 上输入 "show ip protocol routing"，执行命令与结果如图 4-23 所示，其中 Protocol 字段标识为 OSPF 的路由是 OSPF 协议产生的路由，它的下一跳地址是 30.0.1.2，其优先级是 110，度量值是 2。

```
ZXR10#show ip protocol routing
Heads: Dest = Destination, Prf\RoutePrf = Router preference,
       Metric\RouteMetric = Router metric
Codes: OSPF-3D = ospf-type3-discard, OSPF-5D = ospf-type5-discard, TE = rsvpte,
       OSPF-7D = ospf-type7-discard, USER-I = user-ipaddr, RIP-D = rip-discard,
       OSPF-E = ospf-ext, ASBR-V = asbr-vpn, GW-FWD = ps-busi, GW-UE = ps-user,
       BGP-AD = bgp-aggr-discard, BGP-CE = bgp-confed-ext, NAT64 = sl-nat64-v4,
       USER-N = user-network, USER-S = user-special, DHCP-S = dhcp-static,
       DHCP-D = dhcp-dft, VES = video-enhanced-service,
       HAGP = hybrid-access-gateway-protocol
Marks: *valid, >best, s-stale

     Dest            NextHop         RoutePrf    RouteMetric Protocol
*>   1.1.1.4/32      1.1.1.4         0           0           Address
 *   1.1.1.4/32      1.1.1.4         0           0           Direct
*>   30.0.0.0/30     30.0.1.2        110         2           OSPF
*>   30.0.1.0/30     30.0.1.1        0           0           Direct
*>   30.0.1.1/32     30.0.1.1        0           0           Address
```

图 4-23　命令 "show ip protocol routing" 的执行结果

在路由器 R3 上继续输入 "show ip ospf"，检查 OSPF 的状态，可以看出 Router ID 是 1.1.1.4，OSPF 的状态为 Enable，如图 4-24 所示。

```
ZXR10(config)#show ip ospf
OSPF 10 Router ID 1.1.1.4 enable
 Domain ID type 0x5,value 0.0.0.10
 Enabled for 00:26:49,Debug on
 Number of areas 1, Normal 1, Stub 0, NSSA 0
 Number of interfaces 1
 Number of neighbors 1
 Number of adjacent neighbors 1
 Number of virtual links 0
 Total number of entries in LSDB 6
 Number of ASEs in LSDB 0, Checksum Sum 0x00000000
 Number of grace LSAs 0
 Number of new LSAs received 17
 Number of self-originated LSAs 12
 Number of non self-originated LSAs 4
 Hold time between consecutive SPF 1 secs
 TTL security disabled
 Microloop-prevention remote-lfa enabled, delay time 3000 ms
 Non-stop Forwarding disabled, last NSF restart (no NSF restart) ago (took 0 sec
s)

     Area 0.0.0.0 enable (Demand circuit available)
        Enabled for 00:26:45
        Area has no authentication
        Times spf has been run 16
        Times incremental spf has been run 0
        Number of interfaces 1. Up 1
        Total number of intra/inter entries in LSDB 6. Checksum Sum 0x00022370
        Area-filter out not set
        Area-filter in not set
        Area ranges count 0
```

图 4-24　OSPF 状态查询

在路由器 R3 上 ping R1 的接口地址 30.0.0.1，可以 ping 通，如图 4-25 所示。

```
ZXR10(config)#ping 30.0.0.1
sending 5,100-byte ICMP echo(es) to 30.0.0.1,timeout is 2 second(s).
!!!!!
Success rate is 100 percent(5/5),round-trip min/avg/max= 10/16/40 ms.
[finish]
```

图 4-25   ping 测试结果

4.4.3   任务实施：配置路由器 OSPF 路由

按照表 4-11 的要求实施任务。

表 4-11   任 务 实 施 表

任务	配置路由器 OSPF 路由		
序号	子 任 务	输 出	评估方法和标准
1	给校园网的路由器进行 OSPF 数据规划	校园网路由器 OSPF 数据规划	数据规划合理且完备
2	在校园网的路由器上配置 OSPF 数据	输出配置脚本	脚本正确
3	配置验证，分别执行命令"show ip protocol routing"和"show ip ospf"	输出结果截图	截图展示内容正确
4	ping 测试	在所有楼的计算机之间互相 ping	ping 测试计算机互通

4.4.4   任务拓展：OSPF 路由负荷分担配置

如图 4-26 所示，R1 和 R2 通过两条链路建链，数据在两条路由之间负荷分担，请完成路由器 R1 与 R2 的数据规划、数据配置和业务验证。

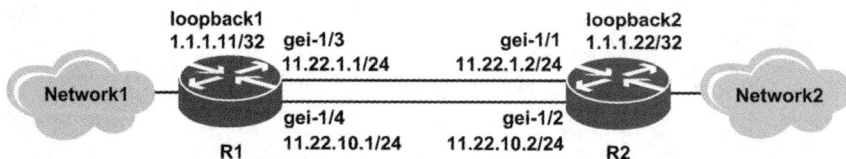

图 4-26   OSPF 负荷分担组网

4.5   任务 16   配置路由器的 BGP 路由

考虑到本书开头所给出的总体任务的表 1 的需求标识栏中 V.2 的要求，与采用 IS-IS 协议的另外一个校园网互联，完成该任务，具体包括：

(1) 规划校园网 BGP 协议的相关参数；

(2) 给路由器配置 BGP 协议;

(3) 检查确认路由器是否生成 BGP 动态路由;

(4) 使两个校园网的任意两台计算机之间可以互通;

(5) 输出过程文档。

4.5.1 知识准备: 动态路由 BGP

1. AS 概念

当今 Internet 由数亿台主机组成,路由信息巨大,处理困难。同时,因特网包括很多的 ISP 网络、企业网络、服务网络等,每个网络都运行着各自的路由协议,采用不同的路由策略,因此网络之间的路由协同存在很大的困难。

针对上述的两个问题,将一个网络或者处在相同的路由策略管理之下的多个网络作为一个区域,即 AS。一个 AS 中的路由器运行着相同的路由协议并且采用相同的路由策略,例如,都采用 OSPF 协议,采用相同的 Metric 定义,这种协议叫作 IGP(Interior Gateway Protocol,内部网关协议)。而在不同的 AS 内的路由器可以运行不同的 AS 内部路由协议,但是不同的 AS 由于采用了不同的路由协议,那么 AS 之间的路由该如何产生? 这就需要一种 EGP(Exterior Gateway Protocol,外部网关协议)负责在 AS 之间交换可达性信息从而生成 AS 之间的路由表。

AS 指示符是一个 16 位的值,其范围为 1~65 535,其中 1~32 767 可供分配,32 768~64 511 暂时保留,64 512~65 534 用于私有 AS(类似于 IP 地址中的私网地址)。最新的版本也支持 32 位的 AS,其范围为 65 536~4 294 967 295 或 0~65 535。

2. BGP 定义

BGP(Border Gateway Protocol,边界网关协议)是一种既可以用于不同 AS 之间,又可以用于同一 AS 内部的动态路由协议。当 BGP 运行于同一 AS 内部时,被称为 IBGP(Internal BGP,内部 BGP);当 BGP 运行于不同 AS 之间时,被称为 EBGP(External BGP,外部 BGP)。

在 BGP 协议中,每个 AS 内部都有许多 BGP 边界路由器,这个 BGP 边界路由器是自治系统内部路由的代理,不同 AS 之间交换路由都是在 BGP 边界路由器之间建立 TCP 连接,在此连接上交换 BGP 报文以建立 BGP 会话。两个建立 BGP 会话的路由器互为 BGP 对等体,BGP 对等体之间可以交换路由表。BGP 路由器拓扑结构如图 4-27 所示。

建立了 BGP 会话连接的路由器被称作对等体(Peers)或邻居(Neighbors)。对等体的连接有两种模式,即 IBGP 和 EBGP。如果两个交换 BGP 报文的路由器属于同一个自治系统,那么这两台路由器就是 IBGP 的连接模式;如果两个交换 BGP 报文的路由器属于不同的自治系

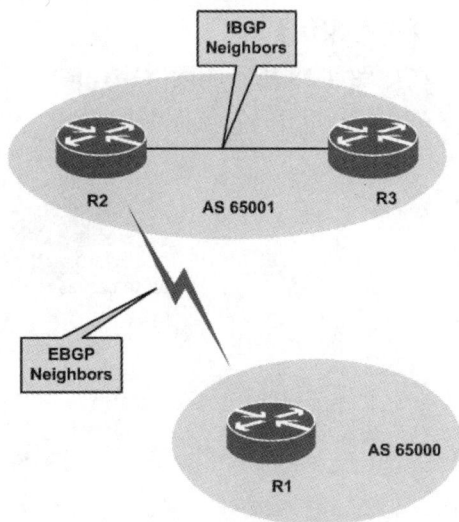

图 4-27 BGP 路由器拓扑结构

统,那么这两台路由器就是 EBGP 的连接模式。图 4-27 中的 R1 和 R2 是 EBGP 邻居,R2 和 R3 是 IBGP 邻居。

3. BGP 工作过程

1) 建立 BGP 邻居关系

运行 BGP 的路由器通常被称为 BGP Speaker(发言者),相互之间传递报文的 Speaker 之间互称为对等体。BGP 邻居关系的建立、更新和删除是通过对等体之间的 5 种报文、6 种状态机和 5 个表等信息来完成,最终形成 BGP 邻居。

2) 通告 BGP 路由

BGP 路由是通过在 BGP 邻居之间通告 BGP 命令而形成的,要求被 BGP 以 network 命令通告出去的路由必须在 IGP 中存在。BGP 通告路由的方法有以下三种:

- 用 network 命令通告路由。
- 用 redistribute 命令将别的路由协议学习到的路由再分配到 BGP 中。
- BGP 路由聚合通告。

常用的 BGP 通告路由的方法是使用 network 命令选择欲通告的网段,该命令指定了目的网段和掩码,这样在 IGP 路由表中准确匹配该条件的路由都将进入到 BGP 路由信息表中,被策略筛选后通告出去。

例如,在 BGP 中使用 "network 18.0.0.0 255.0.0.0" 命令后,如果路由表中有 18.0.0.0/8 网段,则会被归入到 BGP 路由信息表中。但是如果路由表中无该网段或其子网,则无路由进入到 BGP 路由信息表中。因此,有时候为了配合 BGP 路由的通告,需要在路由器上配置一些指向 Loopback 地址的静态路由。

3) 更新 BGP 路由表

BGP 设备会将最优路由加入 BGP 路由表,从而形成 BGP 路由。

4.5.2　参考案例:动态路由 BGP 配置

【参考案例】

在如图 4-28 所示的网络中,R2 运行的 IGP 协议是 OSPF,R2 的 BGP 邻居是 R1,现在 R2 想将由 OSPF 发现的网段 18.0.0.0/8 在 BGP 中进行通告,完成路由器配置。

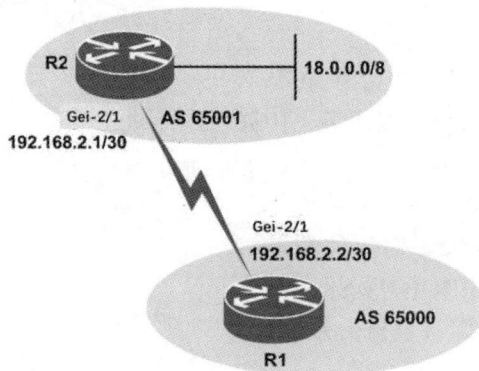

图 4-28　BGP 组网图

【案例实施】

1. 掌握基本的 BGP 配置和维护命令

基本的 BGP 配置和维护命令如表 4-12 所示。

表 4-12　基本的 BGP 配置和维护命令

序号	命　　令	功　　能
1	ZXR10(config)#router bgp <as-number>	"<as-number>"指本路由器所在的自治系统号,其范围为 1～65 535。目前也支持 4 字节的 AS,其范围为 1～4 294 967 295
2	ZXR10(config-bgp)#neighbor [<ipv4-address>|<peer-group-name>] remote-as <number>	配置一个 BGP 邻居或配置一个邻居对等体组的自治系统号。 "<peer-group-name>":peer-group 名称; "<number>":邻居属的那个自治系统,2 字节的 AS 范围为 1～65 535,4 字节的 AS 范围为 1～4 294 967 295
3	ZXR10(config-bgp)#network<ip-address> <net-mask>[route-map<map-tag>]	把要通告路由输出到 BGP 路由信息表中,这些路由可以来自己连接的路由、动态路由选择以及静态路由
4	ZXR10#show ip bgp protocol	显示本地 BGP 协议模块的配置信息
5	ZXR10#.show ip bgp neighbor	查看 BGP 邻接关系,显示当前邻居状态
6	ZXR10#show ip bgp route [networ k <ip-address>[mask <net-mask>]]	显示 BGP 路由选择表中的条目

2. 配置思路

BGP 配置步骤如下:

(1) 定义接口和地址。

(2) 定义 AS。

(3) 配置邻居。

(4) 启用 OSPF 协议。

(5) 通告路由。

3. 数据规划

根据组网要求实现的功能,数据规划如表 4-13 所示。

表 4-13　数　据　规　划

序号	设备	接　口	AS	邻　居
1	R1	gei-2/1	65000	65001
2	R2	gei-2/1	65001	65000

4. 配置步骤

路由器 R1 的配置如下：

R1#conf t

R1(config)#interface gei-2/1

R1(config-if-gei-2/1)#ip address 192.168.2.2 255.255.255.252

R1(config-if-gei-2/1)#exit

R1(config)#router bgp 65000

R1(config-bgp)#neighbor 192.168.2.1 remote-as 65001

R1(config-bgp)#exit

路由器 R2 的配置如下：

R2#conf t

R2(config)#interface gei-2/1

R2(config-if-gei-2/1)#ip address 192.168.2.1 255.255.255.252

R2(config-if-gei-2/1)#exit

R2(config)#router bgp 65001

R2(config-bgp)#neighbor 192.168.2.2 remote-as 65000

R2(config-bgp)#network 18.0.0.0 255.0.0.0

R2(config-bgp)#exit

R2(config)#router ospf 1

R2(config-ospf-1)#area 0

R2(config-ospf-1-area-0)#network 18.0.0.0 0.255.255.255

R2(config-ospf-1-area-0)#exit

5. 案例验证

在路由器 R1 上输入"show ip bgp route"，执行命令与结果如图 4-29 所示。

```
R1#show ip bgp route
Status codes: *-valid, >-best, i-internal, s-stale
Origin codes: i-IGP, e-EGP, ?-incomplete


  Network        NextHop      Metric   LocPrf   RtPrf   Path
*>18.0.0.0/8     192.168.2.1                     20     65001 i
```

图 4-29　显示 BGP 路由

在命令"show ip bgp route"的输出结果中，可以看到路由条目前边有"*"的路由是有效路由；带有">"标志的路由是最佳路由；带有"i"标志的路由是 IBGP 路由，没有"i"标志的路由则是 EBGP 路由或者本地产生的路由。NextHop 条目下的地址表示 BGP 路由的下一跳，若下一跳地址为全 0，则表示该路由是本路由器自我产生的。LocPrf 下的值是 BGP 学习到的路由的本地优先级，缺省是 100。Path 字段表明了该路由的起源，有 IGP、EGP、Incomplete 三种类型。

从图 4-29 中可以看到，18.0.0.0/8 网段的路由已经存在于 R1 的 BGP 路由信息表中了，下一跳是 R2 的接口地址 192.168.2.1。

4.5.3　任务实施：配置动态路由 BGP

按照表 4-14 的要求实施任务。

表 4-14　任 务 实 施 表

任务	配置动态路由 BGP		
序号	子 任 务	输 　出	评估方法和标准
1	核心机房路由器数据规划	规划数据表	数据规划合理且完备
2	配置 BGP	输出配置脚本	脚本正确
3	配置验证，执行命令"show ip bgp route"	输出结果截图	截图展示内容正确
4	业务测试：ping 测试	从校园网的一台计算机 ping 另外一个校园网的计算机	ping 测试计算机互通

模 块 总 结

本模块主要讲解了直连路由、静态路由、OSPF 协议和 BGP 协议的基本概念及配置方法，这是计算机网络中应用最为广泛的路由方法和路由协议。

直连路由最为简单，只要给路由器接口配置地址并且激活接口，路由器就会自动生成连接本地址和本网段的直连路由，标识是 Direct。

静态路由是网络管理员手动配置在路由器上的路由，一般在网络的末端路由器上配置，配置方便，但是维护麻烦。特别注意，静态路由必须成对配置，若一个路由器上配置了静态路由，则下一跳的路由器必须配置到此路由的逆向路由，因为回程的数据必须要有回程的路由。

OSPF 协议是基于状态的动态路由协议，配置方便，但是配置时要明确区域、OSPF 进程、Router ID、接口、地址等信息。

BGP 协议因为自身不能产生路由，所以需要引入其他协议的路由(如 IGP 或者静态路由等)，并将其注入 BGP 路由表，从而使这些路由在 AS 之内和 AS 之间传播。BGP 引入路由时支持 Import 和 Network 两种方式：Import 方式是按协议类型，将 RIP 路由、OSPF 路由、IS-IS 路由、静态路由和直连路由等某一协议的路由注入 BGP 路由表；Network 方式比 Import 方式更精确，它是将指定前缀和掩码的一条路由注入 BGP 路由表。

模块 5 配置 ACL 限制网络访问

在组网中，经常会要求对网络进行基本的安全控制，比如限制网络某方面的流量或者拒绝某些人访问网络，防火墙可以很简单地实现这些功能，路由器也可以通过配置 ACL 来达到同样的目的。本项目设置了两个 ACL 应用案例，让读者熟悉 ACL 的原理和配置方法，并能够在组网中灵活地应用 ACL 对网络进行控制，从而保障网络安全。

知识目标

(1) 掌握 ACL 的定义，熟悉 ACL 的工作原理；
(2) 掌握标准 ACL 和扩展 ACL 的配置方法。

技能目标

(1) 能根据实际网络需求配置标准 ACL；
(2) 能根据实际网络需求配置扩展 ACL。

5.1 任务 17 实施 ACL 标准列表

考虑到本书开头给出的总体任务的表 1 的需求标识栏中 Ⅵ.2 至 Ⅵ.4 的要求，办公楼、教学楼的计算机可以访问所有的服务器，宿舍楼的计算机仅能访问娱乐服务器，宿舍楼的计算机禁用 FTP 协议。要在核心机房的路由器上通过配置标准访问控制列表来实现此需求，因此本任务的具体要求如下：

(1) 给校园网做标准 ACL 数据规划；
(2) 在校园网的路由器上配置标准 ACL；
(3) 验证 ACL 结果；
(4) 输出过程文档。

5.1.1　知识准备：ACL 相关知识

ACL(Access Control List，访问控制列表)是一种基于包过滤的访问控制技术，它可以根据设定的条件对接口上的数据包进行过滤，允许其通过或丢弃。访问控制列表被广泛应用于路由器和三层交换机。借助于访问控制列表，可以有效地控制用户对网络的访问，从而最大程度地保障网络安全。

ACL 由一条或多条描述报文匹配条件的判断语句的规则组成，这些条件可以是基于报文的源地址、目的地址、端口号和协议等组合而成的允许或者拒绝的逻辑判断关系。设备基于这些规则进行报文匹配，可以过滤出特定的报文，并根据应用 ACL 的业务模块的处理策略来允许或阻止该报文通过。

1. ACL 的组成

ACL 由下面几个部分组成：

(1) ACL 标识：使用数字或名称来标识 ACL。不同类型的 ACL 可以使用不同的数字进行标识，也可以使用字符来标识，就像用域名代替 IP 地址一样方便记忆。

(2) 规则：描述匹配条件的判断语句。

(3) 规则编号：用于标识 ACL 规则，所有规则均按照规则编号从小到大进行排序。

(4) 动作：包括 permit(允许)/deny(拒绝)两种动作，表示设备对所匹配的数据包接收或者丢弃。

(5) 匹配项：ACL 定义了极其丰富的匹配项，包括 IP 协议(如 ICMP、TCP、UDP 等)、源/目的地址以及相应的端口号(如 21、23、80 等)。

2. ACL 工作原理

在 ACL 定义完成后，需要将其应用在设备的接口上。目标端口执行 ACL 的哪条规则，需要按照 ACL 规则列表中的条件语句的执行顺序来判断。如果一个数据包的报头与表中某个条件判断语句相匹配，那么后面的语句就将被忽略，不再进行检查。数据包只有在与第一个判断条件不匹配时，它才会被交给 ACL 中的下一个条件判断语句进行比较。如果匹配则无论是第一条还是最后一条语句，数据都会立即发送到目的接口。如果所有的 ACL 判断语句都检测完毕，仍没有匹配的语句出口，则该数据包将视为被拒绝而被丢弃，最后这条语句通常称为隐式的"deny any"(拒绝所有)语句，该语句在配置中不需要配置，因为 ACL 一旦启用，默认都是拒绝所有。所以在 ACL 配置的最后要增加一条"permit any"语句，否则默认情况下 ACL 将阻止所有流量。

当 ACL 应用在数据接收的方向即入口时，它的工作过程如图 5-1 所示。数据包进入路由器后，首先检查是否应用了 ACL。如果接口没有应用 ACL，则数据直接匹配路由表，若路由成功则将数据从路由器连接的下一跳地址的接口发出，若路由失败则将该数据丢弃。如果接口应用了 ACL，则首先匹配 ACL，如果匹配 ACL 成功，则数据继续匹配路由表，路由成功则转发数据，路由失败则丢弃数据；如果匹配 ACL 失败，则数据直接被丢弃。

图 5-1　入接口 ACL 工作过程

当 ACL 应用于路由器的出接口方向时，其工作过程如图 5-2 所示。数据包进入路由器后，首先匹配路由表，如果没有匹配的路由，则该数据包被直接丢弃；如果匹配路由成功，由于接口应用了 ACL，则检查是否匹配 ACL。如果没有匹配 ACL，则数据直接从路由器的连接下一跳地址的接口发出。如果匹配 ACL，则进行 ACL 匹配控制，若匹配第一条规则，则不再往下检查，ACL 将决定允许该数据包通过或拒绝通过；若不匹配第一条规则，则依次往下检查，直到有任何一条规则匹配，ACL 才决定允许该数据包通过或拒绝通过；若没有任何一条规则匹配，则路由器根据默认的规则将丢弃该数据包。

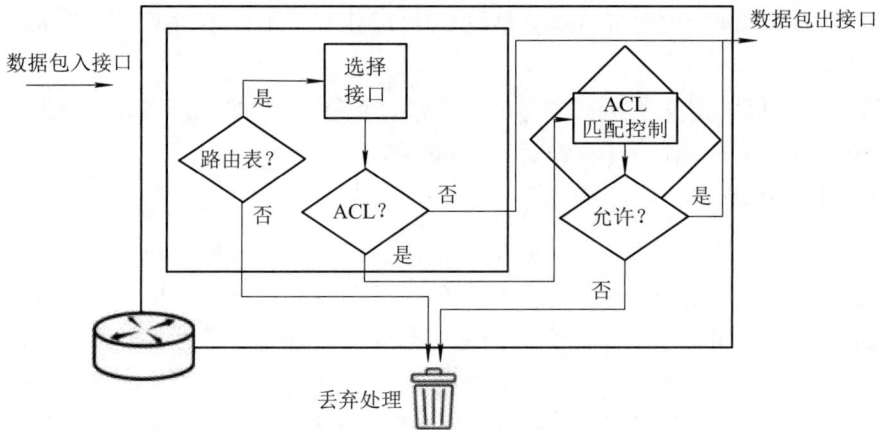

如果没有访问列表语句匹配，则丢弃该包

图 5-2　出接口 ACL 工作过程

从节省资源的角度考虑，ACL 一般应用于靠近限制对象最近的路由器的数据入口方向。

3. ACL 分类

ACL 主要有标准 ACL 和扩展 ACL 两种。

标准 ACL 是以源 IP 地址作为过滤标准，只能粗略地限制某一大类协议，如 IP 协议。标准的 ACL 使用 1～99 以及 1300～1999 之间的数字作为表号。它可以阻止来自某一网络的所有通信流量，或者允许来自某一特定网络的所有通信流量，或者拒绝某一协议族(如 IP)的所有通信流量。

扩展的 ACL 使用 100～199 以及 2000～2699 之间的数字作为表号。扩展 ACL 比标准

ACL 提供了更广泛的控制范围，可以把源 IP 地址、目的 IP 地址、协议类型、源端口号和目标端口号作为过滤条件，可以精确地限制到某一种具体的协议。这五个参数组成了 ACL 五元组，是扩展 ACL 实现复杂过滤功能的基础，如图 5-3 所示。例如，网络管理员如果希望做到"允许外来的 Web 通信流量通过，拒绝外来的 FTP 和 Telnet 等通信流量"，使用扩展 ACL 定义如下规则就可以达到目标：

(1) 规则 1：允许 HTTP 协议流量。

(2) 规则 2：拒绝 FTP 协议流量。

(3) 规则 3：拒绝 Telnet 协议流量。

(4) 规则 4：允许所有。

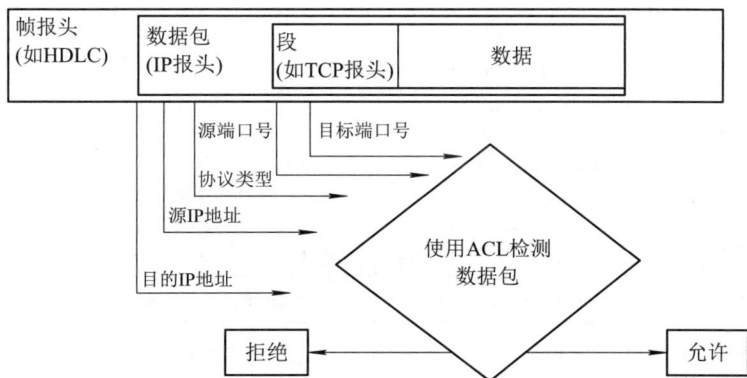

图 5-3　ACL 五元组

5.1.2　参考案例：标准 ACL 配置

【案例说明】

学校某教研室有两台计算机(A 和 B)连接到一台交换机上，交换机连接到路由器上，路由器连接上网端口，如图 5-4 所示。现要求 A 主机不能访问外网，B 能正常访问外网，请完成路由器数据规划、配置及验证。

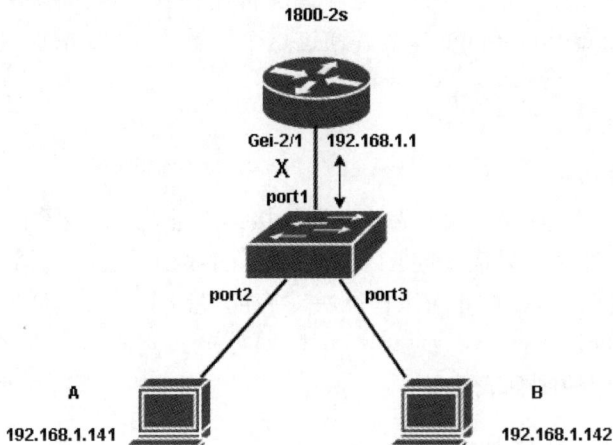

图 5-4　网络连接图

【案例实施】

1. 掌握基本的 ACL 配置和维护命令

基本的 ACL 配置和维护命令如表 5-1 所示。

表 5-1　基本的 ACL 配置和维护命令

序号	命　令	功能和参数
1	ZXR10(config)#ipv4-access-list <name>	创建/配置 ACL 列表
2	ZXR10(config-ipv4-acl)#rule [<rule-id >]{permit | deny} {< source>[< source-wildcard>] | any}[time-range <time-range-name>][log]	配置标准的基于源地址的 ACL 规则
3	ZXR10(config)#ipv4-access-group interface <interface-name> {ingress | egress}<acl-name>	在全局模式下，将一个 ACL 绑定到一个或多个接口的指定方向
4	ZXR10(config-if-interface-name)#ipv4-access-group {ingress | egress}<acl-name> }	在接口模式下，绑定一个 ACL 到当前接口的指定方向
5	ZXR10(config-ipv4-acl)#no rule {<rule-id >| all }	删除指定 ACL 规则/所有规则
6	ZXR10#show ipv4-access-lists [|{begin|exclude|include}]	显示 ACL 列表信息

表 5-1 中命令参数的含义如下：

• <rule-id>：规则在 ACL 表中的唯一标识，该 ID 决定了规则在表中的顺序，范围为 1～99 或者 1300～1999，如果不指定 rule-id，则系统默认插入表的末位，并按默认初始序号和步长来分配 rule-id(默认初始序号为 10，默认步长为 10)。

• <source-wildcard>：在 ACL 中，列表策略要对源地址进行严格检查，一般采取"地址 IP+通配符掩码"的方式检查。通配符掩码用 0 表示严格检查，用 1 表示不检查。例如，若主机地址为 172.16.1.1，通配符掩码为 0.0.0.0，则说明 32 位都要检查；若网络地址为 172.16.0.0/16，通配符掩码为 0.0.255.255，则说明检查 16 位；若子网为 172.16.1.0/24，通配符掩码为 0.0.0.255，则说明 24 位要检查；若通配符掩码为 255.255.255.255，IP 地址为任意 IP，则说明不检查源地址。由此可见，通配符掩码其实就是网络掩码的反码。

• time-range：设置 time-range 参数，通过这个配置为 ACL 增加时间属性，使 ACL 仅在指定时段生效。

• log：统计计数。

2. 配置思路

网络的 2 台计算机配置默认网关为路由器的接口地址，通过这个网关访问外部网络。如果想控制计算机访问外网，只需要阻止某些计算机的数据通过路由器，因此可以在路由器上配置拒绝某主机数据的 ACL 并应用在网关对应的接口上。其具体步骤如下：

(1) 定义接口地址。

(2) 定义标准访问控制列表。

(3) 定义规则。

(4) 将访问控制列表绑定到接口。

3. 数据规划

根据案例要求实现的功能，数据规划如表 5-2 所示。

表 5-2 数 据 规 划

序号	设 备	接 口	地 址	ACL 策略	数据控制方向
1	PC-A		IP:192.168.1.141/24 GW:192.168.1.1	阻止	
2	PC-B		IP:192.168.1.142/24 GW:192.168.1.1	允许	
3	路由器	gei-2/1	192.168.1.1/24		IN

4. 路由器配置

路由器配置如下：

ZXR10>en 18 /*输入密码。密码一般为 zxr10，输入字符不可见*/

ZXR10#config terminal

ZXR10(config)#interface gei-2/1

ZXR10(config)#no shutdown

ZXR10(config-if-gei-2/1)#ip add 192.168.1.1 255.255.255.0

ZXR10(config-if-gei-2/1)#exit

ZXR10(config)#ipv4-access-list test

ZXR10(config-ipv4-acl)#rule 10 deny 192.168.1.141 0.0.0.0

ZXR10(config-ipv4-acl)#rule 20 permit any

ZXR10(config-ipv4-acl)#exit

ZXR10(config)#ipv4-access-group interface gei-2/1 ingress test

ZXR10(config)#exit

5. 案例验证

在路由器上输入 "show ipv4-access-groups"，查询路由器的 ACL 配置，如图 5-5 所示，ACL 绑定的接口是 gei-2/1，Direction(方向)是 Ingress(入)。

```
ZXR10#show ipv4-access-groups
Interface name|vlan                Direction  ACL name
---------------------------------------------------------
gei-2/1                            Ingress    test
```

图 5-5 路由器 ACL 配置结果

分别在两台计算机上 ping 路由器的 192.168.1.1 地址，看是否可以 ping 通。经过测试，B 可以 ping 通 192.168.1.1，A 无法 ping 通 192.168.1.1，因为 ACL10 应用于路由器接口 gei-2/1 的入方向，所以先匹配 ACL 再路由。A ping 的时候，源地址是 192.168.1.141，匹配 ACL 的第一条规则 "deny 192.168.1.141 0.0.0.0" 成功，数据被直接丢弃，因此 A 无法 ping 通 192.168.1.1。而 B ping 的时候，源地址是 192.168.1.142，匹配 ACL 的第一条规则失败，接着匹配下一条规则 "permit any" 成功，允许数据通过，因此 B ping 192.168.1.1 是通的。

5.1.3 任务实施：配置标准 ACL

按照表 5-3 的要求实施任务。

表 5-3 任务实施表

任务	配置标准 ACL		
序号	子 任 务	输 出	评估方法和标准
1	标准 ACL 数据规划	标准 ACL 数据规划表	规划数据准确且完备
2	配置标准 ACL	输出配置脚本	脚本正确
3	执行命令 "show ipv4-access-groups"	输出结果截图	截图展示内容正确
4	ping 测试	输出 ping 测试截图	A ping 路由器接口不通，B ping 路由器接口通

5.1.4 任务拓展：标准 ACL 的应用

学校某教研室有两台计算机(A 和 B)连接到一台交换机上，交换机连接到路由器上，路由器连接上网端口，如图 5-6 所示。要求 A 主机不能访问 Server 服务器，B 能正常访问。请完成数据规划、数据配置和业务验证。

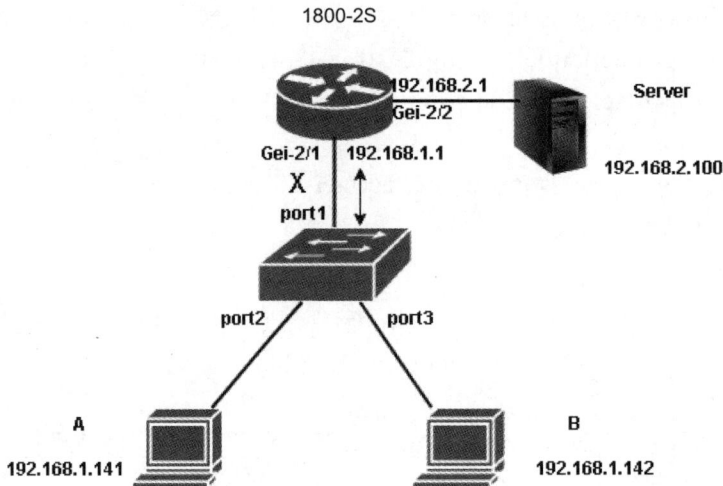

图 5-6 ACL 组网图

5.2 任务 18 实施 ACL 扩展列表

考虑到本书开头给出的总体任务的表 1 的需求标识栏中 Ⅵ.2 至 Ⅵ.4 的要求，办公楼、教学楼的计算机可以访问所有的服务器，宿舍楼的计算机仅能访问娱乐服务器，宿舍楼的计算机禁用 FTP 协议。要在核心机房的路由器上通过配置扩展访问控制列表来实现此需求，因此本任务具体要求如下：

(1) 扩展 ACL 数据规划；

(2) 在核心机房路由器上配置扩展 ACL；

(3) 验证访问控制；

(4) 输出过程文档。

5.2.1　知识准备：扩展 ACL 概述

在网络上仅允许或者拒绝某个源 IP 地址的数据很难解决一些具体的流量或者安全问题，但是如果可以根据目标 IP 地址、源 IP 地址、协议、端口等多个条件组合来匹配，就可以实现更灵活、更精确的网络控制，这就需要用到扩展访问控制列表。扩展访问控制列表更加灵活，条件可以更加细化，可使用 IPv4 报文的源 IP 地址、目的 IP 地址、IP 协议类型、ICMP 类型、TCP 源/目的端口号和 UDP 源/目的端口号，甚至生效时间段等来定义规则。具体扩展访问控制列表的知识请参考任务 17。

5.2.2　参考案例：扩展 ACL 配置

【参考案例】

学校某后勤部门有两台主机(A 和 B)连接到一台交换机上，交换机连接一个路由器访问外网，如图 5-7 所示。为了保证网络安全，防止有人通过远程登录方式修改或者删除路由器数据，因此要求禁止用户通过远程登录的方式访问路由器。

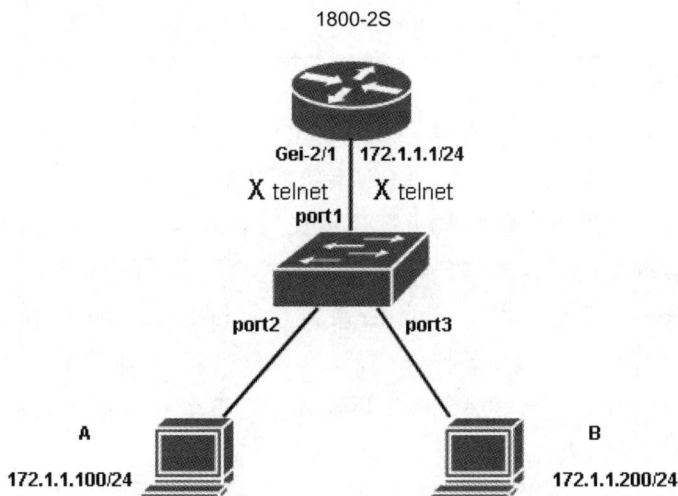

图 5-7　网络拓扑图

【案例实施】

1. 掌握扩展 ACL 的基本配置命令

扩展 ACL 的基本配置命令如表 5-4 所示。

表 5-4　扩展 ACL 的基本配置命令

序号	命　　　令	功　　能
1	ZXR10(config-ipv4-acl)#rule [<rule-id >]{permit | deny}{< 0-255>| ip |<protocol-type> }{<source><source-wildcard >]| any}{ <destination><destination-wildcard>| any}[{ tos <tos-value> | precedence < precedence-value>| dscp <dscp-value> }][range <1-255>- <1-255>}][fragments] [ttl {{eq | ge | le | neq}< TTL_value>| range <TTL_ValueRange> }][time-range <time-range-name>][log]	配置扩展的 ACL 规则
2	ZXR10(config-ipv4-acl)#rule [<rule-id >]{permit | deny} tcp { <source>< source-wildcard>|any}[{< operator>{< 0-65535>|< source-porttype>} | range <0-65535>-<0-65535>}]{ <destination>< destination-wildcard>| any}[{ <operator>{ <0-65535>| <destination-porttype> }| range < 0-65535>-< 0-65535>}] [{[established] ,[syn {+ | -}]}][{tos <tos-value>| precedence <precedence-value> | dscp <dscp-value>}][fragments][ttl {{eq | ge | le | neq }<TTL_value> | range <TTL_ValueRange>}][time-range <time-range-name>][log]	配置基于 TCP 协议的 ACL 规则
3	ZXR10(config-ipv4-acl)#rule [<rule-id >]{permit | deny} udp { <source>< source-wildcard>|any}[{< operator>{< 0-65535>|< source-porttype>} | range <0-65535>-<0-65535>}]{ <destination>< destination-wildcard>| any}[{ <operator>{ <0-65535>| <destination-porttype> }| range < 0-65535>-< 0-65535>}] [{tos < tos-value>| precedence <precedence-value> | dscp <dscp-value>}][fragments][ttl {{eq | ge | le | neq }<TTL_value> | range <TTL_ValueRange>}][time-range <time-range-name>][log]	配置基于 UDP 协议的 ACL 规则

表 5-4 中命令参数的含义如下：

• <rule-id>：规则在 ACL 表中的唯一标识，该 ID 决定了规则在表中的顺序，范围为 100～199 或者 200～2699。如果不指定 rule-id，则系统默认插入表的末位，并按默认初始序号和步长来分配 rule-id(默认初始序号为 10，默认步长为 10)。

• <0-255>：要匹配的协议类型，代表 IP 协议号的范围为 0～255。

• <protocol-type>：IP 协议类型，可以是关键字 igmp、gre、ospf、pim、vrrp 中的一个。

• <operator> range：针对端口的操作类型，可以是关键字 eq(等于)、ge(大于等于)、le(小于等于)、range(属于)中的一个，其中 range 后需要指定 2 个 port 操作数确定一个端口区间，区间的起始值不能大于结束值。

• <source-porttype>：源端口号，其范围为 0～65 535。

• <destination-porttype>：目的端口号，其范围为 0～65 535。

• precedence<precedence-value>：优先级，其范围为 0～7。

• tos<tos-value>：ToS(服务类型)字段，其范围为 0～15。

• dscp<dscp-value>：DSCP(Differentiated Services Code Point，差分服务代码点)字段，

其范围为 0~63。

 • established：TCP 建链关键字，仅对 TCP 可用。

 • syn{+ | -}：TCP 头部 SYN 标志的取值，"-"表示校验不携带该标志的报文，"+"表示校验携带该标志的报文。

 • eq | ge | le | neq：对 TTL 的操作类型，包含关键字 eq(等于)、ge(大于等于)、le(小于等于)、neq(不等于)。

 • <TTL_value>：TTL 的值，其范围为 1~255。

 • <TTL_ValueRange>：TTL 的范围值，其范围为<1-255>~<1-255>，起始值不可大于结束值。

2. 配置思路

组网要求主机不能远程登录即不能以 Telnet 方式连接路由器，但是别的数据可以通过路由器，因此可以在路由器上启用扩展访问控制列表，拒绝 Telnet 数据而允许其他协议的数据通过。其步骤如下：

(1) 定义接口地址。

(2) 定义扩展访问控制列表。

(3) 定义规则。

(4) 将访问控制列表绑定到接口。

3. 数据规划

根据案例的功能要求，数据规划如表 5-5 所示。

表 5-5　数 据 规 划

序号	设 备	接 口	地 址	ACL 策略	方 向
1	PC A		IP:172.1.1.100/24 GW:172.1.1.1		
2	PC B		IP:172.1.1.200/24 GW:172.1.1.1		
3	路由器	gei-2/1	172.1.1.1/24	Telnet 拒绝 其他数据通过	IN

4. 路由器配置

路由器配置如下：

ZXR10>en　18

ZXR10>

ZXR10#config terminal

ZXR10(config)#interface gei-2/1

ZXR10(config)#no shutdown

ZXR10(config-if-gei-2/1)#ip add 172.1.1.1 255.255.255.0

ZXR10(config-if-gei-2/1)#exit

ZXR10(config)#ipv4-access-list test2

ZXR10(config-ipv4-acl)#rule 10 deny tcp 172.1.1.0 0.0.0.255 eq telnet 172.1.1.1 0.0.0.0

ZXR10(config-ipv4-acl)#rule 20 permit any

ZXR10(config-ipv4-acl)#exit

ZXR10(config)#ipv4-access-group interface gei-2/1 ingress test2

ZXR10(config)#exit

5. 案例验证

在路由器上输入"show ipv4-access-groups",查询路由器的扩展 ACL 配置,如图 5-8 所示。ACL 接口是 gei-2/1,Direction(方向)是 Ingress(入)。

```
ZXR10(config)#show ipv4-access-groups
Interface name|vlan              Direction  ACL name
-------------------------------------------------------
gei-2/1                          Ingress    test2
```

图 5-8　扩展 ACL 配置

在两台计算机上以 Telnet 方式登录 172.1.1.1 时,因为 ACL 禁止了 Telnet 数据,所以登录失败,如图 5-9 所示。

```
C:\Users\c>ping 172.1.1.1

正在 Ping 172.1.1.1 具有 32 字节的数据:
来自 172.1.1.1 的回复: 字节=32 时间=2ms TTL=255
来自 172.1.1.1 的回复: 字节=32 时间=1ms TTL=255

172.1.1.1 的 Ping 统计信息:
    数据包: 已发送 = 2, 已接收 = 2, 丢失 = 0 (0% 丢失),
往返行程的估计时间(以毫秒为单位):
    最短 = 1ms, 最长 = 2ms, 平均 = 1ms
Control-C
^C
C:\Users\c>telnet 172.1.1.1
正在连接172.1.1.1...无法打开到主机的连接。 在端口 23: 连接失败
```

图 5-9　以 Telnet 方式登录失败

在路由器的全局模式下输入以下命令,解除接口 gei-2/1 上绑定的访问控制列表后,A、B 可以以 Telnet 方式连接到路由器上,如图 5-10 所示。

ZXR10#config terminal

ZXR10(config)#no ipv4-access-group interface gei-2/1 ingress test2

```
Telnet 172.1.1.1

****************************************************
Welcome to ZXR10 ZSR Serial Router of ZTE Corporation
****************************************************

Username:
```

图 5-10　以 Telnet 方式连接成功

5.2.3　任务实施：配置扩展 ACL

按照表 5-6 的要求实施任务。

表 5-6　任 务 实 施 表

任务	配置扩展 ACL		
序号	子 任 务	输　出	评估方法和标准
1	扩展 ACL 数据规划	规划数据表	规划数据准确且完备
2	配置扩展 ACL	输出配置脚本	脚本正确
3	配置验证，执行命令 "show ipv4-access-groups"	输出结果截图	截图展示内容正确
4	业务验证：Telnet 测试	输出 Telnet 测试截图	A 和 B 不能以 Telnet 方式连接路由器
	取消 ACL 后进行 Telnet 测试	输出 Telnet 测试截图	A 和 B 可以以 Telnet 方式连接路由器

5.2.4　任务拓展：扩展 ACL 的应用

一个公司某部门有多台计算机连接到同一台交换机上，交换机连接到路由器上访问外网。其中计算机 A 和 B 由于安装有特殊软件，被禁止浏览网页，如图 5-11 所示。请完成数据规划、数据配置和业务验证。

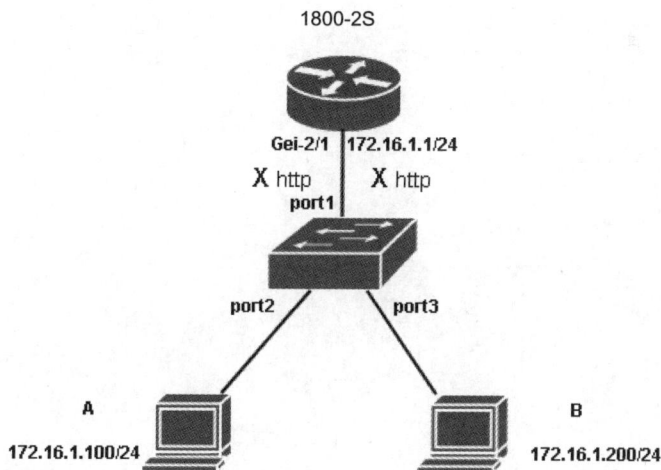

图 5-11　扩展 ACL 组网

模 块 总 结

由于路由器是根据目的 IP 地址来确定路由的，因此无法做到对数据传输的进一步细分控制。而在某些情况下，需要对某些主机、某个网段或者某些类型的流量进行控制，ACL可以实现这种要求。ACL 分为标准 ACL 和扩展 ACL。标准 ACL 只能根据源 IP 地址决定数据允许转发还是丢弃；扩展 ACL 则可以根据源 IP 地址、目的 IP 地址、协议、端口号等多个参数的组合来允许数据通过或者丢弃数据，灵活性较高，经常应用于解决网络基本的安全访问控制问题。

　　路由器启用 ACL 后，默认数据是拒绝的。数据根据 ACL 的策略一条一条地进行匹配，匹配一条则转发一条，如果匹配失败，则继续进行下一跳的匹配，如果一直匹配失败则该数据将被拒绝。因此，一个数据如果想不被拒绝，那么在 ACL 的最后需要增加一条默认数据通过的策略。

模块 6 NAT 和 PAT 实现内外网互相访问

为了解决可分配的 IPv4 地址越来越少的问题，20 世纪 90 年代提出了 NAT 和 PAT 技术。NAT 和 PAT 被广泛应用于各种类型 Internet 接入方式和各种类型的网络中，不仅完美解决了 IP 地址不足的问题，而且还能够有效地避免来自网络外部的攻击，隐藏并保护网络内部的主机和设备。本模块设置了配置路由器 NAT 和配置路由器 PAT 两个任务，讲解了 NAT 和 PAT 的工作原理及配置方法，解决了网络内外网互相访问的问题。

知识目标

(1) 了解 NAT 和 PAT 的概念及基本工作原理；
(2) 掌握 NAT 和 PAT 的配置方法；
(3) 掌握路由器配置、维护 NAT 和 PAT 的基本命令。

技能目标

(1) 会根据组网需求规划 NAT 和 PAT 数据；
(2) 会配置 NAT 和 PAT 数据。

6.1 任务 19 配置路由器 NAT

在本书开头给出的总体任务的表 1 的需求标识栏的 V.1 中，要求学校内的网络能访问外网，除在路由器上配置访问外部网的路由之外，还需要配置 NAT 将内网的 IP 地址转变为公网的 IP 地址。因此本任务具体要求如下：

(1) NAT 数据规划；
(2) 路由器的 NAT 配置；
(3) 验证计算机能否上网；
(4) 输出过程文档。

6.1.1　知识准备：NAT 相关知识

1. NAT 概述

NAT(Network Address Translation，网络地址转换)是一种地址转换技术，将内部网络的 IP 地址转变为公网的 IP 地址，来实现内部网络的主机访问公网。NAT 技术通过将私网地址转换为公网地址，可以较好地解决 IPv4 的网络地址匮乏问题；也可以有效地将私网地址对外隐藏，减少来自 Internet 上的网络攻击；还可以在两个重复使用相同私网地址的网络间进行转换，使两个私网网络能互相访问；在 IPv6 的过渡初期，可解决保持 IPv4 的后向兼容性问题，使用户能够在 IPv6 的接入环境中使用 IPv4 的应用与服务。

2. NAT 工作过程

NAT 工作过程如图 6-1 所示。

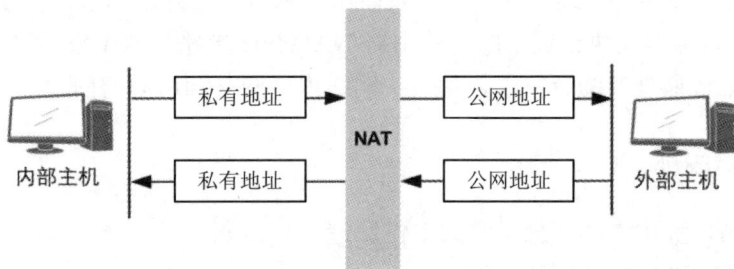

图 6-1　NAT 工作过程示意图

内部网络使用私有地址的主机访问外部网络时，NAT 设备将该内部主机的私有地址转换为外部网络唯一可识别的公网 IP 地址。

NAT 设备将外部网络返回给内部主机的公网地址映射回该主机在内部网络中的私有地址，内部主机通过 NAT 转换和外部主机进行正常通信。

在图 6-1 中，路由器的内部接口称为 Inside Domain(内部域)，而路由器的外部接口称为 Outside Domain(外部域)。

3. NAT 的分类

NAT 根据不同的地址映射关系分为静态 NAT、动态 NAT 和 PAT。在定义 NAT 时，经常使用 4 种地址来描述，即内部局部地址、外部局部地址、内部全局地址、外部全局地址。内部或外部反映了报文的来源，内部局部地址和内部全局地址表明报文是来自于内部网络的。局部或全局表明了地址的可见范围，局部地址是内部网络中可见的，全局地址则在外部网络上可见。

内部局部地址是内网中设备所使用的 IP 地址；内部全局地址对于外部网络来说，是局域网内部主机所表现的 IP 地址；外部局部地址是外部网络主机的真实地址；外部全局地址对于内部网络来说，是外部网络主机所表现的 IP 地址，外网设备所使用的真正的地址。图 6-2 中对 4 种地址进行了区分。

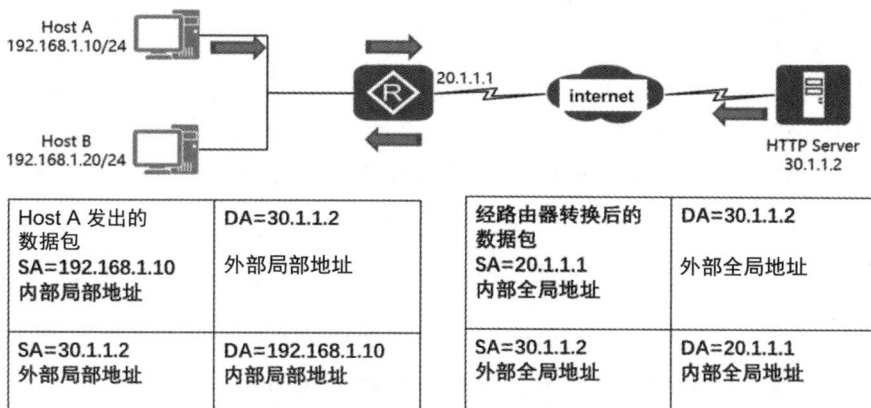

Host A 发出的数据包 SA=192.168.1.10 内部局部地址	DA=30.1.1.2 外部局部地址
SA=30.1.1.2 外部局部地址	DA=192.168.1.10 内部局部地址

经路由器转换后的数据包 SA=20.1.1.1 内部全局地址	DA=30.1.1.2 外部全局地址
SA=30.1.1.2 外部全局地址	DA=20.1.1.1 内部全局地址

图 6-2　4 种地址示意图

1) 静态 NAT

静态 NAT 在内网私有地址和外网公有地址之间建立一对一的映射关系,当一个内部主机必须被作为一个固定的外部地址访问时,可通过静态 NAT 实现。

2) 动态网络地址转换(动态 NAT)

动态 NAT 在一个内部局部地址和一个全局地址之间建立动态可复用的映射关系,该模式下使用外部公用 IP 地址池技术。

当有一个内部主机需要访问外部网络时,从公用 IP 地址池中获取一个可用的外部地址分配给该主机使用。当通信完成之后,所获取的公用 IP 地址也被释放回地址池。外部公用 IP 地址在被分配给一个内部主机通信使用时,该地址不能被再次分配给其他内部主机使用。

内部地址转换为外部地址的过程如图 6-3 所示。

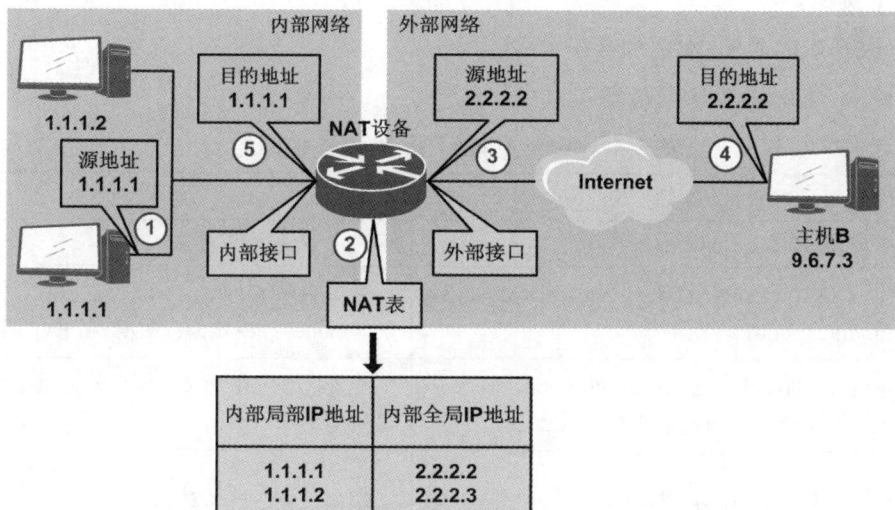

图 6-3　内部地址转换为外部地址示意图

内部地址转换为外部地址的过程如下:

步骤一：内部主机 1.1.1.1 的用户，请求建立到外部主机 B 的一个连接。

步骤二：NAT 设备(路由器)接收到来自主机 1.1.1.1 的数据包后，检查自身的 NAT 表。如果已配置了一个静态 NAT，则转到步骤三。如果没有配置静态 NAT，则选择动态转换，NAT 设备会从动态地址池选择一个合法的、安全的地址进行地址转换。

步骤三：NAT 设备使用全局地址 2.2.2.2 替换主机 1.1.1.1 的内部局部源地址，并且转发数据包。

步骤四：主机 B 接收到源地址为 2.2.2.2 的数据包后，以 2.2.2.2 为目的地址发送响应数据包。

步骤五：NAT 设备接收到目的地址为 2.2.2.2 的响应数据包后，查看 NAT 表将目的地址转换为内部局部地址 1.1.1.1，并发送响应数据包给主机 1.1.1.1。

主机 1.1.1.1 接收到响应数据包后，实现了与主机 B 的通信。NAT 设备为每一个信息包执行上述步骤二至步骤五。

6.1.2　参考案例：路由器 NAT 配置

【案例说明】

在计算机上配置私网地址，通过 ZXR10 1800-2S 路由器进行静态 NAT 转换，然后访问 Internet，如图 6-4 所示。

图 6-4　静态 NAT 转换组网图

【案例实施】

1. 掌握基本的 NAT 配置和维护命令

基本的 NAT 配置和维护命令如表 6-1 所示。

表 6-1　基本的 NAT 配置和维护命令

序号	命　　令	功　　能
1	ZXR10(config)#cgn	进入 NAT 配置模式
2	ZXR10(config-cgn)#cgn-pool <pool-name> poolid <pool-id> mode nat	配置 NAT 地址池。 "mode"：模式，有 NAT 和 PAT 两种
3	ZXR10(config-cgn-natpool)#section <section-num>{start-ip [<end-ip>]| IP/mask}	配置地址池中地址范围，格式为开始地址到结束地址
4	ZXR10(config-cgn)#domain <domain-name><domain-id> type {standalone | sr | bras }{ipv6-issued | ipv4-issued}	创建并进入域配置模式。 "standalone"：独立模式；"sr"：全业务模式；"bras"：接入模式

续表

序号	命　　令	功　　能
5	ZXR10(config-cgn-domain)#static source rule- id <rule-id>{softwire <cpe-ipv6-address> <aftr-ipv6-address><local-ip>| vrf <vrf-name> <local-ip>| public <local-ip>| cpe-ipv6-address <cpe-ipv6-address> nat64-prefix <nat64-prefix-address>}{<local-port><global-ip><global-port>{tcp | udp}|<global-ip>}[time-range <time-range-name>]	配置静态映射规则。 "<rule-id>"：静态 NAT 规则标识号，其取值范围为 1～2000；"<local-ip>"：私网源 IPv4 地址；"<global-ip>"：做 NAT 转换后的公网 IPv4 地址，此地址需为地址池里的地址；"<local-port>"：私网源端口号，若选择端口号则为 PAT 映射方式，否则为 NAT 方式，其取值范围为 1～65 535；"<global-port>"：做 NAT 后的公网端口号，若选择端口号则为 PAT 映射方式，否则为 NAT 方式，其取值范围为 1～65 535
6	ZXR10(config-cgn-domain)#dynamic source rule-id <rule-id>{ipv4-list | ipv6-list}<aclname> {deny | drop | (permit pool <pool-name> [<interface-name>])}	配置动态映射规则
7	ZXR10(config-cgn)#subscriber ipv4 {public | vrf <vrf-name> } subscriber-id < subscriber-id> nat-domain <nat-domain-id>	配置 VRF 用户，并进入用户配置模式
8	ZXR10(config-cgn-sub)#interface <interface-name>	在 VRF 用户下绑定接入接口
9	ZXR10#show cgn translations all-sessions	显示所有 NAT 条目信息

2. 配置思路

因为只有一台计算机访问网络，所以可以使用静态 NAT 方式。其步骤如下：

(1) 配置内外部接口地址。

(2) 配置 NAT 地址池。

(3) 配置域并在域中配置静态映射规则。

(4) 配置用户，将 NAT 域绑定在和计算机相连的接口上。

(5) 配置路由。

3. 数据规划

根据案例要求实现的功能，数据规划如表 6-2 所示。

表 6-2　数　据　规　划

序号	设　备	接　口	IP 地址	网　关
1	PC		100.0.0.2/24	100.0.0.1
2	R1	gei-2/1	100.0.0.1/24	
3	R1	gei-2/2	200.0.0.1/24	
4	因特网网关设备		200.0.0.2/24	

4. 配置步骤

ZXR10 1800-2S 的配置如下：

ZXR10(config)#interface gei-2/1

ZXR10(config-if-gei-2/1)#ip address 100.0.0.1 255.255.255.0

ZXR10(config-if-gei-2/1)#no shutdown

ZXR10(config-if-gei-2/1)#exit

ZXR10(config)#interface gei-2/2

ZXR10(config-if-gei-2/2)#ip address 200.0.0.1 255.255.255.0

ZXR10(config-if-gei-2/2)#no shutdown

ZXR10(config-if-gei-2/2)#exit

ZXR10(config)#ipv4-access-list test

ZXR10(config-ipv4-acl)#rule permit any

ZXR10(config-ipv4-acl)#exit

ZXR10(config)#cgn

ZXR10(config-cgn)#cgn-pool test poolid 1 mode nat

ZXR10(config-cgn-natpool)#section 1 1.2.3.1 1.2.3.10

ZXR10(config-cgn-natpool)#exit

ZXR10(config-cgn)#domain 1 1 type sr ipv4-issued

ZXR10(config-cgn-domain)#static source rule-id 1 public 100.0.0.2 1.2.3.1

ZXR10(config-cgn-domain)#exit

ZXR10(config-cgn)#subscriber ipv4 public subscriber-id 1 nat-domain 1

ZXR10(config-cgn-sub)#interface gei-0/1

ZXR10(config-cgn-sub)#exit

ZXR10(config-cgn)#exit

ZXR10(config)#ip route 0.0.0.0 0.0.0.0 200.0.0.2

5. 案例验证

在路由器上输入"show cgn translations all-sessions"，查询 NAT 配置，如图 6-5 所示，可以看到 NAT 的 Type(类型)是 Static，内部局部地址是 100.0.0.2，内部全局地址是 1.2.3.1。

```
ZXR10(config)#show cgn translations all-sessions
=========================================================================
Subscriber
    Pro    Type    Inside Local          Inside Global         Destination
=========================================================================
    ———    sta     100.0.0.2             1.2.3.1               *:*
-------------------------------------------------------------------------
Loading data from MPFU-8/0...
```

图 6-5　NAT 配置

并在计算机上使用浏览器验证是否能够正常访问 Internet。

6.1.3　任务实施：配置路由器静态 NAT

按照表 6-3 的要求实施任务。

表 6-3　任务实施表

任务	配置路由器静态 NAT		
序号	子任务	输出	评估方法和标准
1	NAT 数据规划	NAT 规划数据表	数据规划正确且完备
2	配置数据	输出配置脚本	脚本正确
3	配置验证，执行命令"show cgn translations all-sessions"	输出结果截图	截图展示内容正确
4	计算机上网	上网截图	计算机可以正常上网

6.1.4　任务拓展：配置路由器动态 NAT

在计算机上配置私网地址，通过 ZXR10 1800-2S 路由器进行动态 NAT 转换，并访问 Internet，公网 IP 地址池为 200.0.0.1～200.0.0.10，如图 6-6 所示。请完成数据规划、数据配置和业务验证。

图 6-6　动态 NAT 转换示意图

6.2　任务 20　配置路由器 PAT

在本书开头给出的总体任务的表 1 的需求标识栏的 Ⅶ.1 中，要求外网能够访问校园网的服务器，此需求可以通过在中心机房路由器上将外网地址和端口映射成内部服务器的 IP 和端口号。因此本任务具体要求如下：

(1) PAT 数据规划；

(2) 路由器 PAT 数据配置；

(3) 在外网访问学校服务器验证数据配置是否正确；

(4) 输出过程文档。

6.2.1　知识准备：PAT 相关知识

PAT(Port Address Translation，端口地址转换)又称为地址重载，通过地址与端口号绑定，在多个内部局部地址和一个全局地址之间建立映射关系。多个内部局部地址转换后可以对应同一个全局地址，但是使用的端口号不同。

如图 6-7 所示，多个内部私有地址映射到同一个外部全局地址，通过 TCP 端口号来区分。

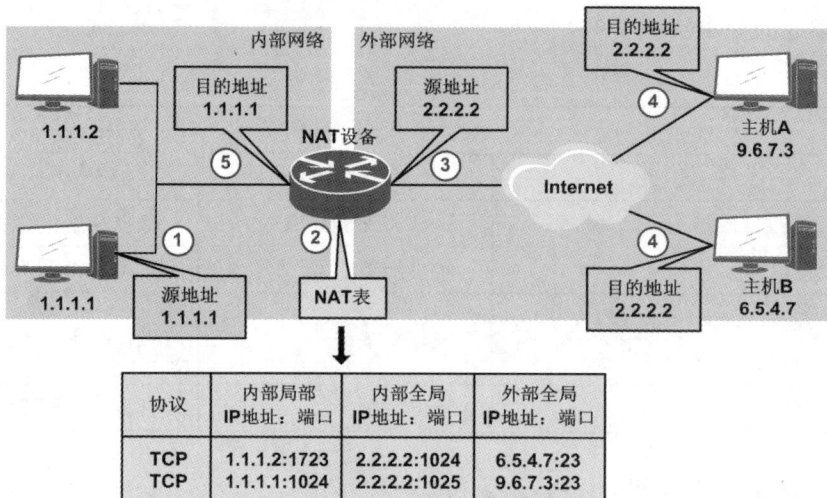

图 6-7　PAT 示意图

由图 6-7 可知，PAT 的工作过程如下：

步骤一：内部主机 1.1.1.1 的用户，请求建立到外部主机 B 的一个连接。

步骤二：NAT 设备(路由器)接收到来自主机 1.1.1.1 的数据包后，检查自身的 NAT 表。

如果 NAT 表中没有源地址 1.1.1.1 的转换条目存在，则 NAT 设备将新建一条内部局部地址 1.1.1.1 到全局地址的映射条目。

如果 NAT 表中已有源地址 1.1.1.1 的转换条目存在，则 NAT 设备将重新针对当前的"源地址"进行 PAT 转换，产生一条映射条目。重新转换是指针对当前使用的"源地址＋端口号"进行转换，这个转换条目之前是不存在的。已存在的转换条目("源地址＋已转换的端口号")会同步到底层转发层面，数据不会上送到 NAT 协议进行查找处理。

步骤三：NAT 设备使用全局地址 2.2.2.2 替换主机 1.1.1.1 的内部局部源地址，并且转发数据包。

步骤四：主机 B 接收到源地址为 2.2.2.2 的数据包后，以 2.2.2.2 为目的地址发送响应数据包。

步骤五：NAT 设备接收到目的地址为 2.2.2.2 的响应数据包后，使用协议、"全局地址＋端口"、"外部地址＋端口"等信息作为索引检查 NAT 表。检查发现该数据包响应的是主机 1.1.1.1 发送的源数据包后，NAT 设备将响应数据包的目的地址转换为内部局部地址 1.1.1.1 并发送响应数据包给主机 1.1.1.1。

主机 1.1.1.1 接收到响应数据包后，实现与主机 B 的通信。NAT 设备为每一个数据包执行上述步骤二至步骤五。

6.2.2　参考案例：路由器 PAT 配置

【参考案例】

如图 6-8 所示，在计算机上配置私网地址，通过 ZXR10 1800-2S 进行动态 PAT 转换后，可以访问 Internet。

图 6-8　PAT 配置组网图

【案例实施】

1. 掌握基本的 PAT 配置和维护命令

基本的 PAT 配置和维护命令如表 6-4 所示。

表 6-4　基本的 PAT 配置和维护命令

序号	命　　　令	功　　　能
1	ZXR10(config)#cgn	进入 NAT 配置模式
2	ZXR10(config-cgn)#cgn-pool <pool-name> poolid <pool-id> mode pat	配置 PAT 地址池
3	ZXR10(config-cgn-natpool)#section <section-num>{start-ip [<end-ip>]| IP/mask}	配置地址池中的地址范围
4	ZXR10(config-cgn-patpool)#max-ports-per-address <value>	配置一个公网地址可以使用的端口地址转换数，其取值范围为 1～65 535，默认值为 65 535
5	ZXR10(config-cgn-patpool)# port-allowed-range <start-port><end-port>	配置允许使用的端口范围

2. 配置思路

路由器 PAT 配置步骤如下：

(1) 配置接口地址。

(2) 配置 PAT 地址池。

(3) 配置域并在域中配置动态映射规则。

(4) 配置用户，将 NAT 域绑定在和 PC 相连的接口上。

3. 数据规划

数据规划如表 6-5 所示。

表 6-5　数　据　规　划

序号	设　备	接　口	IP 地址	网　关
1	PC		10.0.0.2/24	10.10.0.1
2	R1	Gei-2/1	100.0.0.1/24	
3		Gei-2/2	200.0.0.1/24	
4	因特网网关设备		200.0.0.2/24	

4. 路由器配置

ZXR10 1800-2S 的配置如下：

ZXR10(config)#interface gei-2/1

ZXR10(config-if-gei-2/1)#ip address 100.0.0.1 255.255.255.0

ZXR10(config-if-gei-2/1)#no shutdown

ZXR10(config-if-gei-2/1)#exit

ZXR10(config)#interface gei-2/2

ZXR10(config-if-gei-2/2)#ip address 200.0.0.1 255.255.255.0

ZXR10(config-if-gei-2/2)#no shutdown

ZXR10(config-if-gei-2/2)#exit

ZXR10(config)#ipv4-access-list test

ZXR10(config-ipv4-acl)#rule permit any

ZXR10(config-ipv4-acl)#exit

ZXR10(config)#cgn

ZXR10(config-cgn)#cgn-pool test poolid 1 mode pat　　　/*配置地址池*/

ZXR10(config-cgn-patpool)#section 1 1.2.3.1 1.2.3.10

ZXR10(config-cgn-patpool)#exit

ZXR10(config-cgn)#domain 1 1 type sr ipv4-issued

ZXR10(config-cgn-domain)#dynamic source rule-id 1 ipv4-list test permit pool test　　　/*这里配置的是动态 ACL 规则，也可以配置静态规则*/

ZXR10(config-cgn-domain)#exit

ZXR10(config-cgn)#subscriber ipv4 public subscriber-id 1 nat-domain 1

ZXR10(config-cgn-sub)#interface gei-2/1

ZXR10(config-cgn-sub)#exit

ZXR10(config)#ip route 0.0.0.0 0.0.0.0 200.0.0.2

5. 案例验证

在路由器上输入命令"show cgn translations all-sessions"，查看路由器的 PAT 配置信息，如图 6-9 所示，内部局部地址是 100.0.0.2，端口号是 1，内部全局地址是 1.2.3.1，端口号是 2112。

```
ZXR10(config)#show cgn translations all-sessions
================================================================
Subscriber
Pro  Type    Inside Local        Inside Global      Destination

Loading data from MPFU-8/0...
================================================================
UDP  dyn     100.0.0.2:1         1.2.3.1:2112         *:*
```

图 6-9　PAT 配置结果

并使用计算机从校园网访问外网，可以成功。

6.2.3　任务实施：配置路由器 PAT

按照表 6-6 的要求完成任务。

表 6-6　任 务 实 施 表

任务	配置路由器 PAT		
序号	子 任 务	输 出	评估方法和标准
1	PAT 数据规划	规划数据文件	规划数据完备且正确
2	配置 PAT	输出配置脚本	脚本正确
3	配置验证，执行命令 "show cgn translations all-sessions"	输出结果截图	截图展示内容正确
4	业务验证：外网访问校园网服务器	访问截图	外网可以正常访问校园服务器

模 块 总 结

NAT 和 PAT 不仅仅解决了 IP 地址匮乏、私网与公网互相访问的问题，还可以作为防火墙技术，有效地将私网地址对外隐藏，减少来自 Internet 上的网络攻击。

虽然 NAT 技术实现了内部地址和外部地址的映射，但是实际上当一个公网 IP 地址被占用时，其他内网的 IP 地址就不能使用这个公网 IP 了，因此公网 IP 的利用率受到了限制。要进一步提升公网 IP 的利用率，就必须使用 PAT 技术，可以通过内网 IP 地址端口和外网 IP 地址端口映射，复用公网 IP 地址。特别是当外网访问内网 IP 地址时，可以将内网 IP 和端口号与外网 IP 和端口号建立映射关系，通过访问公网 IP 和端口号来实现访问内网 IP 和端口号。

模块 7　VRRP、DHCP 和链路聚合配置

在交换和路由体系中，有一些协议对于网络安全性、稳定性以及管理的便捷性具有重要的作用。例如，VRRP 可以实现关键节点的备份；DHCP 可以使网络主机自动获取 IP 地址，从而减少网络管理的工作量；链路聚合可以在提高带宽的同时提供冗余链路。通过对本模块的学习，读者可掌握这些重要协议的原理和配置方法，并且在组网时能够灵活运用。

知识目标

(1) 掌握 VRRP 的基本概念、原理和配置方法；
(2) 掌握 DHCP 的基本概念、原理和配置方法；
(3) 掌握链路聚合的基本概念、原理和配置方法。

技能目标

(1) 能够根据设计规划进行 VRRP 的配置；
(2) 能够根据设计规划进行 DHCP 的配置；
(3) 能够根据设计规划进行链路聚合的配置。

7.1　任务 21　配置路由器 VRRP

在本书开头给出的总体任务的表 1 的需求标识栏的 Ⅷ.1 中，要求办公楼两台路由器对下挂的计算机启用 VRRP 网关保护，其中一台路由器故障不会影响到办公楼计算机上网。因此本任务具体要求如下：
(1) 规划 VRRP 数据；
(2) 配置 VRRP 数据；
(3) 验证网关保护功能；
(4) 输出过程文档。

7.1.1　知识准备：VRRP 相关知识

1. VRRP 概述

随着 Internet 的发展，各种业务都在网络上进行，人们对网络的依赖越来越强，因此对网络的可靠性和安全性要求也越来越高。对于局域网用户来说，必须时刻与外部网络保持联系。通常情况下，内部网络中的所有主机都会设置一条相同的缺省路由，指向出口网关，如图 7-1 所示，实现主机与外部网络的通信。当出口网关发生故障时，主机与外部网络的通信就会中断。

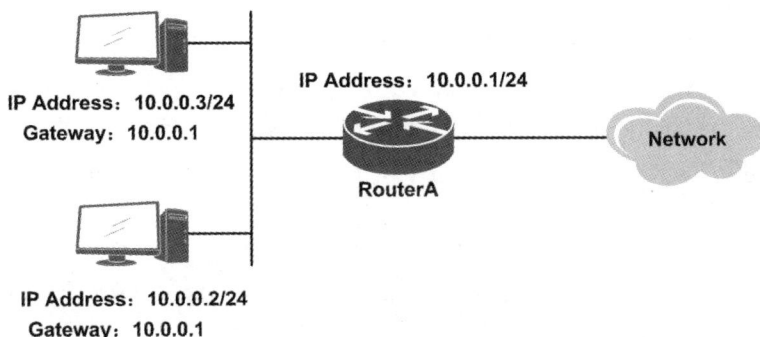

图 7-1　局域网缺省网关示意图

配置多个出口网关是提高系统可靠性的常见方法，但局域网内的主机设备通常不支持动态路由协议，如何在多个出口网关之间进行选路是个问题。VRRP(Virtual Router Redundancy Protocol，虚拟路由器冗余协议)是一种容错协议，通过物理设备和逻辑设备的分离，实现在多个出口网关之间自动选路，很好地解决了上述问题。

2. VRRP 工作原理

如图 7-2 所示，VRRP 将局域网的一组路由器 Router A 和 Router B 组织成了一个虚拟的路由器。

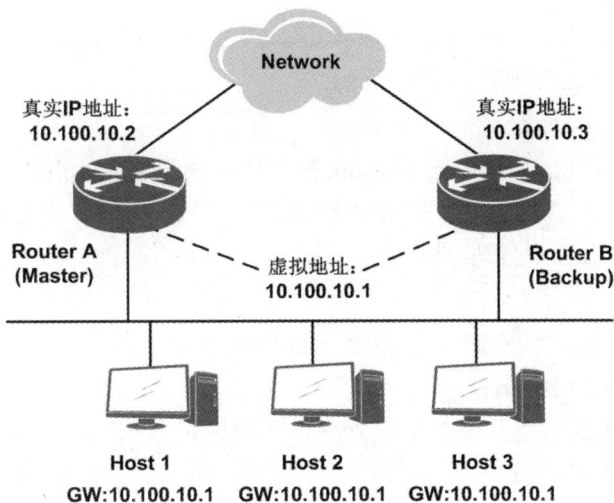

图 7-2　VRRP 工作原理示意图

物理路由器 Router A、Router B 也有自己的 IP 地址，Router A 的 IP 地址为 10.100.10.2，Router B 的 IP 地址为 10.100.10.3，定义 Router A、Router B 为虚拟路由器，这个虚拟的路由器拥有自己的 IP 地址 10.100.10.1，当然这个 IP 地址可以和 Router A、Router B 中的某个接口地址相同。局域网内的主机仅仅知道这个虚拟路由器的 IP 地址 10.100.10.1，而并不知道具体的 Router A 的 IP 地址以及 Router B 的 IP 地址，因此，所有主机都将自己的默认网关设置为该虚拟路由器的 IP 地址 10.100.10.1。于是，局域网内的主机就通过这个虚拟的路由器来与其他网络进行通信。

在这个过程中，虚拟路由器需要进行如下工作：

(1) 根据优先级的大小挑选主路由器，优先级最大的为主路由器，状态为 Master。优先级分为 0～255 级别，数字越大，优先级越高。优先级可手动配置为 1～254，其默认值为 100。若其中一个路由器的优先级为 255，则它直接成为主路由器。如果一个路由器的 IP 地址与虚拟路由器的 IP 地址相同，则其优先级为 255，也直接成为主路由器。如果优先级相同，则先配置 VRRP 并生效开始发布报文的路由器会作为组内的主路由器，用于提供实际的路由服务。

(2) 其他路由器作为备份路由器，随时监测主路由器的状态。

当主路由器正常工作时，会每隔一段时间发送一个 VRRP 组播报文，以通知组内的备份路由器，主路由器处于正常工作状态。

如果组内的备份路由器长时间没有接收到来自主路由器的报文，则将自己的状态转为 Master。

当组内有多台备份路由器时，将有可能产生多个主路由器，这时每一个主路由器就会比较 VRRP 报文中的优先级和自己本地的优先级。如果本地的优先级小于 VRRP 中的优先级，则将自己的状态转为 Backup，否则保持自己的状态不变。

通过这样一个过程就会将优先级最大的路由器选成新的主路由器，完成 VRRP 的备份功能。

3. 路由器工作状态

组成虚拟路由器的路由器会有三种状态，分别为 Initialize(初始)、Master(主用)和 Backup(备用)。下面对这三种状态进行说明：

1) Initialize

系统启动后进入此状态，当收到 Startup(开始建立)事件时，如果优先级为 255，则 VRRP 路由器转换为 Master 状态；否则，VRRP 路由器转换为 Backup 状态。在此状态时，路由器不会对 VRRP 报文做任何处理。

2) Master

当路由器处于 Master 状态时，将会做下列工作：

• 定期发送 VRRP 组播报文。

• 发送免费 ARP 报文，以使网络内各主机获得虚拟 IP 地址所对应的虚拟 MAC 地址。

• 响应对虚拟 IP 地址的 ARP 请求，并且响应的是虚拟 MAC 地址，而不是接口的真实 MAC 地址。

• 转发目的 MAC 地址为虚拟 MAC 地址的 IP 报文。

在 Master 状态中，只有接收到比自己的优先级大的 VRRP 报文时才会转为 Backup，只有当接收到 Shutdown(关闭)事件时，才会转为 Initialize。

3) Backup

当路由器处于 Backup 状态时，将会做下列工作：

- 接收 Master 发送的 VRRP 组播报文，从中了解 Master 的状态。
- 对虚拟 IP 地址的 ARP 请求不做响应。
- 丢弃目的 IP 地址为虚拟 IP 地址的 IP 报文。

三种状态的转换如图 7-3 所示。

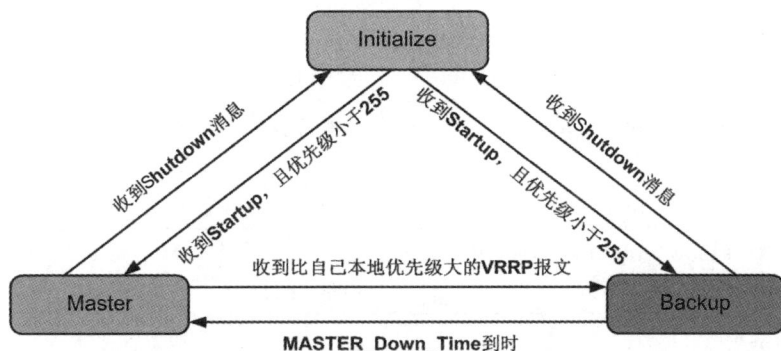

图 7-3　VRRP 中三种状态的转换关系示意图

从上述分析中可以看到，虽然网络中的主机并没有做任何额外的工作，但是其对外的通信不会因为一台路由器故障而受到影响。

7.1.2　参考案例：VRRP 配置

【案例说明】

如图 7-4 所示，路由器 R1 和路由器 R2 之间运行 VRRP 协议。R1 的接口地址配置为 10.0.0.1，R2 的接口地址配置为 10.0.0.2，VRRP 虚拟地址选用 R1 的接口地址 10.0.0.1。此时，R1 被称为 IP 地址拥有者，它拥有最高优先级 255，将作为主路由器。当然 VRRP 虚拟地址也可以配置其他的 IP 地址，然后在 R1 上配置较高优先级，使其成为主路由器。

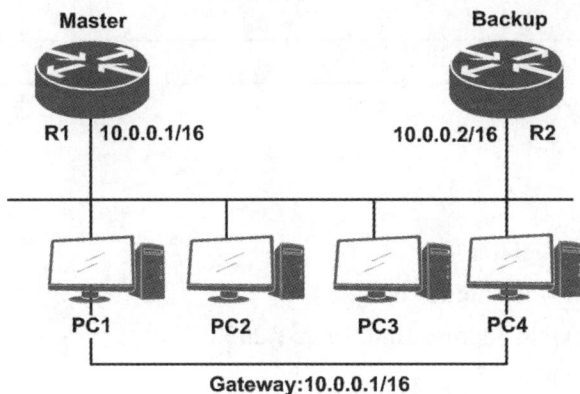

图 7-4　基本 VRRP 配置实例拓扑图

【案例实施】

1. 掌握基本的 VRRP 配置和维护命令

基本的 VRRP 配置和维护命令如表 7-1 所示。

表 7-1　基本的 VRRP 配置和维护命令

序号	命　　令	功　　能
1	ZXR10(config)#vrrp	进入 VRRP 配置模式
2	ZXR10(config-vrrp)#interface <interface-name>	进入 VRRP 接口配置模式
3	ZXR10(config-vrrp-if-interface-name)#vrrp <vrid> ipv4<ip-address> [secondary]	配置 VRRP 协议的虚拟 IPv4 地址。"<vrid>"是虚拟路由器的 ID，其范围为 1～255
4	ZXR10(config-vrrp-if-interface-name)#vrrp <vrid> priority <level>	配置 VRRP 优先级，"<level>"的取值范围为 1～254，缺省优先级为 100
5	ZXR10#show vrrp ipv4 brief	查看路由器上所有 IPv4 VRRP 组简要信息
6	ZXR10#show vrrp ipv4 brief interface < interface-name>	简要查看路由器上指定接口下的所有 IPv4 VRRP 组信息

2. 配置思路

VRRP 配置步骤如下：

(1) 进入要配置 VRRP 的接口，为其配置 IP 地址。

(2) 全局模式下进入 VRRP 配置模式，再进入要配置 VRRP 的接口。

(3) 分别为 R1、R2 配置相同的 VRRP 组号及虚拟地址。为使 R1 作为主路由器，可以将 R1 的接口地址设置为与虚拟路由器相同的 IP 地址，其有最高的优先级 255。

3. 数据规划

数据规划如表 7-2 所示。

表 7-2　数　据　规　划

序号	设　备	接　口	IP
1	R1	gei-2/1	10.0.0.1/16
2	R2	gei-2/1	10.0.0.2/16
3	虚拟路由器		10.0.0.1/16

4. 数据配置

R1 的配置如下：

R1(config)#conf　t

R1(config)#interface gei-2/1

R1(config-if-gei-2/1)#no shutdown

R1(config-if-gei-2/1)#ip address 10.0.0.1 255.255.0.0

R1(config-if-gei-2/1)#exit

R1(config)#vrrp

R1(config-vrrp)#interface gei-2/1

R1(config-vrrp-if-gei-2/1)#vrrp 1 ipv4 10.0.0.1

R1(config-vrrp-if-gei-2/1)#end

R2 的配置如下：

R2(config)#conf t

R2(config)#interface gei-2/1

R2(config-if-gei-2/1)#no shutdown

R2(config-if-gei-2/1)#ip address 10.0.0.2 255.255.0.0

R2(config-if-gei-2/1)#exit

R2(config)#vrrp

R2(config-vrrp)#interface gei-2/1

R2(config-vrrp-if-gei-2/1)#vrrp 1 ipv4 10.0.0.1

R2(config-vrrp-if-gei-2/1)#end

5. 案例验证

在两个路由器上输入 "show vrrp ipv4 brief"，可显示路由器的 VRRP 配置和状态，如图 7-5 和图 7-6 所示，R1 的优先级为 255，R2 的优先级为 100，R1 状态为 Master，R2 状态为 Backup。

```
R1#show vrrp ipv4 br
R1#show vrrp ipv4 brief
Interface        vrID Pri Time   A P L State  Master addr      VRouter addr
gei-2/1          1    255 1000   A P   Master 10.0.0.1         10.0.0.1
```

图 7-5　VRRP 主路由器

```
R2#show vrrp ipv4 brief
Interface        vrID Pri Time   A P L State  Master addr      VRouter addr
gei-2/1          1    100 1000       P   Backup 10.0.0.1         10.0.0.1
```

图 7-6　VRRP 备用路由器

如果想查看接口的具体状态，则输入 "show vrrp interface gei-2/1"，可显示接口 gei-2/1 状态，如图 7-7 所示。

```
R2#show vrrp interface gei-2/1
gei-2/1 - vrID 1
  vrrp configure info:
    IP version 4, VRRP version 3
    Run mode is standard
    Virtual IP address is 10.0.0.1
    Virtual MAC address is 0000.5e00.0101
    Advertise time is 1.000 (s)
    Configured priority is 100
    Preemption enable, delay 0 (s)
    Reload delay 0 (s)
    Authentication type is NONE
    No authentication data
    Check ttl enable
    Vrrp accept mode enable
    Vrrp backup route mode disable
    Out-interface send-mode is all
    VLAN-Range send-mode is rotation
    Tracked interface items: 0
        Interface                    State  Policy        Reduce-Priority
    Tracked detect items: 0
    Admin-group is None
  Vrrp run info:
    State is Backup
      7 state changes, last state change 00:26:31
    Current priority is 100
    Master router is remote
      Master router address is 10.0.0.1
      Master router priority is 255
      Master Advertisement interval is 1.000 (s)
      Master Down interval is 3.609 (s), no learn
```

图 7-7　VRRP 接口状态

当拔掉连接路由器 R1 的网线时，路由器 R2 转变为主用节点，如图 7-8 所示。在这个过程中，一直用计算机 ping 10.0.0.1，可以发现在拔掉主路由器网线的时候，通信会短暂地中断，如图 7-9 所示，可以认为是在虚拟路由器组内主备路由器切换时造成的影响。

```
R2#show vrrp ipv4 brief
Interface        vrID Pri Time   A P L State   Master addr    VRouter addr
gei-2/1          1    100 1000     P   Master  10.0.0.2       10.0.0.1
```

图 7-8　原备用路由器转变为主路由器

```
C:\Users\cuihaibin>ping 10.0.0.1 -t

正在 Ping 10.0.0.1 具有 32 字节的数据:
来自 10.0.0.1 的回复: 字节=32 时间=1ms TTL=255
来自 10.0.0.1 的回复: 字节=32 时间=1ms TTL=255
来自 10.0.0.1 的回复: 字节=32 时间=1ms TTL=255
请求超时。
来自 10.0.0.1 的回复: 字节=32 时间=1ms TTL=255
来自 10.0.0.1 的回复: 字节=32 时间<1ms TTL=255
来自 10.0.0.1 的回复: 字节=32 时间=1ms TTL=255
来自 10.0.0.1 的回复: 字节=32 时间=1ms TTL=255

10.0.0.1 的 Ping 统计信息:
    数据包: 已发送 = 8, 已接收 = 7, 丢失 = 1 (12% 丢失),
往返行程的估计时间(以毫秒为单位):
    最短 = 0ms, 最长 = 1ms, 平均 = 0ms
```

图 7-9　ping 测试

7.1.3　任务实施：配置路由器 VRRP

按照表 7-3 的要求完成任务。

表 7-3　任 务 实 施 表

任务	配置路由器 VRRP		
序号	子 任 务	输　出	评估方法和标准
1	VRRP 数据规划	输出规划数据表格	规划数据完备且正确
2	配置 VRRP	输出配置脚本	脚本正确
3	配置验证，执行命令"show vrrp ipv4 brief"	输出主备用路由器 VRRP 状态	截图展示内容正确
4	业务验证：ping 测试	用计算机一直 ping 路由器网关，在过程中断开主路由器网线，观察 ping 状态变化	通信先是连通状态，后来短暂中断，接着又连通

7.1.4　任务拓展：配置 VRRP 优先级

如图 7-10 所示，路由器 R1 和 R2 之间运行 VRRP 协议。R1 的接口地址配置为 10.0.0.1/16，R2 的接口地址配置为 10.0.0.2/16，VRRP 虚拟地址为 10.0.0.254/16，要求 R2 为主路由器。请完成数据规划、数据配置和业务验证。

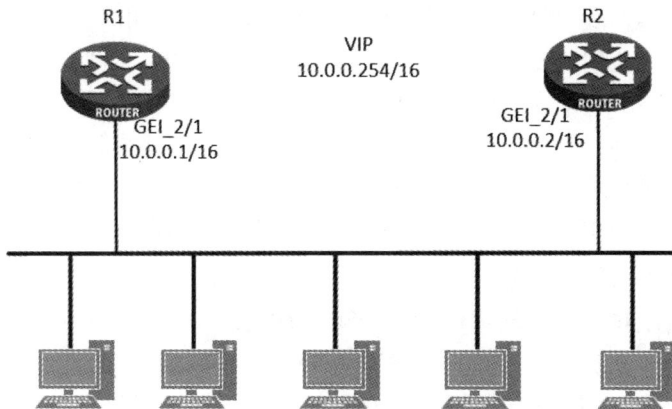

图 7-10　VRRP 优先级配置

7.2　任务 22　配置路由器 DHCP

在本书开头给出的总体任务的表 1 的需求标识栏的 IX.1 中，要求所有的办公楼、宿舍楼、教学楼的计算机可以自动获取 IP 地址。因此本任务的要求如下：

(1) 完成 DHCP 数据规划；

(2) 完成 DHCP 配置；

(3) 进行 IP 地址分配验证；

(4) 输出过程文档。

7.2.1　知识准备：DHCP 相关知识

1. DHCP 概述

DHCP(Dynamic Host Configuration Protocol，动态主机配置协议)用来给网络客户机动态的分配 IP 地址，通常被应用在大型的局域网络环境中，其主要作用是集中的管理、分配 IP 地址，使网络环境中的主机动态地获得 IP 地址、网关地址、DNS 服务器地址等信息。

DHCP 分为服务器端和客户端两部分。

(1) 服务器端。所有的 IP 网络设定信息都由 DHCP 服务器端集中管理，并处理客户端的 DHCP 请求。

(2) 客户端。客户端使用从 DHCP 服务器端分配下来的 IP 信息，包括 IP 地址、DNS 等。

DHCP 采用 UDP 作为传输协议，主机发送消息到 DHCP 服务器的 67 号端口，服务器返回消息给主机的 68 号端口。

DHCP 服务器为主机分配 IP 地址有以下三种形式：

• 管理员将一个 IP 地址分配给一个确定的主机。

• 随机将地址永久性地分配给主机。

• 随机将地址分配给主机使用一段时间。

常用的是第三种形式。地址的有效使用时间段称为租用期。在租用期满之前，主机必须向服务器请求继续租用，服务器接受请求后才能继续使用，否则无条件放弃。

默认情况下，路由器不会将收到的广播包从一个子网发送到另一个子网。当 DHCP 服务器和客户主机不在同一个子网时，充当客户主机默认网关的路由器将广播包发送到 DHCP 服务器所在的子网，这一功能就称为 DHCP 中继(DHCP Relay)。ZXR10 ZSR V2 系列路由器既可以作为 DHCP 服务器，也可以作为 DHCP 中继。

2. DHCP Server 工作方式

DHCP Server(DHCP 服务器)为 DHCP Client(DHCP 客户端)提供了分配 IP 地址和配置相关初始信息的功能。除地址池管理功能外，DHCP 服务器的行为完全由 DHCP 客户端来驱使。DHCP 服务器只需根据收到的 DHCP 客户端的各种请求报文响应不同的 DHCP 报文即可。

同网段中 DHCP 服务器和 DHCP 客户端的工作流程如图 7-11 所示。

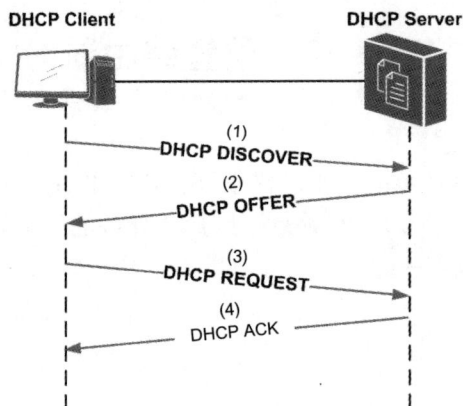

图 7-11　同网段 DHCP 的工作流程示意图

同网段的 DHCP 工作流程主要分为以下几步：

(1) 客户端发送一个请求 IP 地址和其他配置参数的广播报文 DHCP DISCOVER。

(2) DHCP 服务器回送一个包含有效 IP 地址及配置的单播(或广播)报文 DHCP OFFER。

(3) 客户端选择最先到达的 DHCP OFFER 的那个服务器，并向这个服务器发送一个单播报文 DHCP REQUEST，表示接受相关配置。

(4) 选中的 DHCP 服务器回送一个确认的单播(或广播)报文 DHCP ACK。

3. DHCP Relay 工作方式

DHCP 报文采用广播方式，无法穿越多个不同的子网。当想要 DHCP 报文穿越多个子网时，就需要配置 DHCP Relay。

DHCP 中继可以是路由器，也可以是一台主机。其主要功能是传递消息到不在同一个子网的 DHCP 服务器，或者将服务器的消息传回给不在同一个子网的 DHCP 客户端，完成对 DHCP 客户端的动态地址分配和管理。

DHCP 中继侦听 UDP 目的端口号为 67 的所有报文。当 DHCP 中继收到请求报文后，将广播报文根据事先指定的 DHCP 服务器地址转换成单播报文，发送给 DHCP 服务器。

不同网段中 DHCP 服务器、DHCP 客户端和 DHCP 中继的工作流程如图 7-12 所示。

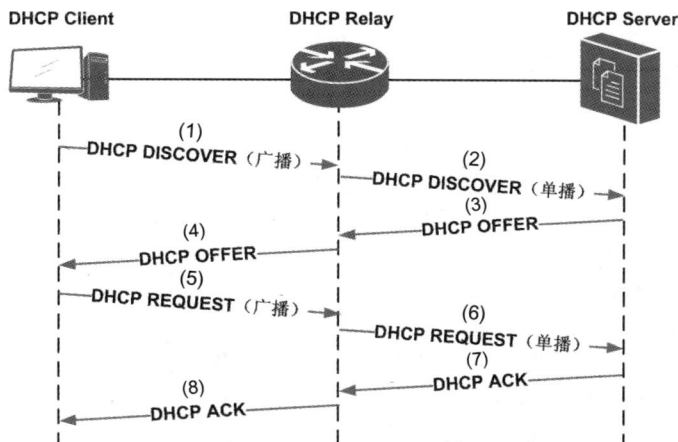

图 7-12　不同网段 DHCP 的工作流程示意图

不同网段 DHCP 的工作流程主要分为以下几步：

(1) 主机发送一个广播报文 DHCP DISCOVER，请求 IP 地址和其他配置参数。

(2) 当 DHCP 中继收到目的端口号为 67 的报文时，会判断是否为用户的请求报文。如果是用户的请求报文且报文中的"giaddr"(中继代理 IP 地址)字段为 0，则 DHCP 中继将自己的 IP 地址填入此字段，并把报文单播发送给 DHCP 服务器，实现 DHCP 报文穿越多个子网的功能。

(3) 服务器收到 DHCP 请求报文后，会查看"giaddr"字段是否为 0。

若该字段为 0，服务器认为客户端与自己在同一子网中，则根据自己 IP 地址所在网段从相应地址池中为客户端分配 IP 地址，并回复 DHCP OFFER 报文。

若该字段不为 0，则根据此 IP 地址所在网段从相应地址池中为客户端分配 IP 地址，并回复 DHCP OFFER 报文。

(4) DHCP 中继收到 DHCP 服务器的 DHCP OFFER 报文时，会根据"flag"字段中的广播标志位来进行广播或单播，将 DHCP OFFER 报文传送给 DHCP 客户端。

(5) 客户端发送 DHCP REQUEST，表示接受相关配置。

(6) DHCP 中继接收并转发客户端的 DHCP REQUEST 报文给 DHCP 服务器。

(7) DHCP 服务器回送一个确认的报文 DHCP ACK。

(8) DHCP 中继接收并转发 DHCP 服务器的 DHCP ACK 报文给客户端。

7.2.2　参考案例：DHCP Server 配置

【参考案例】

如图 7-13 所示，R1 作为 DHCP Server 使用，同时充当默认网关，PC 通过 DHCP 动态获取 IP 地址接入网络。

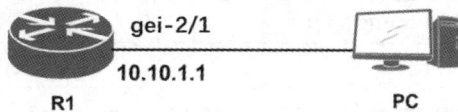

图 7-13　DHCP Server 配置实例拓扑图

【案例实施】

1. 掌握基本的 DHCP 配置和维护命令

基本的 DHCP 配置和维护命令如表 7-4 所示。

表 7-4　基本的 DHCP 配置和维护命令

序号	命　　令	功　　能
1	ZXR10(config)#dhcp	进入 DHCP 配置模式
2	ZXR10(config-dhcp)#enable	开启 DHCP 功能
3	ZXR10(config-dhcp)#interface<interface-name>	进入 DHCP 接口配置模式
4	ZXR10(config-dhcp-if-interface-name)#mode server	启用接口的 DHCP 工作模式为 DHCP Server
5	ZXR10(config)#ip pool <pool-name>	配置 IP 地址池，进入 IP 地址池配置模式
6	ZXR10(config-ip-pool)#range　<start-ip-address> <end-ip-address> <net-mask>	配置 IP 地址池地址段范围
7	ZXR10(config)#ip dhcp pool <dhcppool-name>	配置 DHCP Pool，进入 DHCP Pool 配置模式
8	ZXR10(config-dhcp-pool)# ip-pool<ippool-name>	绑定指定的 IP Pool 到 DHCP Pool
9	ZXR10(config-dhcp-pool)#lease-time {[infinite]|[<days><hours ><minutes>]}	设置 DHCP 服务器向客户端出租 IP 地址的租期，默认租期为 1 小时。"infinite"表示无限长
10	ZXR10(config-dhcp-pool)#dns-server <ip-address> [<ip-address>][<ip-address>][< ip-address>] [<ip-address>][<ip-address>][<ip-address>] [<ip-address>]	设置 DHCP 服务器返回给用户的 DNS 地址
11	ZXR10(config-dhcp-pool)#default-router <ip-address> [<ip-address>][<ip-address>]	配置默认网关，最多可以配置 8 个
12	ZXR10(config)#ip dhcp policy < policy-name> <priority-level>	配置 DHCP Policy,进入 DHCP Policy 配置模式
13	ZXR10(config-dhcp-policy)#dhcp-pool<dhcppool-name>	绑定指定的 DHCP Pool 到 DHCP Policy
14	ZXR10(config-dhcp-policy)#relay-agent <ip-address>	指定 Relay Agent 地址
15	ZXR10(config-dhcp)#interface<interface-name>	进入 DHCP 接口配置模式
16	ZXR10(config-dhcp-if-interface-name)#policy <policy-name>	接口绑定 DHCP Policy
17	ZXR10#show ip dhcp configuration	显示 DHCP 进程模块的配置信息
18	ZXR10#show ip local pool	显示配置的本地地址池信息
19	ZXR10#show ip dhcp server user [interface< interface-name>[total-count]]|[total-count]	显示 DHCP Server 的当前在线用户信息

2. 配置思路

DHCP Server 配置步骤如下：

(1) 配置 IP Pool。IP Pool 配置的是地址池范围等相关选项，地址池的范围要限制在一个网段内。

(2) 配置 DHCP Pool。DHCP Pool 需要绑定一个 IP Pool，用于管理 DNS、lease-time、default router 等设置。

(3) 配置 DHCP Policy。DHCP Policy 是策略选项，同一个名字下支持多个优先级别，用于策略管理。

(4) 配置 DHCP Server。在 DHCP 接口模式下配置为 Server 功能模式，并绑定配置的 Policy。

(5) 配置全局开启 DHCP 功能。

3. 数据规划

根据案例要求实现的功能，数据规划如表 7-5 所示。

表 7-5　数 据 规 划

设　备	接　口	地　址　池
R1	gei-2/1	10.10.1.3～10.10.1.254

4. 数据配置

R1 的配置如下：

```
R1(config)#interface gei-2/1
R1(config-if-gei-2/1)#ip address 10.10.1.1 255.255.255.0
R1(config-if-gei-2/1)#no shutdown
R1(config-if-gei-2/1)#exit
R1(config)#ip pool pool1
R1(config-ip-pool)#range 10.10.1.3 10.10.1.254 255.255.255.0
R1(config-ip-pool)#exit
R1(config)#ip dhcp pool pool1
R1(config-dhcp-pool)#ip-pool pool1
R1(config-dhcp-pool)#dns-server 10.10.1.1
R1(config-dhcp-pool)#default-router 10.10.1.1
R1(config-dhcp-pool)#exit
R1(config)#ip dhcp policy policy1 1
R1(config-dhcp-policy)#dhcp-pool pool1
R1(config-dhcp-policy)#exit
R1(config)#dhcp
R1(config-dhcp)#enable
R1(config-dhcp)#interface gei-2/1
R1(config-dhcp-if-gei-2/1)#mode server
R1(config-dhcp-if-gei-2/1)#policy policy1
R1(config-dhcp-if-gei-2/1)#exit
```

R1(config-dhcp)#exit

5. 案例验证

在路由器 R1 上输入"show ip local pool",可以显示路由器的 DHCP 配置情况,如图 7-14 所示,起始地址为 10.10.1.3,结束地址为 10.10.1.254,掩码长度是 24,剩余的 IP 地址数量为 251 个,占用的 IP 地址为 1 个。

```
R1(config-dhcp)#show ip local pool
PoolName        Begin           End           Mask    Free      Used
pool1           10.10.1.3       10.10.1.254   24      251       1
TotalPool: 1
```

图 7-14　执行"show ip local pool"的结果

在计算机上输入"ipconfig",可以显示计算机分配的 IP 地址为 10.10.1.3,如图 7-15 所示。

```
以太网适配器 以太网 5:

   连接特定的 DNS 后缀 . . . . . . . :
   本地链接 IPv6 地址. . . . . . . . . : fe80::27df:d79d:c961:d4f3%32
   IPv4 地址 . . . . . . . . . . . . : 10.10.1.3
   子网掩码 . . . . . . . . . . . . : 255.255.255.0
   默认网关 . . . . . . . . . . . . : 10.10.1.1
```

图 7-15　计算机分配的 IP 地址

在路由器上输入"show ip dhcp server user",可以查看到分配到这个 IP 地址的计算机的信息,如图 7-16 所示,这个 MAC 地址就是计算机网卡的 MAC 地址。

```
R1(config-dhcp)#show ip dhcp server user
CLIENT MAC addr: 00E0.4C1B.D498
   IP addr: 10.10.1.3
   State: BOUND
   Expiration: 14:55:18   10/23/2023
   Lease time: 3600(s)
   Remaining lease time: 3433(s)
   Interface: gei-2/1
   VRF:
   SlotNo: 2
```

图 7-16　终端信息

7.2.3　任务实施:配置路由器 DHCP

按照表 7-6 的要求完成任务。

表 7-6　任 务 实 施 表

任务	配置路由器 DHCP		
序号	子 任 务	输 出	评估方法和标准
1	DHCP 数据规划	输出规划数据表格	规划数据完备且正确
2	配置 DHCP	输出配置脚本	脚本正确
3	配置验证,执行以下命令: 1. show ip local pool; 2. show ip dhcp server user	显示信息和状态信息截图	截图展示内容正确
4	业务验证:地址分配检查	使用"ipconfig"命令检查计算机分配的 IP 地址	分配到的是一个属于 DHCP 地址池的 IP 地址

7.2.4 任务拓展：配置 DHCP Relay

当 DHCP 客户机和服务器不在同一网络中时，需要直连用户端的路由器充当 DHCP 中继。如图 7-17 所示，启用 DHCP 中继功能，由一台单独的服务器 10.10.2.2 提供 DHCP 服务器的功能，给 PC 分配 IP 地址。请完成数据规划、数据配置和业务验证。

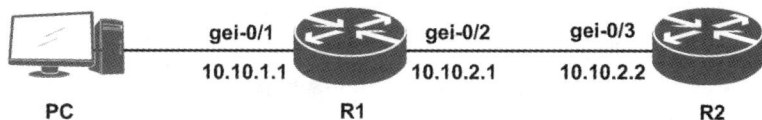

图 7-17 DHCP 中继组网

提示：

(1) DHCP Relay 配置：配置 Relay 模式，在 DHCP 接口模式下配置 Relay 功能，并配置其 Relay Agent 为 Relay 接口的地址，Relay Server 为配置的 Server 的地址。这里 Server 接口的地址和 Relay 接口的地址不在同一个网段，分配的 IP Pool 和 Relay 接口的地址在同一网段。

(2) 在 R1 接口模式下，需要配置 IP 地址、DHCP Server 地址、DHCP Relay 模式。

(3) 在 R2 接口模式下，需要配置 IP 地址、绑定 DHCP Policy、DHCP Server 模式。

(4) 在 R2 全局模式下，需要配置开启 DHCP 功能、IP Pool、DHCP Pool、DHCP Policy 以及指向 R1 接口网段的路由。

7.3 任务 23 配置交换机链路聚合

在本书开头给出的总体任务的表 1 的需求标识栏的Ⅰ.1 中，要求核心机房的每台服务器使用两条链路连接交换机，以增加带宽和提高可靠性。因此本任务要求如下：

(1) 完成服务器和交换机连接的数据规划；

(2) 在交换机上完成数据配置；

(3) 测试验证数据配置和业务可靠性；

(4) 输出过程文档。

7.3.1 知识准备：链路聚合

1. 链路聚合概述

随着网络规模不断扩大，用户对骨干链路的带宽和可靠性提出了越来越高的要求。在传统技术中，常用更换高速率的接口板或更换支持高速率接口板的设备的方式来增加带宽，但这种方案需要付出高额的费用，而且不够灵活。采用链路聚合技术可以在不进行硬件升级的条件下，通过将多个物理接口捆绑为一个逻辑接口，达到增加链路带宽的目的。在实现增大带宽目的的同时，链路聚合采用备份链路的机制，可以有效地提高设备之间链路的可靠性。

如图 7-18 所示，在两个设备之间使用三条以太网物理链路相连，将这三条链路捆绑在一起，就成了一条逻辑链路。这条逻辑链路的最大带宽等于原先三条以太网物理链路的带宽总和，从而达到了增加链路带宽的目的。同时，这三条以太网物理链路相互备份，有效地提高了链路的可靠性。

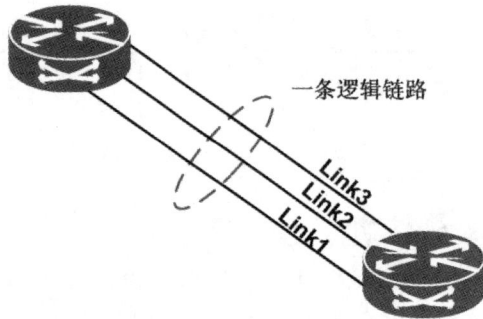

图 7-18　链路聚合示意图

链路聚合主要有以下三个优势：

(1) 增加带宽。链路聚合接口的最大带宽可以达到各成员接口带宽之和。

(2) 提高可靠性。当某条活动链路出现故障时，流量可以切换到其他可用的成员链路上，从而提高链路聚合接口的可靠性。

(3) 负载分担。在一个链路聚合组内，可以实现在各成员活动链路上的负载分担。

2. 链路聚合组和链路聚合接口

链路聚合组(Link Aggregation Group，LAG)是指将若干条以太链路捆绑在一起所形成的逻辑链路。每个链路聚合组唯一对应着一个逻辑接口，这个逻辑接口称为链路聚合接口或 Eth-Trunk 接口。

链路聚合接口可以作为普通的以太网接口来使用，与普通以太网接口的差别在于：在转发的时候，链路聚合组需要从成员接口中选择一个或多个接口来进行数据转发。

组成聚合接口的各个物理接口称为成员接口，成员接口对应的链路称为成员链路。

链路聚合组的成员接口有活动接口和非活动接口两种。转发数据的接口称为活动接口，不转发数据的接口称为非活动接口。活动接口对应的链路称为活动链路，非活动接口对应的链路称为非活动链路。

3. 上限阈值和下限阈值

为了提高网络的可靠性，链路聚合组设置了活动接口数的上限阈值和下限阈值。当活动链路数目达到上限阈值时，会向聚合组中添加成员接口，但不会增加聚合组活动接口的数目，超过上限阈值的链路状态将被置为 Down，作为备份链路。

例如，有 8 条无故障链路在一个聚合组内，每条链路都能提供 1 Gb/s 的带宽，现在最多需要 5 Gb/s 的带宽，那么上限阈值就可以设置为 5 或者更大的值，而其他的链路就自动进入备份状态以提高网络的可靠性。手工负载分担模式链路聚合不支持活动接口数上限阈值的配置。

设置活动接口数的下限阈值是为了保证最小带宽,当活动链路数目小于下限阈值时,聚合接口的状态转为 Down。例如,每条物理链路能提供 1 Gb/s 的带宽,现在最小需要 2 Gb/s 的带宽,那么活动接口数的下限阈值必须要大于等于 2。

4. 链路聚合模式

根据是否启用 LACP(Link Aggregation Control Protocol,链路汇聚控制协议),链路聚合模式分为手工模式和 LACP 模式。

手工模式下,聚合组的建立、成员接口的加入由手工配置,没有 LACP 的参与。当需要在两个直连设备之间提供一个较大的链路带宽而设备又不支持 LACP 时,可以使用手工模式。手工模式可以实现增加带宽、提高可靠性和负载分担的目的。

作为链路聚合技术,手工负载分担聚合模式可以将多个物理接口聚合成一个聚合口来提高带宽,同时能够检测到同一聚合组内的成员链路有断路等有限故障,但是无法检测到链路层故障、链路错连等故障。

为了提高聚合的容错性,并且能提供备份功能,保证成员链路的高可靠性,出现了 LACP,LACP 模式就是采用 LACP 的一种链路聚合模式。

LACP 为交换数据的设备提供了一种标准的协商方式,以供设备根据自身配置自动形成聚合链路并启动聚合链路收发数据。聚合链路形成以后,LACP 负责维护链路状态,在聚合条件发生变化时,自动调整或解散链路聚合。

5. LACP 优先级

LACP 优先级分为系统 LACP 优先级和接口 LACP 优先级。

系统 LACP 优先级是为了区分两端设备优先级的高低而配置的参数。LACP 模式下,两端设备所选择的活动接口必须保持一致,否则链路聚合组就无法建立。此时可以使其中一端具有更高的优先级,另一端根据高优先级的一端来选择活动接口即可。系统 LACP 优先级的值越小,其优先级越高。

接口 LACP 优先级是为了区分同一个聚合组中的不同接口被选为活动接口的优先程度,优先级高的接口将优先被选为活动接口。接口 LACP 优先级的值越小,其优先级越高。

6. 成员接口间 M:N 备份

LACP 模式链路聚合由 LACP 确定聚合组中的活动和非活动链路,又称为 M:N 模式,即 M 条活动链路与 N 条备份链路的模式。这种模式提供了更高的链路可靠性,并且可以在 M 条链路中实现不同方式的负载均衡。

7.3.2　参考案例:链路聚合配置

【案例说明】

如图 7-19 所示,S1 和 S2 之间运行 LACP,S1 接口 gei-0/1/1/5 与 S2 接口 gei-0/1/1/5 直连,S1 接口 gei-0/1/1/9 与 S2 接口 gei-0/1/1/9 直连。

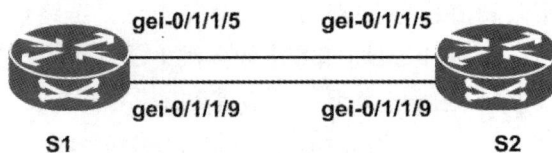

图 7-19　链路聚合示例图

【案例实施】

1. 掌握基本的配置和维护链路聚合的命令

基本的配置和维护链路聚合的命令，如表 7-7 所示。

表 7-7　基本的配置和维护链路聚合的命令

序号	命　令	功　能
1	ZXR10(config)#interface <smartgroup-name>	创建链路聚合组 smartgroup，并进入 smartgroup 接口配置模式。 "<smartgroup-name>"：链路聚合组名称。 注意：使用 no 命令可删除 smartgroup
2	ZXR10(config)#lacp	进入 LACP 配置模式
3	ZXR10(config-lacp)#lacp system-priority <priority>	配置 LACP 的系统优先级。使用"no"命令恢复成默认配置，缺省配置是 32 768
4	ZXR10(config-lacp)#lacp minimum-member < member_number>	配置全局的 smartgroup 协议 UP 阈值。使用 no 命令恢复成默认配置，配置全局 smartgroup 协议 UP 阈值，其范围为 1～8，缺省为 1
5	ZXR10(config-lacp)#interface <interface-name>	进入 LACP 接口配置模式，指定的端口名，只能进入 LACP 模块关注的以太口和 smartgroup 接口。聚合端口名称的格式为"smartgroup＋组号"，组号范围为 1～128
6	ZXR10(config-lacp-sg-if-smartgroup-name)#lacp mode {802.3ad ｜ on}	设置链路聚合组的聚合模式。使用 no 命令恢复成默认配置，指 smartgroup 接口聚合控制方式是采用 802.3ad 标准的 LACP 协议；"on"指静态 Trunk，此时不运行 LACP 协议
7	ZXR10(config)#load-balance-enhance global <mode>	设置链路聚合组的负荷分担方式。链路聚合负荷分担模式,支持的参数是 dst-ip、dst-ip-dst-port、dst-ip-src-dst-mac、dst-mac、dst-port、enhance、mac-vlan、src-dst-ip、src-dst-ip-src-dst-port、src-dst-mac、src-dst-port、src-ip、src-ip-src-port、src-mac、src-port、vlan
8	ZXR10(config-lacp-sg-if-smartgroup-name)#lacp minimum-member < member_number>	配置 smartgroup 协议 UP 阈值

序号	命　令	功　能
9	ZXR10(config-lacp-member-if-interface-name)# smartgroup <smartgroup-id> mode {passive | active | on}	添加接口到链路聚合组，并设置接口的链路聚合模式。使用 no 命令把相应接口从链路聚合组删除。 "passive"指接口的 LACP 处于被动协商模式；"active"指接口的 LACP 处于主动协商模式
10	ZXR10(config-lacp-member-if-interface-name)# lacp timeout {long | short}	配置 LACP 成员端口的长、短超时。使用 no 命令恢复为长超时
11	ZXR10(config-lacp-member-if-interface-name)# lacp port-priority <priority>	配置 LACP 的成员端口优先级。使用 no 命令恢复成默认配置，缺省配置是 32 768
12	ZXR10(config-lacp-sg-if-smartgroup-name)#lacp fast respond	配置 LACP 协商快速应答模式。使用 no 命令恢复成默认模式
13	ZXR10(config-lacp-sg-if-smartgroup-name)#lacp active limitation < member-number>	配置 smartgroup 最多可以激活多少成员。使用 no 命令恢复成默认值
14	ZXR10(config-lacp-sg-if-smartgroup-name)#lacp sys-priority<priority>	进入 smartgroup 接口配置模式，配置 LACP 的系统优先级。使用 no 命令恢复 LACP 系统优先级默认值。 配置 LACP 端口优先级，其范围为 1～65 535，缺省为 32 768
15	ZXR10#show lacp {[<smartgroup-id>] {counters | internal | neighbors}| sys-id}	查看 LACP 当前配置和状态

2. 配置思路

链路聚合配置步骤如下：

(1) 在 S1 和 S2 上创建 smartgroup1，并进入接口配置模式。

(2) 分别在 S1、S2 的接口配置模式下设置 smartgroup1 接口的交换属性。

(3) 全局模式下进入 LACP 配置模式，再进入所要配置的 smartgroup 接口。

(4) 将 S1、S2 上 smartgroup1 的聚合控制方式配置为采用 802.3ad 标准的 LACP，配置负荷分担策略以及最小成员数。

(5) 全局模式下进入 LACP 配置模式，再进入所要配置实接口。

(6) 分别将图中 S1、S2 的实接口绑入 smartgroup1。

(7) 分别为 S1、S2 上 smartgroup1 中成员接口配置 LACP 协商模式以及超时时长。

3. 数据规划

根据案例要实现的功能，数据规划如表 7-8 所示。

表 7-8 数 据 规 划

数 据	设备 1(S1)	设备 2(S2)
聚合接口	gei-0/1/1/5 gei-0/1/1/9	gei-0/1/1/5 gei-0/1/1/9
聚合模式	802.3ad	802.3ad
负荷均衡模式	dst-mac	dst-mac
协商模式	Active	Active

4. 数据配置

S1 的配置如下:

S1(config)#interface smartgroup1

S1(config-if)#switch attribute enable

S1(config-if)#exit

S1(config)#lacp

S1(config-lacp)#interface smartgroup1

S1(config-lacp-sg-if)#lacp mode 802.3ad

S1(config-lacp-sg-if)#lacp load-balance　dst-mac

S1(config-lacp-sg-if)#lacp　minimum-member 1

S1(config-lacp-sg-if)#exit

S1(config-lacp)#interface gei-0/1/1/5

S1(config-lacp-member-if)#smartgroup 1 mode active

S1(config-lacp-member-if)#lacp timeout short

S1(config-lacp-member-if)#exit

S1(config-lacp)#interface gei-0/1/1/9

S1(config-lacp-member-if)#smartgroup 1 mode active

S1(config-lacp-member-if)#lacp timeout short

S1(config-lacp-member-if)#exit

S2 的配置如下:

S2(config)#interface smartgroup1

S2(config-if)#switch attribute enable

S2(config-if)#exit

S2(config)#lacp

S2(config-lacp)#interface smartgroup1

S2(config-lacp-sg-if)#lacp mode 802.3ad

S2(config-lacp-sg-if)#lacp load-balance　dst-mac

S2(config-lacp-sg-if)#lacp　minimum-member 1

S2(config-lacp-sg-if)#exit

S2(config-lacp)#interface gei-0/1/1/5

S2(config-lacp-member-if)#smartgroup 1 mode active

S2(config-lacp-member-if)#lacp timeout short

S2(config-lacp-member-if)#exit

S2(config-lacp)#interface gei-0/1/1/9

S2(config-lacp-member-if)#smartgroup 1 mode active

S2(config-lacp-member-if)#lacp timeout short

S2(config-lacp-member-if)#end

5. 案例验证

在路由器 S1 上输入"show lacp 1 internal"，可以显示 LACP 组 1 的配置情况，如图 7-20 所示。LACP 的聚合状态是 Active，说明聚合成功。

```
S1(config)#show lacp 1 internal
Smartgroup:1
Flags:          * - Port is Active member Port
                S - Port is requested in Slow LACPDUs   F - Port is requested
in Fast LACPDUs
                A - Port is in Active mode              P - Port is in Passive
mode
Actor           Agg        LACPDUs Port      Oper   Port RX           Mux
Port[Flags]     State      Interval Priority Key    State Machine     Machin
e
------------------------------------------------------------------------------------
gei-0/1/1/5 [FA*]  ACTIVE    1       32768   0x111  0x3f  CURRENT      COLL
/*端口聚合。Active: 聚合成功; Inactive: 聚合失败*/
gei-0/1/1/9 [FA*]  ACTIVE    1       32768   0x111  0x3f  CURRENT      COLL
```

图 7-20　LACP 组配置情况

在路由器 S1 上输入"show lacp 1 neighbors"，如图 7-21 所示，可知 S1 的聚合邻居对象是交换机 S2 的端口 9 和 5，优先级分别是 255 和 32 768。

```
S1(config)#show lacp 1 neighbors    /*查看邻居*/
Smartgroup 1  neighbors
Actor        Actor      Partner              Partner   Port     Oper   Port
Port         Port No.   System ID            Port No.  Priority Key    State
------------------------------------------------------------------------------------
gei-0/1/1/9  54         0xffff, 0000.0000.0000 1        255      0x1    0x0
gei-0/1/1/5  52         0x8000, 00d0.d126.1000 52       32768    0x121  0x45
```

图 7-21　LACP 邻居

7.3.3　任务实施：配置交换机链路聚合

按照表 7-9 的要求完成任务。

表 7-9　任务实施表

任务	配置交换机链路聚合		
序号	子任务	输出	评估方法和标准
1	链路聚合数据规划	输出规划数据	规划数据完备且正确
2	配置链路聚合	输出配置脚本	脚本正确
3	配置验证，执行"show lacp 1 internal"	显示信息和状态信息截图	截图展示内容正确
4	业务验证：在服务器上开启FTP服务，在客户端上用FTP软件下载一个大文件，在下载过程中断开一条网线，观察前后速度变化。注意：此业务验证仅供参考	断开网线前后的速率截图	断开网线前速率快，断开网线后，FTP下载正常，但是速率变慢

7.3.4　任务拓展：配置交换机静态链路聚合

如图 7-22 所示，S1 接口 gei-0/1/1/5 与 S2 接口 gei-0/1/1/5 直连，S1 接口 gei-0/1/1/9 与 S2 接口 gei-0/1/1/9 直连，S1 和 S2 采用不协商的 on 模式建链。请完成数据规划、数据配置和业务验证。

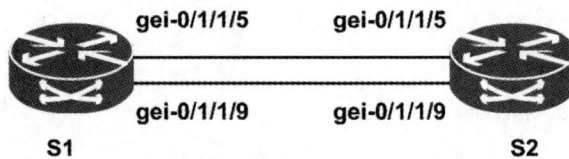

图 7-22　静态链路聚合示意图

模 块 总 结

VRRP 能够在无须修改动态路由协议和主机默认网关配置的前提下，有效地避免单一链路发生故障造成的网络中断问题，并且由于协议只定义了 VRRP 通告一种报文，冗余备份造成的额外网络开销很小，也大大降低了管理维护成本。除此之外，VRRP 还能通过简单的配置来实现简易的网络负载分担，是一种兼顾可靠性、易用性和兼容性的网络冗余备份协议。

DHCP 能够为网络内的终端快速且自动地分配 IP 地址，帮助网络管理人员将 IP 地址和其他 IP 信息分配给网络中的不同终端。DHCP 还可以为设备配置正确的子网掩码、默认网关和 DNS 服务器信息。DHCP 的应用使得网络管理者可以集中、自动管理分配 IP 地址，节省了手动配置的时间，工作效率大幅提升，同时能够有效避免手动配置导致的 IP 重复出错的风险。

链路聚合通过将多条以太网物理链路捆绑在一起成为一条逻辑链路，从而实现增加链路带宽的目的。同时，这些捆绑在一起的链路通过相互间的动态备份，可以有效地提高链路的可靠性。

模块 8　交换机的三层路由配置

交换机分为二层交换机和三层交换机两种。其中三层交换机既支持交换功能，也支持路由功能。在组网的时候，如果没有路由器或者网络，更多的是内部 VLAN 之间的流量，就可以用三层交换机当路由器使用，尤其是后者的情况，使用三层交换机工作效率会更高。本模块设置了配置三层交换机静态路由和配置三层交换机 OSPF 路由两个任务，帮助读者掌握在三层交换机上配置路由的方法，使读者能够在使用三层交换机组网时灵活运用，从而实现网络互连。

知识目标

(1) 了解三层交换机路由的原理；
(2) 掌握三层交换机配置静态路由的方法；
(3) 了解 OSPF 路由协议的概念和工作原理，掌握 OSPF 协议的基本配置方法。

技能目标

(1) 会在三层交换机上配置静态路由；
(2) 会在三层交换机上配置 OSPF 协议。

8.1　任务 24　配置三层交换机静态路由

在本书开头给出的总体任务中，假设各楼不设置路由器，而是直接使用交换机进行楼层之间的互连，在这种情况下，要使用静态路由实现办公楼、教学楼和宿舍楼之间的三层互通。为了达到此目的，本任务要求如下：
(1) 三层交换机的静态路由数据规划；
(2) 在三层交换机上完成静态路由配置；
(3) 配置升级验证和业务验证；
(4) 输出过程文档。

8.1.1　知识准备：三层交换机路由

1. 三层交换机概述

三层交换机是在二层交换机的基础上增加了路由选择功能的网络设备。二层交换机能够基于数据链路层的 MAC 地址，进行数据帧或 VLAN 的传输，而三层交换机能够基于网络层的 IP 地址，实现路由选择以及分组过滤等功能。现在的企业内部网络、校园网以及数据中心等需要转发大量内部数据的应用场景都在使用三层交换机。

三层交换机既是交换机又是路由器：可以看成是具有多个以太网端口、具有交换功能的路由器。三层交换机通过检查数据包的 IP 地址和 MAC 地址来启用数据包交换，三层交换机能够将端口隔离到单独的 VLAN 中并在它们之间执行路由。与传统路由器一样，三层交换机也可以配置支持 RIP、OSPF、BGP 等路由协议。

三层交换机和路由器之间的区别主要表现在硬件、接口和协议等方面。

1) 硬件

三层交换机与路由器之间的主要区别在于硬件，三层交换机内部的硬件融合了传统交换机和路由器的硬件，通过集成电路硬件改进了路由器的某些软件逻辑，为 LAN 提供了更好的性能。此外，专为企业网使用而设计的三层交换机通常没有 WAN 端口，并且具有传统路由器通常具有的功能，因此三层交换机最常用于支持 VLAN 之间的路由。

2) 接口

三层交换机与路由器的另一个区别是三层交换机支持的接口有限，通常只有以太网的 RJ45 和 SFP 接口，而路由器有更多的支持其他协议的接口。

3) 协议

路由器适用于不同的网络和协议，它是家庭、小型企业网、广域网、互联网中无处不在的硬件，允许连接到它的设备与互联网之间进行通信，允许网络跨越不同的协议，比如使用 ATM、IPX(Internetwork Packet Exchange，互联网分组交换协议)、IP、PPP(Point to Point Protocol，点对点协议)等协议的网络互联。

2. 三层交换机路由过程

源主机在发起通信之前，会将主机的 IP 与目的主机的 IP 进行比较，如果两者位于同一个网段(用网络掩码计算后具有相同的网络号)，那么源主机直接向目的主机发送 ARP 请求，在收到目的主机的 ARP 应答后获得对方的物理层(MAC)地址，然后用对方 MAC 作为报文的目的 MAC 进行报文发送。位于同一 VLAN(三层交换时是不同网段)中的主机互访就属于这种情况，这时用于互连的交换机执行二层交换转发。

当源主机判断出目的主机与主机位于不同的网段时，它会通过 GW 来转发报文，即发送 ARP 请求来获取网关 IP 地址对应的 MAC，在得到网关的 ARP 应答后，用网关 MAC 作为报文的目的 MAC 进行报文发送。注意，发送报文的源 IP 是源主机的 IP，目的 IP 仍然是目的主机的 IP。位于不同 VLAN(三层交换时是不同网段)中的主机互访就属于这种情况，这时用于互连的交换机执行三层交换转发。

如图 8-1 所示，通信的源主机、目的主机连接在同一台三层交换机上，但它们位于不同 VLAN。对于三层交换机来说，这两台主机都位于它的直连网段内，它们的 IP 对应的路由都是直连路由。

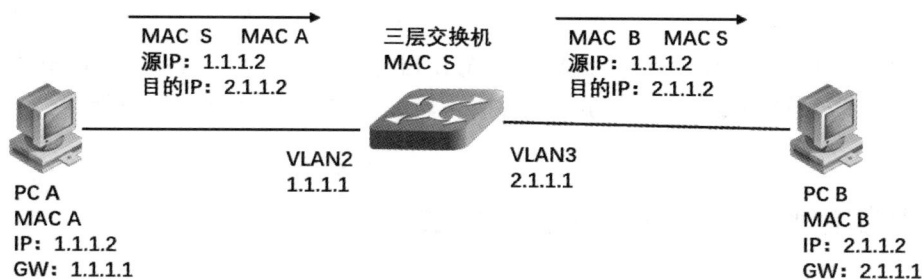

图 8-1　VLAN 三层转发过程示意图

当 PC A 向 PC B 发起 ICMP 请求时，流程如下：

(1) PC A 首先检查出目的 IP 地址 2.1.1.2 与自己不在同一个网段，因此它发出网关地址 1.1.1.1 对应的 MAC 的 ARP 请求。

(2) 三层交换机收到 PC A 的 ARP 请求后，检查请求报文，发现被请求的 IP 是自己的三层接口 IP，因此发送 ARP 应答并将自己的三层接口 MAC(MAC S)包含在其中。同时它还会把 PC A 的 IP 地址与 MAC 地址对应关系(1.1.1.2：MAC A)记录到自己的 ARP 表项中。

(3) PC A 得到网关(三层交换机接口)的 ARP 应答后，组装 ICMP 请求报文并发送，报文的目的 MAC 为 MAC S、源 MAC 为 MAC A、源 IP 为 1.1.1.2、目的 IP 为 2.1.1.2。

(4) 三层交换机收到报文后，首先根据报文的源 MAC 和 VID(即 VLAN ID)更新 MAC 地址表。然后根据报文的目的 MAC 和 VID 查找 MAC 地址表，发现匹配了自己三层接口 MAC 的表项。注意，三层交换机为 VLAN 配置三层接口 IP 后，会在交换芯片的 MAC 地址表中添加三层接口 MAC 和 VID 的表项，并且为表项标记三层转发。当报文的目的 MAC 匹配该表项时，说明需要执行三层转发，于是继续查找交换芯片的三层表项。

(5) 芯片根据报文的目的 IP 去查找其三层表项，由于之前未建立任何表项，因此查找失败，于是会将报文送到 CPU 去进行软件处理。

(6) CPU 根据报文的目的 IP 去查找其软件路由表，发现匹配了一个直连网段(PC B 对应的网段)，于是继续查找其软件 ARP 表，仍然查找失败。然后三层交换机会在目的网段对应的 VLAN3 的所有端口发送地址 2.1.1.2 对应 MAC 的 ARP 请求。

(7) PC B 收到三层交换机发送的 ARP 请求后，检查发现被请求的 IP 是自己的 IP，因此发送 ARP 应答并将自己的 MAC(MAC B)包含在其中。同时，将三层交换机的 IP 与 MAC 的对应关系(2.1.1.1：MAC S)记录到自己的 ARP 表中。

(8) 三层交换机收到 PC B 的 ARP 应答后，将其 IP 和 MAC 对应关系(2.1.1.2：MAC B)记录到自己的 ARP 表中，并将 PC A 的 ICMP 请求报文发送给 PC B，报文的目的 MAC 修改为 PC B 的 MAC(MAC B)，源 MAC 修改为自己的 MAC(MAC S)。同时，在交换芯片的三层表项中根据刚才得到的三层转发信息添加表项(内容包括 IP、MAC、出口 VLAN、出端口等)，这样后续的 PC A 发送 PC B 的报文就可以通过该硬件三层表项直接转发了。

(9) PC B 收到三层交换机转发过来的 ICMP 请求报文以后，回应 ICMP 应答给 PC A。ICMP 应答报文的转发过程与前面类似，只是由于三层交换机在之前已经得到 PC A 的 IP 和 MAC 对应关系了，也同时在交换芯片中添加了相关的三层表项，因此这个报文直接由交换芯片硬件转发给 PC A。

这样，后续的往返报文都经过查 MAC 表和查三层转发表后由交换芯片直接进行硬件转发。

从上述流程可以看出，三层交换机正是充分利用了"一次路由(首包 CPU 转发并建立三层转发硬件表项)、多次交换(后续包芯片硬件转发)"的原理实现了转发性能与三层交换的统一。

8.1.2　参考案例：三层交换机静态路由配置

【参考案例】

一个办公室四台计算机接到了同一个交换机上，A 和 B 属于一个 VLAN，C 和 D 属于另外一个 VLAN，如图 8-2 所示，要求每两台计算机之间都能够互相通信。

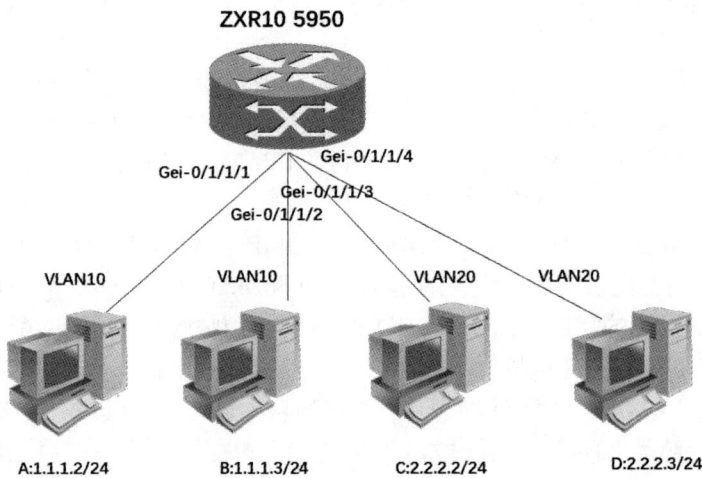

图 8-2　三层交换机实现 VLAN 之间互通拓扑图

【案例实施】

1. 掌握三层交换机基本配置和维护命令

三层交换机基本配置和维护命令如表 8-1 所示。

表 8-1　三层交换机基本配置和维护命令

序号	命　　令	功　　能
1	ZXR10(config)#switchvlan-configuration	进入交换机 VLAN 配置模式
2	ZXR10(config-swvlan)#interface <interface-name>	进入交换机 VLAN 端口配置模式
3	ZXR10(config-if-interface-name)#ip address<ip-address><net-mask>[<broadcast-address>|secondary]	配置 IP 地址
4	ZXR10(config-swvlan-if-ifname)#switchport mode {access|hybrid|trunk}	设置端口的 VLAN 链路模式。缺省模式为 Access
5	ZXR10(config-swvlan-if-ifname)#switchport access vlan<vlan_id>	将 Access 端口加入 VLAN，如果该 VLAN 不存在，则创建 VLAN

2. 配置思路

三层交换机与二层交换机都不能在物理接口上配置 IP 地址，但是三层交换机可以设置一个虚拟的 VLAN 接口，在 VLAN 虚拟接口上配置 IP，从而实现 VLAN 之间的通信。VLAN 虚拟接口的 IP 地址就是归属于这个 VLAN 的所有主机的默认网关，不同的 VLAN 虚拟接口的 IP 地址与路由器的不同接口一样，不能在同一个网段里。

三层交换机静态路由配置步骤如下：

(1) 将三层交换机划分为 2 个 VLAN，每个 VLAN 包含 2 个接口。

(2) 交换机的每个端口设置为 Access 模式。

(3) 给交换机的每个 VLAN 设置 IP 地址。

(4) 设置计算机的网关为 VLAN 的 IP 地址。

3. 数据规划

根据任务要求，数据规划如表 8-2 所示。

表 8-2 数 据 规 划

序号	设备	接口	地址	VLAN
1	计算机 A		IP:1.1.1.2/24	10
			GW:1.1.1.1	
2	计算机 B		IP:1.1.1.3/24	10
			GW:1.1.1.1	
3	计算机 C		IP:2.2.2.2/24	20
			GW:2.2.2.1	
4	计算机 D		IP:2.2.2.3/24	20
			GW:2.2.2.1	
5	ZXR10 5950	gei-0/1/1/1 gei-0/1/1/2	1.1.1.1/24	10
		gei-0/1/1/3 gei-0/1/1/4	2.2.2.1/24	20

4. 数据配置

三层交换机数据配置如下：

```
ZXR10#config terminal
ZXR10(config)#interface vlan10
ZXR10(config-if)#ip add 1.1.1.1 255.255.255.0
ZXR10(config-if)#no shutdown
ZXR10(config-if)#exit
ZXR10(config)#interface vlan20
ZXR10(config-if)#ip add 2.2.2.1 255.255.255.0
ZXR10(config-if #no shutdown
ZXR10(config-if)#exit
```

ZXR10(config)#switchvlan-configuration

ZXR10(config-swvlan)#interface gei-0/1/1/1

ZXR10(config-swvlan-if-gei-0/1/1/1)#switchport access vlan 10

ZXR10(config-swvlan-if-gei-0/1/1/1)#exit

ZXR10(config-swvlan)# interface gei-0/1/1/2

ZXR10(config-swvlan-if-gei-0/1/1/2)#switchport access vlan 10

ZXR10(config-swvlan-if-gei-0/1/1/2)#exit

ZXR10(config-swvlan)# interface gei-0/1/1/3

ZXR10(config-swvlan-if-gei-0/1/1/3)#switchport access vlan 20

ZXR10(config-swvlan-if-gei-0/1/1/3)#exit

ZXR10(config-swvlan)# interface gei-0/1/1/4

ZXR10(config-swvlan-if-gei-0/1/1/4)#switchport access vlan 20

ZXR10(config-swvlan-if-gei-0/1/1/4)#exit

ZXR10(config)#exit

ZXR10#write

5. 案例验证

在交换机上执行"show interface vlan10"和"show interface vlan20"检查接口配置, 如图 8-3 和图 8-4 所示, 接口状态均为 up。执行"show vlan"显示 VLAN 配置数据, 如图 8-5 所示。执行"show ip for route", 显示路由配置信息, 如图 8-6 所示, 可以看到交换机上产生 2 条直连路由, 它们的接口是 VLAN10 和 VLAN20。

```
ZXR10#show interface vlan10
vlan10 is up, line protocol is up, IPv4 protocol is up, IPv6 protocol is down, d
etected status is RX-OK/TX-OK
  Last line protocol up time : 2011-08-20 16:56:58
  Hardware is Vlan, address is 744a.a408.e88c
  Internet address is 1.1.1.1/24
  BW 1000000 Kbps
  IP MTU 1500 bytes
  MPLS MTU 1550 bytes
  ARP type ARP
  ARP Timeout 04:00:00
  Current Time : 2011-08-20 17:01:08
```

图 8-3　VLAN10 接口配置和状态

```
ZXR10#show interface vlan20
vlan20 is up, line protocol is up, IPv4 protocol is up, IPv6 protocol is down, d
etected status is RX-OK/TX-OK
  Last line protocol up time : 2011-08-20 16:59:04
  Hardware is Vlan, address is 744a.a408.e88c
  Internet address is 2.2.2.1/24
  BW 1000000 Kbps
  IP MTU 1500 bytes
  MPLS MTU 1550 bytes
  ARP type ARP
  ARP Timeout 04:00:00
  Current Time : 2011-08-20 17:01:11
```

图 8-4　VLAN20 接口配置和状态

```
ZXR10#show vlan
VLAN    Name     PvidPorts              UntagPorts            TagPorts
------------------------------------------------------------------------
1       vlan0001 gei-0/1/1/6-28
                 xgei-0/1/2/1-4
10      vlan0010 gei-0/1/1/1-2
20      vlan0020 gei-0/1/1/3-4
```

图 8-5　VLAN 配置信息

```
ZXR10#show ip for route
IPv4 Routing Table:
Headers: Dest: Destination,  Gw: Gateway,  Pri: Priority;
Codes  : BROADC: Broadcast, USER-I: User-ipaddr, USER-S: User-special,
         MULTIC: Multicast, USER-N: User-network, DHCP-D: DHCP-DFT,
         ASBR-V: ASBR-VPN, STAT-V: Static-VRF, DHCP-S: DHCP-static,
         GW-FWD: PS-BUSI, NAT64: Stateless-NAT64, LDP-A: LDP-area,
         GW-UE: PS-USER, P-VRF: Per-VRF-label, TE: RSVP-TE;
Status codes: *valid, >best;
     Dest           Gw             Interface      Owner      Pri Metric
*>  1.1.1.0/24      1.1.1.1        vlan10         Direct     0   0

*>  1.1.1.1/32      1.1.1.1        vlan10         Address    0   0

*>  2.2.2.0/24      2.2.2.1        vlan20         Direct     0   0

*>  2.2.2.1/32      2.2.2.1        vlan20         Address    0   0
```

图 8-6　路由配置信息

　　设置计算机 A 的 IP 地址为 1.1.1.2，掩码为 255.255.255.0，网关为 1.1.1.1；设置计算机 C 的 IP 地址为 2.2.2.2，掩码为 255.255.255.0，网关为 2.2.2.1。配置完成后，计算机 A 和计算机 B 之间互相 ping 都是通的。

8.1.3　任务实施：配置三层交换机静态路由

　　按照表 8-3 的要求完成任务。

表 8-3　任务实施表

任务	配置三层交换机静态路由		
序号	子 任 务	输　出	评估方法和标准
1	VLAN 之间路由数据规划	输出规划数据表格	规划数据完备且正确
2	配置 VLAN 间路由	输出配置脚本	脚本正确
3	配置验证，执行以下命令： 1. show vlan； 2. show ip for route	显示 VLAN 信息和状态信息截图	截图展示内容正确
4	业务测试：各楼之间计算机互相 ping	输入 ping 结果的截图	ping 是通的

8.1.4　任务拓展：配置多交换机路由

　　如图 8-7 所示，IP 地址为 10.5.1.17/24 的计算机，其连接的交换机端口 VLAN 为 100，它要和 IP 地址为 140.1.1.1/24、连接的交换机端口 VLAN 为 200 的计算机互通，请完成数据规划、数据配置和业务验证。

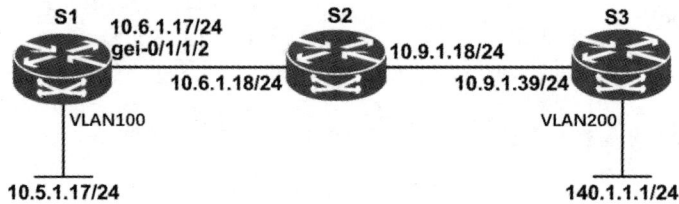

图 8-7   多交换机路由示意图

8.2   任务 25   配置三层交换机 OSPF 路由

在本书开头给出的总体任务中，假设各楼不设置路由器，而是直接使用交换机进行楼层之间的互连，在这种情况下，要使用 OSPF 协议实现办公楼、教学楼和宿舍楼之间的三层互通。为了达到此目的，本任务要求如下：

(1) 完成三层交换机 OSPF 数据规划；
(2) 在三层交换机上完成 OSPF 设置；
(3) 配置数据验证和业务验证；
(4) 输出过程文档。

8.2.1   知识准备：VLAN 下配置 OSPF

OSPF 协议的知识请参考任务 15。

8.2.2   参考案例：三层交换机 OSPF 配置

【参考案例】

如图 8-8 所示，在交换机 S1、S2、S3 接口上配置并启动 OSPF，使得交换机之间能通过 OSPF 协议学习到路由，从而完成网络互连。

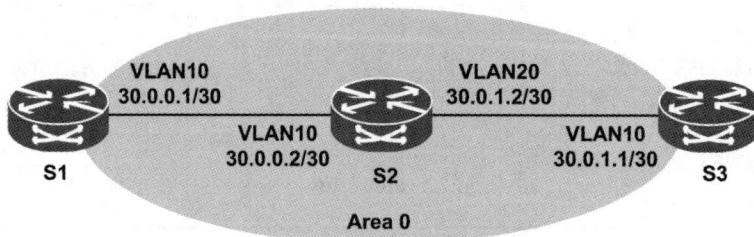

图 8-8   OSPF 基本配置实例

【案例实施】

1. 掌握基本的三层交换机配置和维护 OSPF 协议的命令

三层交换机基本的配置和维护 OSPF 协议的命令如表 8-4 所示。

表 8-4　三层交换机基本的配置和维护 OSPF 协议的命令

序号	命　　令	功　　能
1	ZXR10(config)#router ospf <process-id> [vrf <vrf-name>]	启动 OSPF 进程
		协议启动后，将会自动从当前的接口中选择一个作为 OSPF 协议的 Router ID 地址。当路由器上没有接口有 IP 地址时，将会选不到 Router ID，此时可以通过配置一个接口地址让 OSPF 动态获取或者手动配置 Router ID 并 clear 一下 OSPF 的进程
2	ZXR10(config-ospf-number)#area<area-id>	进入 Area 配置模式
3	ZXR10(config-ospf-number-area-id) #network <ip-address> <wildcard-mask> area <area-id>	定义 OSPF 协议运行的接口以及对这些接口定义区域 ID，如果该区域不存在，则自动创建
4	ZXR10(config-ospf-number)#router-id <ip-address>	配置路由器的 Router ID
		建议使用 Loopback 地址作为路由器的 Router ID
5	ZXR10(config-ospf-number)#end	返回到特权模式
	ZXR10#clear ip ospf process <process-id>	将 OSPF 进程重新启动

2. 配置思路

三层交换机的 OSPF 配置和路由器的 OSPF 配置基本一致，区别在于三层交换机中 OSPF 启动的接口和地址是 VLAN 接口和 VLAN 的接口地址。

3. 数据规划

按照案例要求实现的功能，数据规划如表 8-5 所示。

表 8-5　数　据　规　划

设备	Router ID	VLAN	VLAN IP
S1	1.1.1.2	10	30.0.0.1/30
S2	1.1.1.3	10	30.0.0.2/30
S2	1.1.1.3	20	30.0.1.2/30
S3	1.1.1.4	10	30.0.1.1/30

4. 数据配置

S1 的配置如下：

S1(config)#interface vlan10
S1(config-if-vlan10)#ip address 30.0.0.1 255.255.255.252
S1(config-if-vlan10)#exit
S1(config)#router ospf 10
S1(config-ospf-10)#area 0
S1(config-ospf-10-area-0)#network 30.0.0.0 0.0.0.3
S1(config-ospf-10)#exit

S2 的配置如下：

S2(config)#interface loopback1

S2(config-if-loopback1)#ip adderss 1.1.1.3 255.255.255.255

S2(config-if-loopback1)#exit

S2(config)#interface vlan10

S2(config-if-vlan10)#ip address 30.0.0.2 255.255.255.252

S2(config-if-vlan10)#exit

S2(config)#interface vlan20

S2(config-if-vlan20)#ip address 30.0.1.2 255.255.255.252

S2(config-if-vlan20)#exit

S2(config)#router ospf 10

S2(config-ospf-10)#area 0

S2(config-ospf-10-area-0)#network 30.0.0.0 0.0.0.3

S2(config-ospf-10-area-0)#network 30.0.1.0 0.0.0.3

S2(config-ospf-10)#exit

S3 的配置如下：

S3(config)#interface loopback1

S3(config-if-loopback1)#ip adderss 1.1.1.4 255.255.255.255

S3(config-if-loopback1)#exit

S3(config)#interface vlan10

S3(config-if-vlan10)#ip address 30.0.1.1 255.255.255.252

S3(config-if-vlan10)#exit

S3(config)#router ospf 10

S3(config-ospf-10)#area 0

S3(config-ospf-10-area-0)#network 30.0.1.0 0.0.0.3

S3(config-ospf-10)#exit

5. 案例验证

在交换机 S1 和 S2 上分别输入"show ip ospf"，图 8-9 显示了交换机 S1 的 OSPF 服务被激活，Router ID 是 30.0.0.1。需要说明的是，因为 S1 没有配置 Loopback 地址，因此 Router ID 会采用 IP 地址最大的接口的地址。图 8-10 显示了交换机 S2 的 Router ID 是 1.1.1.3。

```
S1(config)#show ip ospf
OSPF 10 Router ID 30.0.0.1 enable
 Enabled for 00:00:21,Debug on
 Number of areas 1, Stub 0, Transit 0
 Number of interfaces 1
...
    Area 0.0.0.0 enable
        Enabled for 00:00:05
        Area has no authentication
        Times spf has been run 1
        Number of interfaces 1. Up 1
```

```
S2(config)#show ip ospf
OSPF 10 Router ID 1.1.1.3 enable
 Enabled for 00:00:09,Debug on
 Number of areas 0, Normal 0, Stub 0, NSSA 0
```

图 8-9　路由器 S1 的 OSPF 状态　　　　图 8-10　路由器 S2 的 OSPF 状态

在 S3 上查看路由表，如图 8-11 所示，其中目的地址为 1.1.1.4/0 的路由即 OSPF 协议产生的路由，它的下一跳地址是 192.168.14.2，优先级是 115，Metric 为 20。

```
S3(config)#show ip protocol routing
Protocol routes:
status codes: *valid, >best, i-internal, s-stale
     Dest            NextHop         RoutePrf        RouteMetric     Protocol
*>  1.1.1.4/0       192.168.14.2    115             20              OSPF
*>  30.0.1.0/32     10.10.10.1      0               0               connected
*>  30.0.1.1/16     10.10.10.2      1               0               static
```

图 8-11　路由器 S3 的路由

8.2.3　任务实施：配置三层交换机 OSPF 路由

按照表 8-6 的要求完成任务。

表 8-6　任 务 实 施 表

任务	配置三层交换机 OSPF 路由		
序号	子 任 务	输　出	评估方法和标准
1	OSPF 数据规划	输出规划数据表格	规划数据完备且正确
2	配置 OSPF	输出配置脚本	脚本正确
3	配置验证，执行以下命令： 1. show ip ospf； 2. show ip protocol routing	显示信息和状态信息截图	截图展示内容正确
4	业务验证：在交换机 S1 上 ping S3 的 Loopback(环回)地址	Ping 测试结果截图	S1 ping S3 是通的

模 块 总 结

三层交换机是具备路由能力的交换机，在以内部数据流量为主的网络环境中，三层交换机应用更为普遍，因为交换机可以提供更大的数据转发能力。本模块描述了在三层交换机 ZXR10 5950 上配置静态路由和 OSPF 路由的方法。

三层交换机配置静态路由和 OSPF 路由的方法与路由器略有不同，因为三层交换机不能定义实际的接口，而是采用了 VLAN 接口，因此，接口地址、网关、OSPF 的启动都是针对 VLAN 接口的，其他的配置和路由器基本一致。

模块 9　网管系统的常用操作

ZENIC ONE ICN 是中兴通讯公司开发的管理交换机、路由器、PON、WLAN 等数据通信设备的网络管理系统。相比于命令行操作，使用网管系统对交换机和路由器进行配置和维护管理更加简单和直观，在看拓扑图、监控告警信息、安全管理和控制等方面可以直接图形化、可视化交互，便于操作和理解。本模块将介绍使用 ZENIC ONE ICN 来对交换机和路由器进行简单的操作和维护。

知识目标

(1) 了解 SNMP 的功能和工作原理；
(2) 熟悉 SNMP 网管系统的组成；
(3) 掌握交换机、路由器等设备的 SNMP 配置方法；
(4) 熟悉网管拓扑管理、告警管理、配置管理等常用功能。

技能目标

(1) 会登录中兴 ZENIC ONE ICN 网管系统；
(2) 会在中兴 ZENIC ONE ICN 网管系统上创建网元，并进行简单的配置和管理；
(3) 会查看网元的告警，了解告警的级别和处理方式；
(4) 会进行拓扑的定制化操作。

9.1　任务 26　开通交换机 SNMP 功能

在本书开头给出的总体任务的表 1 的需求标识栏的 X.1 中，要求校园网设置一台网管服务器，安装网管系统，通过网管系统可以对校园网的交换机和路由器进行管理和维护。因此，本任务要求如下：
(1) 完成 SNMP 数据配置，并将设备接入网管；
(2) 输出过程文档。

9.1.1　知识准备：SNMP 相关知识

1. SNMP 概述

交换机和路由器从诞生以来，一直采用的是命令行的人机交互方式，该方式对初学者和缺乏经验的人有难度。为了降低开通和维护交换机和路由器设备的难度，可以采用图形化人机界面的交互方式来管理网络，也就是使用网络管理系统来管理网络。要达成这个目标，首先要将交换机和路由器接入网络管理系统，然后才能在其上管理和维护设备，而交换机和路由器接入网管系统就要使用 SNMP(Simple Network Management Protocol，简单网络管理协议)。

SNMP 是由互联网工程任务组定义的一套网络管理协议，是专门设计用于在 IP 网络中管理网络节点，包括服务器、工作站、路由器、交换机、防火墙等设备的一种标准协议，它是应用层协议。SNMP 能够帮助网络管理员通过一台工作站完成对计算机、路由器和其他网络设备的远程管理和监视，及时发现和解决网络问题，提高网络管理效率。

SNMP 具有以下技术优点：

(1) 基于 TCP/IP 互联网的标准协议，传输层协议采用 UDP。

(2) 自动化网络管理。网络管理员可以利用 SNMP 平台在网络上的节点检索信息、修改信息、发现故障、完成故障诊断、进行容量规划和生成报告。

(3) 屏蔽不同设备的物理差异，实现对不同厂商产品的自动化管理。SNMP 只提供最基本的功能集，使得管理任务与被管设备的物理特性和实际网络类型相对独立，从而实现对不同厂商设备的管理。

(4) 简单的请求、应答方式和主动通告方式相结合，并有超时和重传机制。

(5) 报文种类少，格式简单，方便解析，易于实现。

(6) SNMPv3 版本提供了认证和加密安全机制，以及基于用户和视图的访问控制功能，增强了安全性。

2. SNMP 组成

SNMP 基本组件包括 NMS(Network Management System，网络管理系统)、Agent(代理进程)、MO(Management Object，被管理对象)和 MIB(Management Information Base，管理信息库)，如图 9-1 所示。

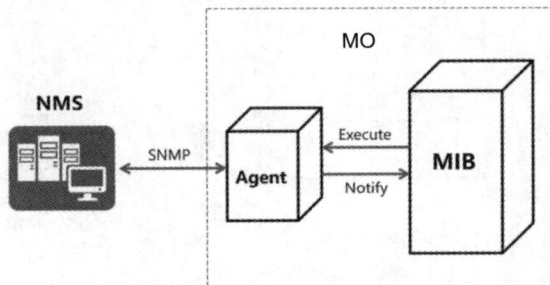

图 9-1　SNMP 组成示意图

下面详细介绍各组件的功能。

1) NMS

NMS 在网络中扮演管理者的角色，是一个采用 SNMP 协议对网络设备进行管理、监视的系统，运行在 NMS 服务器上，它完成以下工作：

- NMS 可以向设备上的 Agent 发出请求，查询或修改一个或多个具体的参数值。
- NMS 可以接收设备上的 Agent 主动发送的 trap(陷阱)信息，以获知被管理设备当前的状态。

2) Agent

Agent 是被管理设备中的一个代理进程，用于维护被管理设备的信息数据并响应来自 NMS 的请求，把管理数据发送给请求的 NMS。Agent 在接收到 NMS 的请求信息后，通过 MIB 表完成相应指令，并把操作结果响应给 NMS。当设备发生故障或者其他事件时，设备会通过 Agent 主动发送信息给 NMS，向 NMS 报告设备当前的状态变化。

3) MO

MO 指被管理对象。每一个设备可能包含多个被管理对象，被管理对象可以是设备中的某个硬件，也可以是在硬件、软件(如路由选择协议)上配置的参数集合。

4) MIB

MIB 是一个数据库，指明了被管理设备所维护的变量，是能够被 Agent 查询和设置的信息。MIB 在数据库中定义了被管理设备的一系列属性，如对象的名称、对象的状态、对象的访问权限和对象的数据类型等。通过 MIB 可以完成以下功能：

- Agent 通过查询 MIB 可以获知设备当前的状态信息。
- Agent 通过修改 MIB 可以设置设备的状态参数。
- SNMP 的 MIB 采用树状结构，它的根在最上面，根没有名字。

3. SNMP 工作流程

通过 SNMP 进行网络管理的基本原理是给交换机或者路由器中需要管理的对象分别分配一个唯一的 ID，即 OID(Object Identifier，对象标识符)，该 OID 的分配由 RFC 统一确定。当用户需要读取或修改某对象的值时，将该对象的 OID 以及操作类型(读或写)作为一个请求 SNMP 报文发送给交换机，交换机中的 SNMP 代理将根据 OID 找到具体的对象数据，然后进行相应的操作，并将结果通过响应 SNMP 报文返回给用户。

SNMP 的工作流程如图 9-2 所示。

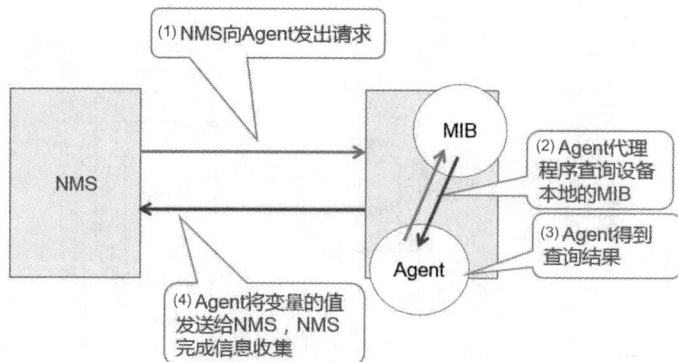

图 9-2　SNMP 的工作流程

由图 9-2 可知，SNMP 的工作流程如下：

(1) 运行 NMS 的网管服务器向网络设备的代理发起业务请求，如查询设备的一个告警信息。

(2) 网络设备查询设备的 MIB 得到设备索引信息。

(3) 网络设备代理根据索引信息查询到告警信息。

(4) 设备代理将告警信息发给 NMS，NMS 在服务器的监控器上显示告警信息。

4. SNMP 端口

SNMP 端口通常使用 UDP 端口，即端口 161/162，有时也使用 TLS(Transport Layer Security，传输层安全性协议)或 DTLS(Datagram Transport Layer Security，数据报传输层安全性协议)的端口，其具体使用情况如表 9-1 所示。

表 9-1　SNMP 使用的端口号

过　　程	协　议	端　口　号
代理进程接收请求信息	UDP	161
NMS 与代理进程之间的通信	UDP	161
NMS 接收通知信息	UDP	162
代理进程生成通知信息		任何可用的端口
接收请求信息	TLS/DTLS	10161
接收通知信息	TLS/DTLS	10162

5. SNMP 主要功能

下面从以下几个方面介绍 SNMP 的功能。

1) 配置管理

SNMP 负责监测和控制网络的配置状态，对网络的拓扑结构、资源、使用状态等配置信息进行监测和修改，包括网络规划、服务规划、服务提供、状态监测和控制等。

2) 性能管理

SNMP 负责网络通信信息(如流量、用户、访问的资源等)的收集、加工和处理，包括性能监视、性能分析、性能优化和性能报告生成等。

3) 故障管理

SNMP 能够迅速发现、定位和排除网络故障，包括故障警告、定位、测试、修复和记录等，保证网络的高可用性。

4) 安全管理

SNMP 能保证网络管理系统正确运行，保护被管理的目标免受侵扰和破坏，包括身份验证、密钥管理病毒预防、灾难恢复等。

5) 计费管理

SNMP 可正确地计算和收取用户使用网络服务的费用，进行网络资源利用率的统计，包括计费记录、用户账单、网络运行成本等。

9.1.2　参考案例：交换机 SNMP 配置

【案例说明】

某网络新增了一台交换机，要将此交换机接入网管，如图 9-3 所示。

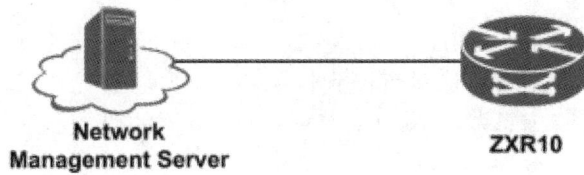

图 9-3   交换机与网管对接

【案例实施】

1. 掌握基本的配置和维护 SNMP 的命令

基本的 SNMP 配置和维护命令如表 9-2 所示。

表 9-2   基本的 SNMP 配置和维护命令

序号	命　令	功　能
1	ZXR10(config)#SNMP-server community \<community-name>[view \<view-name>][ro｜rw] [{[ipv4-access-list\<acl-name>][i　　　pv6-access-list \<acl-name>]}]	设置 SNMP 报文团体串
	ZXR10(config)#no　SNMP-sever　community \<community-name>	删除 SNMP 报文团体串
2	ZXR10(config)#SNMP-server context \<context>	定义 SNMP 上下文名称，长度为 1～30 个字符
	ZXR10(config)#no SNMP-server context \<context>	删除定义的 SNMP 上下文名称
3	ZXR10(config)#SNMP-server　enable　inform [\<inform-type>]	打开代理发送通知的开关并设置代理能发送的通知类型，类型可以是 BGP、OSPF、RMON、SNMP、STALARM、VPN、FTP-TFTP、CONFIG 等其中之一
	ZXR10(config)#no　SNMP-server enable inform [\<inform-type>]	关闭代理发送通知的开关
4	ZXR10(config)#snmp-server packetsize \<pkt-size>	设置 SNMP 的最大报文长度，单位为字节，其取值范围为 484～8192
	ZXR10(config)#no snmp-server packetsize	恢复默认设置
5	ZXR10(config)#SNMP-server enable trap [\<trap-type>]	打开代理发送 trap 的开关并设置，代理能发送的 trap 类型,类型可以是 BGP、OSPF、RMON、SNMP、STALARM、VPN、FTP-TFTP、CONFIG 等其中之一
	ZXR10(config)#no　SNMP-server　enable　trap [\<trap-type>]	关闭代理发送 trap 的开关

续表

序号	命　　　令	功　　　能
6	ZXR10(config)#SNMP-server engine-id <engineid>	设置 SNMP 的本地引擎 ID。SNMP 引擎是 SNMP 实体中的核心部分，完成 SNMP 消息的收发验证，提取 PDU 组装消息，与 SNMP 应用程序通信等功能，本地引擎 ID 长度为 1～24 个字符，缺省为 830900020300010289d64401，它必须用十六进制数字表示
	ZXR10(config)#no SNMP-server engine-id	恢复默认设置
7	ZXR10(config)#SNMP-server host [vrf <vpnname>] {<ipv6addr>|<ipv4addr>}{{trap|inform}} version {1|2c|3 {noauth|auth|priv}}<communitystring>[udp-port <udpport>][{[SNMP],[bgp],[mac],[ospf],[stp],[ppp], [arp],[rmon],[udld],[cfm],[efm],[lacp],[mc-elam],[tcp], [sctp],[stalarm],[cps],[interface],[acl],[fib],[pim],[isis], [rip],[msdp],[aps],[config],[am],[um],[system],[ldp], [pwe3],[vpn],[mpls-oam],[ptp],[tunnel -te],[radius], [dhcp],[bfd],[ippool],[ntp],[ssm],[sqa],[ipsec],[cgn], [vrrp],[ftp_tftp],[ping-trace],[gm]}]	设置接收 SNMP 通知的目的地，"SNMP-server host"命令需要与"SNMP-server enable"命令协同使用
	ZXR10(config)#no SNMP-server host [vrf <vpnname>]{<ipv 6addr>	<ipv4addr>}{{[trap	inform]]<communitystring>	取消接收 SNMP 通知的主机
8	ZXR10(config)#SNMP-server trap-source <trapsrc-ipadr>	配置所有 trap 的源 IP 地址
	ZXR10(config)#no SNMP-server trap-source	取消配置的 trap 的源 IP 地址
9	ZXR10(config)#SNMP-server version {v1	v2c	v3} enable	使能 SNMP 的 v1、v2c、v3 版本，默认情况下三个版本都是 disable
	ZXR10(config)#no SNMP version {v1	v2c	v3}	去使能指定 SNMP 版本
10	ZXR10#show SNMP	查看 SNMP 的状态属性值
11	ZXR10#show SNMP config	查看能配置的 SNMP 的状态属性值
12	ZXR10#show SNMP user	显示 SNMP 配置的用户

2. 配置思路

交换机配置 SNMP 的步骤如下：

(1) 设置 SNMP 报文共同体。SNMPv1/v2c 采用共同体认证方式，SNMP 共同体由字符串命名，不同的共同体可具有只读(read-only)或读写(read-write)访问权限。

(2) 为配置的团体串指定视图名。当缺省 view 关键词时，将为配置的共同体指定默认视图；当缺省 ro|rw 关键词时，将为配置的共同体指定默认权限 ro。无论是只读还是读写

权限，其范围都受到视图 view 的限制，只能在允许的视图范围内进行操作。若省略 view 参数，则使用系统缺省的视图 DefaultView；若省略 ro/rw 参数，则使用 ro(只读)。

(3) 设置 trap。设置允许发送的 trap 类型和发送的目的主机，trap 是被管理设备主动向 NMS 发送的不经请求的信息，用于报告一些紧急的重要事件。在缺省配置时设备能发送所有的 trap 信息。

3. 数据配置

交换机配置如下：

ZXR10(config)#snmp-server packetSize 1400

ZXR10(config)#snmp-server engine-id 830900020300010289d64401

ZXR10(config)#snmp-server community public view AllView ro

ZXR10(config)#snmp-server host 61.139.48.18 inform version 2c public udp-port 162 snmp

ZXR10(config)#snmp-server enable trap SNMP

ZXR10(config)#snmp-server enable trap VPN

ZXR10(config)#snmp-server enable trap BGP

ZXR10(config)#snmp-server enable trap OSPF

ZXR10(config)#snmp-server enable trap RMON

ZXR10(config)#snmp-server enable trap STALARM

ZXR10(config)#snmp-server enable inform SNMP

ZXR10(config)#snmp-server enable inform VPN

ZXR10(config)#snmp-server enable inform BGP

ZXR10(config)#snmp-server enable inform OSPF

ZXR10(config)#snmp-server enable inform RMON

ZXR10(config)#snmp-server enable inform STALARM

ZXR10(config)#snmp-server version v2c enable

4. 案例验证

在交换机上输入"show SNMP config"命令检验配置，如图 9-4 所示。

```
ZXR10(config)#show SNMP config
snmp-server community encrypted d6ddeaa4dab74523b246fe346c94c31ae58b79ad47763964
38ea1e9bb01a9ef3 view AllView ro
snmp-server enable inform snmp
snmp-server enable inform bgp
snmp-server enable inform ospf
snmp-server enable inform rmon
snmp-server enable inform stalarm
snmp-server enable inform vpn
snmp-server enable trap snmp
snmp-server enable trap bgp
snmp-server enable trap ospf
snmp-server enable trap rmon
snmp-server enable trap stalarm
snmp-server enable trap vpn
snmp-server engine-id is 830900020300010289d64401
snmp-server host 61.139.48.18 inform version 2c encrypted d6ddeaa4dab74523b246fe
346c94c31ae58b79ad4776396438ea1e9bb01a9ef3 udp-port 162 snmp
snmp-server packetsize is 1400
snmp-server view Allview internet included
snmp-server view DefaultView system included
snmp-server security dynamic-trust-user idle-timeout 1800
snmp-server listen-port is 161
snmp-server version v2c enable
snmp-server input-limit 200
```

图 9-4　执行"show SNMP config"的结果

9.1.3　任务实施：开通交换机 SNMP 功能

按照表 9-3 的要求完成任务。

表 9-3　任务实施表

任务	开通交换机 SNMP 功能		
序号	子　任　务	输　　出	评估方法和标准
1	输入配置脚本	输出配置脚本	脚本正确
2	配置验证，执行命令"show SNMP config"	显示信息和状态信息截图	截图展示内容正确

9.1.4　任务拓展：开通路由器 SNMP 功能

在路由器 ZXR10 1800-2S 上完成 SNMP 配置，并将设备接入网管，为后续拓扑管理和网元管理创造条件。

9.2　任务 27　自动发现和添加设备

在校园网网络管理系统部署完成，且校园网所有的交换机和路由器使用 SNMP 协议接入网管之后，日常的设备管理和维护都可以在网管上进行，第一步就是使用网络拓扑功能。本任务要求如下：

(1) 使用网络拓扑功能中的设备自动发现功能发现设备；

(2) 使用设备自动发现功能完成设备添加；

(3) 输出过程文档。

9.2.1　知识准备：网管基础知识

1. 中兴通讯 ZENIC ONE ICN 智能园区网管介绍

ZENIC ONE ICN 智能园区网管是中兴通讯公司推出的集网络管理、SDN(Software Defined Network，软件定义网络)控制、网络分析三种功能融合在一起的管理、监控和分析系统。它面向网络管理，提供统一网元管理、拓扑管理、告警管理、资源管理等功能模块；面向 SDN 控制，提供设备自动开通、业务自动发放，用户业务策略随行等功能模块；面向网络分析，提供基于大数据和 AI(Artificial Intelligence，人工智能)的性能监测、资源展示、设备诊断等功能模块。该网管系统基于微服务容器化架构，功能组件服务化、可编排、可组合，支撑弹性管控系统构建。其丰富的运维功能组件，可以帮助运维人员轻松、高效地运维园区网络。

其特点主要有：

(1) B/S 架构。ZENIC ONE ICN 智能园区网管系统基于微服务化架构开发、部署、运行。它具有管理能力弹性易扩展、使用全新的 B/S 架构、统一 portal(门户)认证登录、浏览器方式直接访问、可随时切换中英文界面等多个优点。

(2) 融合管理。该网管可以统一管理中兴通讯品牌的路由器、交换机、PON(Passive Optical Network，无源光纤网络)、WLAN(Wireless Local Area Networks，无线局域网)等网络设备。其中的设备和链路自动发现，自动构建真实网络拓扑和定制化分组试图。

(3) 全时监测。该网管可以 7 × 24 小时全天候网络告警监控，以便运维人员实时掌控网络状况，并且支持告警转发，在符合条件的告警上报时，会将其通过邮件、短信或者微信发送给指定人员。

(4) 自动开通。网络设备在上电之后即可自动更新版本和配置，纳入网管管理，无需专业运维人员现场调测；园区业务的开通与配置支持模板化、场景化。维护人员选择场景化模板后直接批量下发到所有网元，可提升业务上线效率。

(5) 一键诊断。该网管提供了可视化 PON 链路诊断功能，可以对任一用户的端到端 PON 链路进行自动诊断；基于知识库，同时结合 AI 算法进行根因识别和定界，并提供根因分析，准确率超过 95%；一键智能诊断，可快速定位网络故障点，将故障点位置和故障原因可视化呈现。

2. 网络拓扑管理

管理一个网络，首先必须了解网络的组成和连接关系，即了解网络拓扑，这是保证网络正常运转以及进行各种网络维护的前提与基础，其主要意义在于：

(1) 识别网络对象的硬件情况。网络是由各种节点组成，节点主要是网络设备、服务器和客户机，因此首先需要识别这些节点的硬件组成。硬件识别包括了解设备的品牌、尺寸、配置、物理特性、处理能力、线缆以及配套设备情况。

(2) 判别网络的拓扑结构。在了解了网络中的关键部件之后，首先需要进一步了解它们是如何连接运行的，判断其使用的网络结构是点对点、星形、总线、环形、树状，还是网状或者混合型。其次了解网络的层级结构，判断其层级结构是接入层、汇聚层、核心汇聚层还是核心层，或者是 Spine-Leaf(叶脊)网络架构。最后了解每一层级有哪些具体的设备，它们的主要功能是什么等。

(3) 确定网络的互联。首先需要确定网络连接的设备和接入网络的方式，包括哪个设备与哪个设备互连、使用什么样的线缆、连接哪个接口、是单链路连接还是具备冗余链路等。

ZENIC ONE ICN 中的网络拓扑模块提供了组网的拓扑视图管理、自动发现、设备添加和管理功能。网络拓扑发现的主要目的是获取和维护网络节点的存在信息和它们之间的连接关系信息，并在此基础上绘制出整个网络拓扑图，从而方便网络管理员在拓扑图的基础上对故障节点进行快速定位。

网络拓扑功能如表 9-4 所示。

表 9-4　网络拓扑功能

功能	功能描述	子功能	子功能描述
拓扑视图	拓扑视图用于构造并管理整个网络的拓扑结构，以反映网元的组网情况和运行状态。用户通过浏览拓扑视图可以实时直观地了解和监控整个网络的运行情况	子图层	在不同图层显示不同层次的节点信息，并提供相关功能操作，如隐藏链路、查看组网等
		工具栏	拓扑图中专用工具栏对应不同的操作，如移动拓扑图、查看拓扑节点等
		网元树	网元树是以分支关系定义的层次结构，在网元树中通过设置过滤条件，可快速查找到相应的网元节点
		分组管理	为了方便管理 ZENIC ONE ICN 系统中的资源，ZENIC ONE ICN 系统对所管理的下级网元会进行定制化分组
设备自动发现	对设备进行管理，如发现、添加设备等	设备自动发现	基于 SNMP 协议，搜索具有一定特征的物理网元。例如，物理网元与 ZENIC ONE ICN 通信正常，但在 ZENIC ONE ICN 上没有建立相应的逻辑网元。此时会先通过 SNMP 网元发现，然后 ZENIC ONE ICN 自动为物理网元创建对应的逻辑网元，从而减少手工配置操作
		设备添加	添加网元设备
		IT 设备添加	添加第三方设备
链路管理	对链路进行管理，如发现、维护链路等	链路管理	通过链路自动发现功能可自动发现指定网元之间的链路信息。链路自动发现包括手工执行和定时执行两种方式。 手工执行链路自动发现：通过手工选择网元，设置执行策略，手工下发命令执行链路发现。 定时执行链路自动发现：通过设置定时器参数来指定执行时间，设置定时器策略指定对发现链路采取的处理方式，从而实现网管定时自动进行链路发现操作
		链路维护	链路的维护，包括链路查询、新建、删除、导入/导出等

9.2.2　参考案例：自动发现和添加设备

【案例说明】

在网管上自动发现并添加设备。

【案例实施】

网络设备发现是识别和映射网络基础架构(如路由器、交换机、集线器、防火墙、无线接入点、服务器、虚拟机等)中存在的设备和接口的过程。网络发现是网络管理的第一步，也是成功监控解决方案的关键。该过程不仅涉及发现网络设备，还涉及收集设备信息以创建广泛的网络清单。

设备自动发现功能可通过配置 SNMP 协议的参数，来自动搜索指定网段内的网元设备并批量添加到网管。

设备自动发现包括手动发现和定时发现两种策略。

- 手动发现：通过设置 SNMP 网元自动发现参数，手动下发命令执行自动发现网元的任务。

- 定时发现：通过设置定时参数来指定执行时间，实现系统定时执行自动发现网元的任务。

设备自动发现和添加的操作步骤如下：

(1) 登录 ZENIC ONE ICN 网管，工作台中的"网络拓扑"模块如图 9-5 所示。

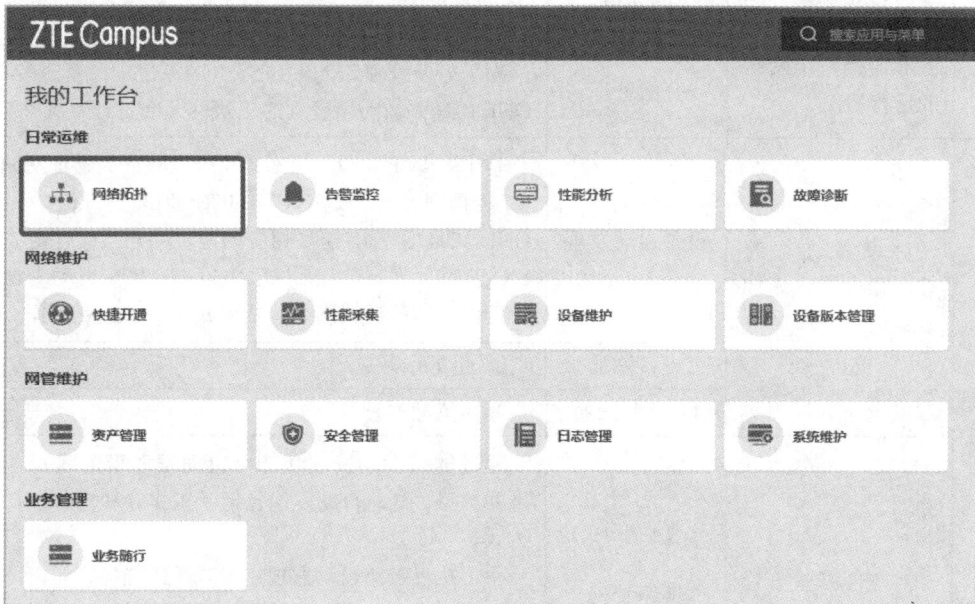

图 9-5　工作台界面

(2) 单击屏幕左侧的"拓扑视图"，可以显示网管上的设备以及它们之间的连接关系，如图 9-6 所示。

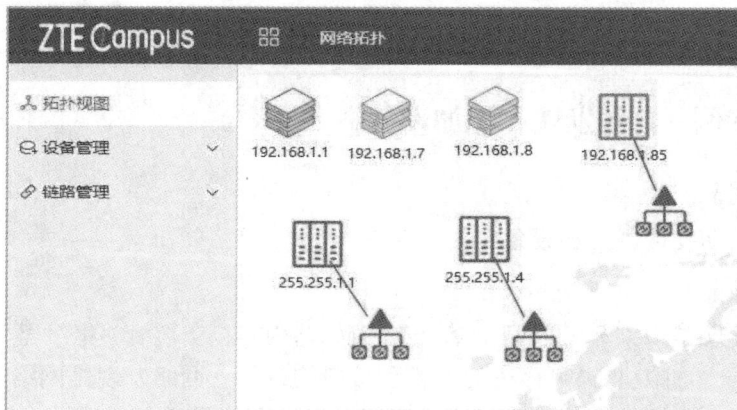

图 9-6　网管拓扑视图

(3) 在 ZENIC ONE ICN 主页面中，单击"网络拓扑"页面左侧的"设备管理"→"设备自动发现"，打开"参数配置"页面，如图 9-7 所示。

图 9-7　"参数配置"页面

在"定时设定"选项栏中，选择网元自动发现的策略：

• 若勾选"开启定时发现"，则表示网元自动发现策略为定时发现，需在"定时设定"选项栏中设置"时间间隔"参数。

• 若不勾选"开启定时发现"，则表示网元自动发现策略为手动发现。

(4) 设置"发现协议""SNMP 协议信息""超时重试"和"发现网段"等选项栏的参数。

(5) 单击"保存参数"，完成自动发现参数的设置。

• 当网元自动发现策略选择定时发现时，系统定时执行网元自动发现，在"任务进度"列表中，可以查看自动发现网段的任务进度情况。

• 当网元自动发现策略选择手动发现时，在"任务进度"列表中，选中未执行的任务，单击"立即执行"按钮，开始自动发现网元。

(6) 在 ZENIC ONE ICN 主页面中，单击"网络拓扑"页面左侧的"设备管理"→"设备添加"菜单，打开添加设备的页面，如图 9-8 所示。

图 9-8　添加设备页面

(7) 通过选择设备类型来添加设备，可以添加的设备包括 WLAN、交换机、路由器、PON 等，如图 9-9 所示。

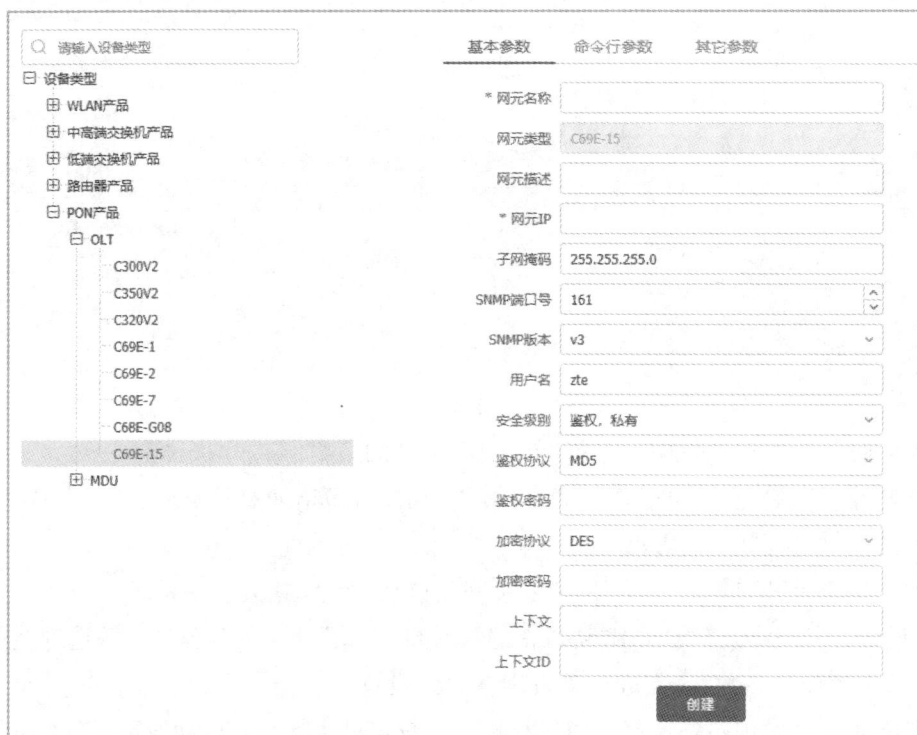

图 9-9　选择设备类型

(8) 在选择设备类型后，输入设备的基本参数、命令行参数、其他参数，单击"创建"按钮添加设备。

9.2.3　任务实施：自动发现和添加校园网设备

按照表 9-5 的要求完成任务。

表 9-5　任务实施表

任务	自动发现和添加校园网设备		
序号	子任务	输出	评估方法和标准
1	登录网管	正确登录网管	出现工作台界面
2	执行自动发现功能	自动发现设备的截图	截图展示内容正确
3	添加设备	在网管上添加设备	设备添加成功
4	自动发现的设备与实际设备比较		两者一致

9.2.4　任务拓展：以手动发现方式添加路由器网元

本拓展任务要求如下：

(1) 使用网络拓扑功能中的设备手动发现功能发现任务 26 中配置的路由器设备；

(2) 使用设备手动发现功能完成该路由器设备添加；

(3) 输出过程文档。

9.3　任务 28　管理交换机网元

本任务学习使用 ZENIC ONE ICN 网管管理交换机，具体要求如下：

(1) 在办公楼的一楼新增一台交换机；

(2) 使用网管在交换机上配置 VLAN 并为 VLAN 添加端口；

(3) 验证配置结果；

(4) 查看机架、单板、以太网口、接口等信息；

(5) 输出过程文档。

9.3.1　知识准备：网元管理相关知识

为实现 ZENIC ONE ICN 对物理网元的管理，需在 ZENIC ONE ICN 上创建与物理网元相对应的逻辑网元，逻辑网元是具体设备的完全镜像，一般将在 ZENIC ONE ICN 上创建的逻辑网元简称为网元。在中兴通讯 ZENIC ONE ICN 中，网元可以通过网络拓扑发现并添加，再通过网元编辑确认，也可以通过手工创建来添加。

1. 添加网元

添加网元的步骤如下：

(1) 手工添加网元，在"网络拓扑"页面的左侧选择"设备管理"→"设备添加"。

(2) 展开页面左侧"设备类型"节点，选择待创建网元的设备类型，如图 9-10 所示。选择基本参数、命令行参数、其他参数，配置网元相关参数。

图 9-10　添加网元

(3) 单击"创建"按钮，完成单个网元的创建操作，新创建的网元图标将会显示在拓扑视图中。

2. 查看机架和单板资源

1) 查看机架资源

通过查看机架资源，可以查看网元状态、机架号、机框号等信息，并可将机架资源信息上传到网管数据库中。其步骤如下：

(1) 在"拓扑视图"窗口中，选中待查看的网元。

(2) 单击右键，在弹出的菜单中选择"网元管理"。

(3) 在打开的页面左侧导航树中，选择"机架物理资源"→"机架资源"，如图 9-11 所示，图中显示了网元名称、网元类型、网元状态、机架号、机框号和槽位号等信息。

	序号	显示名称	网元类型	网元状态	机架号	机框号	槽位号
☐	1	C89E-Test-112_10.230.183.112	ZXR10 C89E-8	连接	0	0	10
☐	2	C89E-Test-112_10.230.183.112	ZXR10 C89E-8	连接	0	0	9
☐	3	C89E-Test-112_10.230.183.112	ZXR10 C89E-8	连接	0	0	11
☐	4	C89E-Test-112_10.230.183.112	ZXR10 C89E-8	连接	0	0	12
☐	5	C89E-Test-112_10.230.183.112	ZXR10 C89E-8	连接	0	0	13
☐	6	C89E-Test-112_10.230.183.112	ZXR10 C89E-8	连接	0	0	14
☐	7	C89E-Test-112_10.230.183.112	ZXR10 C89E-8	连接	0	0	1

图 9-11　查看机架资源

(4) 选择待上传的资源，单击"上传资源"。

2) 查看单板资源

通过查看单板资源，可以查看单板类型、端口数目等，并可将单板资源信息上传到网管数据库中。其步骤如下：

(1) 在"拓扑视图"窗口中，选中待查看的网元。

(2) 单击右键，在弹出的菜单中选择"网元管理"。

(3) 在打开的页面左侧导航树中，选择"机架物理资源"→"单板资源"，如图 9-12 所示。

序号	显示名称	网元类型	网元状态	机架号	机框号	槽位号	子槽位号	单板类型	端口数目	单板序列号
1	5260-PD-H_199.168.1.99	ZXR10 5260-28PD-H	连接	0	0	1	1	SUB-5260-28PD-H	28	GJ0411000045
2	5260-PD-H_199.168.1.99	ZXR10 5260-28PD-H	连接	0	0	1	-	5260-28PD-H	0	GJ0411000045

共 2 条　1　20条/页

图 9-12　查看单板资源

(4) 选择待上传的资源，单击"上传资源"。

3. 查看以太网物理口

通过查看以太网物理口可以知道端口的相关配置以及端口状态。其步骤如下：

(1) 在"拓扑视图"窗口中，选中待查看的网元。

(2) 单击右键，在弹出的菜单中选择"网元管理"。

(3) 在打开的页面左侧导航树中，选择"接口管理"→"以太网物理口"，如图 9-13 所示，图中显示了 VLAN 模式、三层接口是否打开、光口还是电口等重要的属性。

接口名称	显示名称	描述	管理状态	VLAN模式	三层口使能	光电属性	IPv4地址	IPv6地址
CE00SX24FS0B[0-0-3-0]-10GE:1-(xgei-0/3/0/1)	xgei-0/3/0/1		关闭	access	关闭	光口		
CE00SX24FS0B[0-0-3-0]-10GE:2-(xgei-0/3/0/2)	xgei-0/3/0/2		关闭	access	关闭	光口		
CE00SX24FS0B[0-0-3-0]-10GE:3-(xgei-0/3/0/3)	xgei-0/3/0/3		关闭	access	关闭	光口		
CE00SX24FS0B[0-0-3-0]-10GE:4-(xgei-0/3/0/4)	xgei-0/3/0/4		关闭	access	关闭	光口		
CE00SX24FS0B[0-0-3-0]-10GE:5-(xgei-0/3/0/5)	xgei-0/3/0/5		关闭	access	关闭	光口		
CE00SX24FS0B[0-0-3-0]-10GE:6-(xgei-0/3/0/6)	xgei-0/3/0/6		关闭	access	关闭	光口		

共 144 条　1 2 3 4 5　10条/页

图 9-13　以太网物理口信息

（4）勾选待上传的配置，单击"上传"按钮。

（5）在弹出的上传窗口中，单击"上传"按钮。

（6）待提示上传成功后，单击"关闭"按钮。

4. 查看接口信息

查看接口信息的步骤如下：

（1）在"拓扑视图"窗口中，选中待查看的网元。

（2）单击右键，在弹出的菜单中选择"网元管理"。

（3）在打开的页面左侧导航树中，选择"SNMP 浏览"→"接口信息浏览"，如图 9-14 所示，图中显示了接口的速率、MAC 地址、状态等。

接口索引	接口描述	接口类型	最大传输单元	速率设置	接口物理地址	接口管理状态
10	vlan10	6	1500	1000000000	00 d0 00 88 01 02	up
40	vlan40	6	1500	1000000000	00 d0 00 88 01 02	up
50	vlan50	6	1500	1000000000	00 d0 00 88 01 02	up
250	vlan250	6	1500	1000000000	00 d0 00 88 01 02	up
6143	null1	1	1500	0	00 00 00 00 00 00	up
8192	xgei-0/3/0/1	6	1600	4294967295	00 d0 00 88 01 02	down
8193	xgei-0/3/0/2	6	1600	4294967295	00 d0 00 88 01 02	down
8194	xgei-0/3/0/3	6	1600	4294967295	00 d0 00 88 01 02	down
8195	xgei-0/3/0/4	6	1600	4294967295	00 d0 00 88 01 02	down
8196	xgei-0/3/0/5	6	1600	4294967295	00 d0 00 88 01 02	down

图 9-14　接口信息

（4）单击"刷新"按钮，可以对信息进行刷新。

（5）单击"导出"按钮，在弹出的"导出"窗口中输入文件名称，然后单击"确定"按钮，即可完成接口表的保存。

（6）单击"接口统计表"页签，可以查看相应信息和保存相应的表格。

9.3.2　参考案例：VLAN 配置

【案例说明】

本案例要求在 ZENIC ONE ICN 中的 ZXR10 5950 交换机网元上配置 VLAN 和添加 VLAN 端口。

【案例实施】

1. 配置 VLAN

配置 VLAN 的步骤如下：

(1) 在"拓扑视图"窗口中，选中待查看的网元。

(2) 单击右键，在弹出的菜单中选择"网元管理"。

(3) 在"网元管理"窗口左侧导航树中，选择"VLAN 管理"→"VLAN 配置"。

(4) 在"VLAN 配置"页签中单击"⊞"，弹出"创建"对话框，如图 9-15 所示。

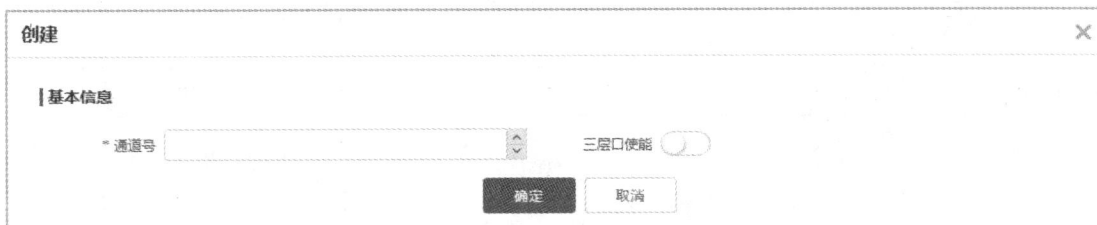

图 9-15　"创建"对话框

(5) 输入通道号。

(6) 单击"确定"按钮。

2. 配置 VLAN 端口

配置 VLAN 端口的步骤如下：

(1) 在"拓扑视图"窗口中，选中待查看的网元。

(2) 单击右键，在弹出的菜单中选择"网元管理"。

(3) 在"网元管理"窗口左侧导航树中，选择"VLAN 管理"→"VLAN 配置"。

(4) 在"VLAN 配置"页签的列表框中，选中待添加的接口，单击"⊞"，弹出"新增绑定"对话框，如图 9-16 所示。

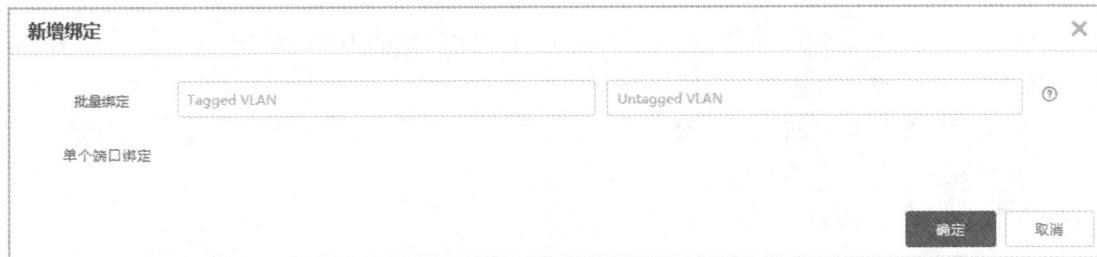

图 9-16　"新增绑定"对话框

(5) 输入 VLAN ID。

VLAN ID 的有效值为 1～4094，1 是交换机的默认 VLAN ID，一般不使用。批量绑定 VLAN ID 时，VLAN ID 输入格式为"X-Y，Z"。

(6) 单击"确定"按钮。

(7) 选中已配置的 VLAN，单击成员列的"查看"按钮，展开端口成员列表，可查看成员名称、VLAN 模式以及所属聚合口等信息。

9.3.3　任务实施：交换机 VLAN 配置与添加端口

按照表 9-6 的要求完成任务。

表9-6　任务实施表

任务	交换机 VLAN 配置与添加端口		
序号	子 任 务	输 出	评估方法和标准
1	定义 VLAN	N/A	
2	增加端口	N/A	
3	查看 VLAN 信息	VLAN 配置截图	确认配置数据正确
4	查看机架、单板、以太网口、接口等信息	查看的信息截图	确认查询信息无误

9.3.4　任务拓展：查看交换机其他信息

在网管上查看交换机的电源资源、风扇资源、系统单元资源、查看 RMON(Remote MONitoring，远程网络监控)信息，并输出查询结果的截图。

9.4　任务 29　管理路由器网元

学习使用 ZENIC ONE ICN 网管管理路由器，要求如下：

(1) 假设校园网办公楼的 IP 地址不足，启用了一段新的 IP 地址 192.168.214.0/24，请配置新增 IP 地址段网内互通和访问外网的静态路由；

(2) 检查路由数据配置是否正确；

(3) 业务验证路由是否正常；

(4) 输出过程文档。

9.4.1　知识准备：网元管理相关知识

路由器的网元管理和交换机基本类似，在此不再赘述，本任务只介绍与交换机不同的一些内容。

1. 查看接口信息

查看接口信息的步骤如下：

(1) 在"拓扑视图"窗口中，选中待查看的网元。

(2) 单击右键，在弹出的菜单中选择"网元管理"。

(3) 在打开的页面左侧导航树中，选择"SNMP 浏览"→"接口信息浏览"，图 9-17 显示了接口描述、类型、最大传输单元、速率等信息。

接口索引	接口描述	接口类型	最大传输单元	速率设置	接口物理地址	接口管理状态	接口协议状态	接口进入管理状...	输入字节数	输入单播包数	输入广播...
1	null1	1	1500	0		up	up	0 hours, 3 minut...	0	0	0
3	mgmt_eth	6	1514	1000000000	84 32 ea 06 fd f8	up	down	0 hours, 0 minut...	0	0	0
4	spi-8/1	1	9216	1000000000		up	up	0 hours, 3 minut...	0	0	0
5	gei-8/1	6	1600	1000000000	84 32 ea 06 fd f8	up	up	0 hours, 6 minut...	420533876	379108	211852
6	gei-8/2	6	1600	1000000000	84 32 ea 06 fd f8	up	up	0 hours, 6 minut...	113014177	232179	676013
7	gei-8/3	6	1600	1000000000	84 32 ea 06 fd f8	up	up	0 hours, 6 minut...	53605003	4756	340563
8	gei-8/4	6	1600	1000000000	84 32 ea 06 fd f8	up	up	0 hours, 6 minut...	83592061	212848	226117
9	gei-8/5 TO-5970	6	1600	1000000000	84 32 ea 06 fd f8	up	up	0 hours, 6 minut...	380453602	92464	791671
10	gei-8/6	6	1600	1000000000	84 32 ea 06 fd f8	down	down				
11	gei-8/1.1	6	1600	1000000000	84 32 ea 06 fd f8	up	down				

图 9-17　接口信息

（4）在"接口表"窗口中，单击"刷新"按钮，可以对系统信息进行刷新。

（5）单击"导出"按钮，输入文件名称，然后单击"确定"按钮，即可完成系统信息的保存。

（6）单击"接口统计表"页签，可以查看相应信息和保存相应的表格。

2．工具使用

ping、tracert、telnet、SSH 等工具均可以在网管上使用。下面以 ping 命令为例进行说明，其步骤如下：

（1）在"拓扑视图"窗口中，选中待查看的网元。

（2）单击右键，在弹出的菜单中选择"网元管理"。

（3）在打开的页面左侧导航树中，选择"工具"→"ping"，填写参数，然后单击"执行"按钮，如图 9-18 所示，ping 测试成功，链路是通的。

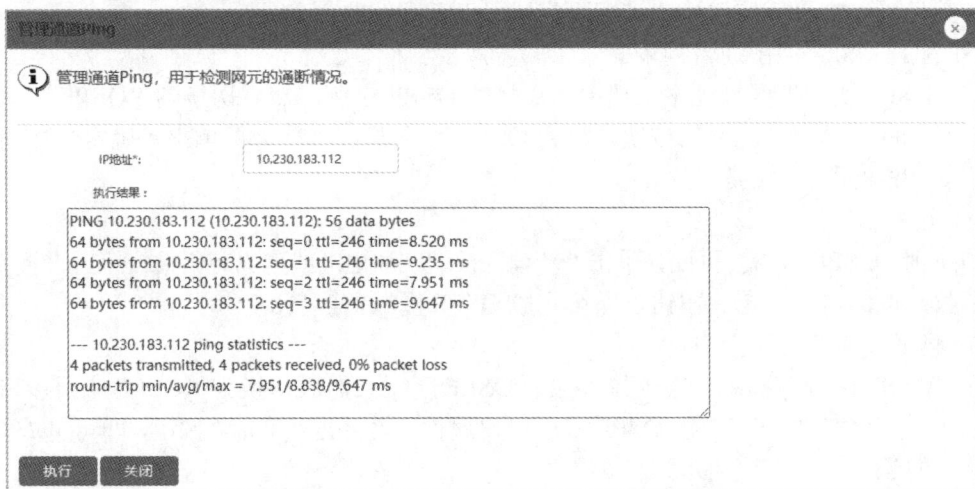

图 9-18　ping 测试结果

3．配置 OSPF

配置 OSPF 的步骤如下：

（1）在 ZENIC ONE ICN 主窗口中，单击"日常运维"区域中的"网络拓扑"图标，打开"拓扑视图"窗口。

（2）在"拓扑视图"窗口中，右击选中需要的网元，然后选择快捷菜单"网元管理"，进入"网元管理"窗口。

（3）在"网元管理"窗口的左侧导航树中，选择"路由管理"→"OSPF 协议"，打开 OSPF 协议窗口，如 9-19 所示。

图 9-19　创建 OSPF

（4）新建 OSPF 实例。

在"OSPF 实例"区域框中，单击"新建"按钮，弹出"新建"对话框。然后设置 OSPF 实例参数，再单击"确定"按钮，即可完成 OSPF 实例的创建。

（5）配置 OSPF 路由通告列表。

在"OSPF 实例"区域框中，选中待添加的 OSPF 实例。然后切换到"OSPF 路由通告列表"对话框，单击"新建"按钮，设置 OSPF 路由通告属性，再单击"确定"按钮，即可完成 OSPF 路由通告的配置。

（6）配置 OSPF 区域。

切换到"OSPF 区域"页面，单击"新建"按钮，弹出"新建"对话框。然后设置 OSPF 区域参数，再单击"确定"按钮，即可完成 OSPF 区域的配置。

（7）配置 OSPF 三层接口。

在"OSPF 区域"框中，选中待添加的 OSPF 区域。然后切换到"OSPF 三层接口"对话框，单击"新建"按钮，设置 OSPF 三层接口属性。再单击"确定"按钮，即可完成 OSPF 三层接口的配置。

9.4.2　参考案例：静态路由配置

【案例说明】

本案例要求在 ZENIC ONE ICN 中的 ZXR10 1800-2S 路由器上配置静态路由和 OSPF

协议。

【案例实施】

该案例的实施步骤如下：

(1) 在 ZENIC ONE ICN 主窗口中，单击"日常运维"区域中的"网络拓扑"图标，打开"拓扑视图"窗口。

(2) 在"拓扑视图"窗口中，右击选中需要的网元，然后选择快捷菜单"网元管理"，进入"网元管理"窗口。

(3) 在"网元管理"窗口的左侧导航树中，选择"路由管理"→"静态路由"，进入"静态路由"窗口，如图 9-20 所示。

↻ 刷新	＋ 新建	⬚ 批量删除				🔍 搜索	
☐ 序号	地址族	路由模式	VRF实例名称	目的地址/掩码	下一跳IP地址	出接口	管谨距离

图 9-20　配置静态路由

(4) 单击"新建"按钮，弹出"新建"对话框，设置静态路由参数，包括目的地址、路由模式、下一跳地址等信息，再单击"确定"按钮，返回"静态路由"窗口。

(5) 如果需要删除路由，则在静态路由列表中选择待删除的静态路由，然后单击"批量删除"按钮，进行删除。

9.4.3　任务实施：配置路由器静态路由

按照表 9-7 的要求完成任务。

表 9-7　任务实施表

任务	配置路由器静态路由		
序号	子任务	输出	评估方法和标准
1	添加网内访问静态路由	N/A	添加路由正确
2	添加网外访问静态路由	N/A	添加路由正确
3	查看路由信息	查询结果截图	路由添加正确
4	业务测试： 1. 使用新增 IP 地址段的计算机互 ping； 2. 计算机上网	1. ping 测试截图； 2. 上网截图	计算机互 ping 通，并能正常上网

9.4.4　任务拓展：同步路由器设备配置并上载至网管

本拓展任务要求将路由器的配置上载到网管。

提示：

(1) 在 ZENIC ONE ICN 主窗口中，单击"日常运维"区域中的"网络拓扑"图标，打开"拓扑视图"窗口。

(2) 在"拓扑视图"窗口中，右击选中需要的路由器网元，然后选择快捷菜单"网元管理"，进入"网元管理"窗口。

(3) 在"网元管理"窗口的左侧导航树中，选择"网元同步"，进入"网元同步"窗口。

(4) 在左侧导航树中勾选待同步的资源，单击"上传"按钮，即可完成设备配置同步至网管。

9.5　任务30　交换机和路由器的告警监控

校园网的设备监控是日常网络管理的主要部分。通过监控可以了解设备的运行状态，以便帮助维护人员及时处理发生的故障。因此本任务要求如下：

(1) 在网管上查看校园网设备的当前告警信息；

(2) 在网管上查看校园网设备的每一个时段的告警信息；

(3) 输出过程文档。

9.5.1　知识准备：告警相关知识

1. 故障管理概述

故障指的是网络中的某个设备全部停止或者部分停止工作、非正常工作引发的业务全部中断或者部分中断，引发原因很多，包括设备自身硬件损坏、配套设备损坏、连接线缆断裂、周围环境恶化、软件运行异常、数据配置错误、人为失误等。因此，需要及时地发现故障并解决故障，故障管理的目的就在于此。故障管理是网络管理中最基本的功能之一，当网络中某个组成部分失效或者部分失效时，网络管理系统能够迅速接收到告警信息、查找到故障并及时排除。

故障管理的主要功能包括：

(1) 故障报警。网络管理系统接收到故障监测模块传来的报警信息，会根据报警策略驱动不同的报警程序，以报警窗口、振铃、电话、短信或者电子邮件等各种信息途径通知网络管理员。

(2) 故障信息管理。故障信息管理是指记录故障发生的内容、时间、位置和影响程度，对故障信息进行存储、检索、分类，同时分析故障发生的原因，得出可能的解决办法和处理步骤，并记录处理故障的流程和结果。

(3) 排错支持工具。该功能是指向管理人员提供一系列的实时检测工具，对被管设备的状况进行测试并记录下测试结果以供技术人员分析和排错，并且根据已有的排错经验和管理员对故障状态的描述给出对排错的建议。

(4) 检索/分析故障信息。该功能是指浏览并且以关键字检索查询故障管理系统中所有的数据库记录，定期收集故障记录数据。

随着大数据和人工智能技术在网络管理系统中的应用，一些智能化的故障排查和处理功能或者工具大大提升了工作效率，如智能巡检工具、可视化告警查询、网络自愈功能、

KPI 数据分析工具等。

2. 告警和通知的概念

在故障管理中，告警是系统出现某些特定故障时所产生的提醒信息，因此一条或者几条告警实际上对应着一个实际的故障，一旦出现告警，就需要用户及时查明原因并定位解决。告警信息一般会持续一段时间，在问题或故障消失后，告警信息才会消失，并返回相应的告警恢复消息。

告警是了解网元、网络运行情况以及进行故障定位的主要信息来源，因此需要对告警进行有效的获取和管理。为了保证网络的正常运行，网络维护人员应对告警进行监控和及时处理。

告警包括告警和通知两种类型，它们都是网管自身或被管对象在某种状态发生变化后上报给网管的信息，具体区别如下：

(1) 告警的产生预示着网管自身或被管对象发生了异常或故障，并且必须要处理，否则会由于网管自身或被管对象的功能异常而引起业务的异常。用户能对告警进行确认和清除。

(2) 通知的发生只是告诉用户网管自身或被管对象发生了某种变化，但是不一定会引起业务的异常。用户不能对通知进行确认和清除。

告警的恢复包括两种情况：一种是故障处理好后告警自动恢复，恢复的时间是故障处理好的时间；另外一种是故障没有处理好但是故障被人为确认，此时告警在网管上不出现，但是故障仍然存在，故障的恢复时间是人为确定的时间。

3. 当前告警和历史告警

没有经过处理或者经过处理后仍然没有恢复的告警叫作当前告警，这种告警会一直在当前告警中出现，直到这条告警对应的故障被处理好后发出故障恢复消息或者告警被人为确认。经过处理后恢复的告警被称为历史告警，历史告警被存放在历史告警库中。

4. 告警分级

告警根据故障的影响程度可以分为 4 个级别，其分级说明如表 9-8 所示。

表 9-8　告警分级说明

告警级别	告警影响程度
严重	已经影响业务，需要立即采取纠正措施
主要	已经影响业务，如果不及时处理会产生较为严重的后果
次要	目前对业务影响轻微，但需要采取纠正措施，以防止更为严重的故障发生
警告	检测到潜在的或即将发生的影响业务的故障，但是目前对业务还没有影响

5. 告警管理中的一些重要概念

1) 告警确认和反确认

该功能帮助用户处理已解决、未解决、待解决的告警，用户通过这些信息可以了解系统的运行状况和最新的告警，对某些特殊告警做特殊标记。网络管理员需要核实告警信息的准确性，并确认告警事件是否确实存在。通过查看相关日志、监控数据等方式，来进行初步的判断和分析。

2) 告警过滤

根据告警过滤规则，将一些告警级别比较低、某些用户不关注或者对业务没有影响的告警设置为不可见告警。这些告警只是在监控界面不显示，但是仍然会写进当前告警库。

3) 告警清除

ZENIC ONE ICN 提供了多种清除告警的方法，用户可以通过告警查询功能按清除类型查询被清除的告警，注意告警清除可以清除当前的告警，但是在此告警对应的故障没有恢复时，如果发起告警同步操作，则清除的告警会再次出现。

4) 告警屏蔽

告警系统会根据维护人员设定的条件，设置一些屏蔽的告警，这些告警不会在监控上显示，也不会上报到网管服务器，即不会写进告警库，这是其与告警过滤的根本区别。

5) 告警码

告警系统中唯一的标识告警信息的序列号，相同告警内容的告警码是一样的。

6) 可见告警和不可见告警

告警规则生效后被过滤的告警和屏蔽的告警是不可见告警，其他告警为可见告警。

7) 锁定告警

锁定告警是已消失未确认的告警。锁定告警可以进行手工确认，或者按照锁定告警自动确认策略确认。

8) 告警预投入

当网络中出现用户不关心的告警而影响用户获取所需告警信息时，可通过设置告警预投入暂时屏蔽此类告警。

9) 基础统计

基础统计是指对历史告警按某个统计对象，对告警的发生次数进行简单的统计汇总。

10) 忙时统计

"忙时"是指在某种业务范围内，一天的某些时刻发生的业务比较繁忙，用户可能会比较关注这一时期的告警。忙时统计提供一种方法，使得用户可以只统计业务繁忙时刻的历史告警。和基础统计一样，用户可以选择统计告警的平均时长，或者告警发生次数。在规划网络系统的处理能力要求是一般以忙时统计数据为基准。

11) 重要告警码统计

重要告警码统计是指统计用户关心的告警，根据用户选择的历史告警码及发生时间条件，对告警频次进行统计。

9.5.2 参考案例：告警操作

1. 告警监控

告警监控负责对当前告警进行实时监控，从而可以及时获取设备及网络的告警信息。可以通过以下任意一种方式，打开"告警监控"页面：

1) 通过"告警管理"打开"告警监控"页面

(1) 在 ZENIC ONE ICN 的主页面中,单击"告警监控",打开"告警监控"页面。

(2) 在页面左侧区域的拓扑树中,选择节点"当前告警"→"告警监控",打开"告警监控"页面。

2) 通过"网络拓扑"打开"告警监控"页面

(1) 在 ZENIC ONE ICN 的主页面中,单击"网络拓扑"区域中的"拓扑视图",打开"拓扑视图"页面。

(2) 在"拓扑视图"页面的拓扑区域中,右击选中一个网元,然后在快捷菜单中选择"告警监控",打开"告警监控"页面。

2. 告警查询

网管支持查询网元的历史告警信息,通过分析历史告警来帮助用户定位故障。告警查询的步骤如下:

(1) 在 ZENIC ONE ICN 的主页面中,单击"日常维护"区域中的"告警监控",打开"告警监控"页面。

(2) 在"告警监控"页面功能导航树中,选择"历史告警"→"告警查询",打开"告警查询"页面,如图 9-21 所示,图中显示了告警级别、网元、位置、告警码名称等关键告警字段信息,这些字段都可以作为查询条件进行告警查询。

图 9-21 "告警查询"页面

可以选择以下任意一种方式设置查询条件:

• 选择系统默认或已创建的查询条件。单击列表右上角的"条件查询",然后在下拉列表中选择查询条件。

• 新建查询条件。单击"高级条件"按钮,打开"查询条件设置"页面,然后单击"查询"按钮,返回"告警查询"页面。完成参数设置后,在"告警查询"列表中显示告警查询结果。

9.5.3　任务实施：告警监控和查询

按照表 9-9 的要求完成任务。

表 9-9　任 务 实 施 表

任务	告警监控和查询		
序号	子　任　务	输　　出	评估方法和标准
1	在"告警监控"界面，查询校园网设备的当前告警	导出查询的告警信息数据	查询结果正确
2	通过设置时间、级别、具体告警、是否确认四种查询条件来查询历史告警	导出四种查询条件查出的历史告警信息数据	查询结果正确

9.5.4　任务拓展：按条件对历史告警进行频次统计

本任务要求按条件对历史告警进行频次统计。

提示：

(1) 在 ZENIC ONE ICN 的主页面中，单击"日常维护"区域中的"告警监控"，打开"告警监控"页面。

(2) 在"告警监控"页面的功能导航树中，选择"历史告警"→"告警统计"，打开"告警统计"页面。

(3) 选择系统默认的查询条件，在"基础统计"页面中查看基础统计结果。

(4) 通过列表右上方的按钮来切换统计结果的显示方式，统计结果可以以表格、环状图或柱状图等不同形式展现。

9.6　任务 31　安全管理

给校园网的网管增加一个新的用户，本任务要求如下：

(1) 定义一个新的用户，该用户不采用默认的安全策略；

(2) 验证用户的功能；

(3) 输出过程文档。

9.6.1　知识准备：网络安全管理相关知识

1. 网络安全概述

网络安全是当今网络面临的主要问题之一，因此保障网络的安全和网络的运营一样重要，如果网络的安全得不到保障，那么网络的开放特性就是一句空话。网络中主要通过以下几个策略来保障网络的基本安全问题：

(1) 实施网络数据的私有性，保护网络数据不被侵入者非法获取。

(2) 实施 AAA(Authentication、Authorization、Accounting，认证、授权、计费)认证，防止侵入者在网络上发送错误信息。

(3) 实施预先定义的访问控制来控制对网络资源的访问。

相应地，网络安全管理应包括对授权机制、访问控制、加密和加密关键字的管理，另外还要维护和检查安全日志。

2. 网络管理系统的安全

网络管理系统本身的安全由以下机制来保证：

(1) 管理员身份认证。网络管理系统采用基于公开密钥的证书认证机制。为提高系统效率，对于信任域内(如局域网)的用户，可以使用简单口令认证。

(2) 对管理信息的存储和传输进行加密，保证其正确性和完整性。Web 浏览器和网络管理服务器之间采用安全套接字层传输协议，对管理信息进行加密传输以此来保证其完整性；对于内部存储的机密信息，如登录口令等，也要进行加密。

(3) 网络管理用户分组管理与访问控制。网络管理系统的用户(即管理员)按任务的不同被分成若干用户组，不同的用户组中有不同的权限范围，对用户的操作由访问控制检查，保证用户不能越权使用网络管理系统。

(4) 系统日志分析。系统日志会记录用户所有的操作，使系统的操作和对网络对象的修改有据可查，同时也有助于故障的跟踪与恢复。

3. 网管对象的安全管理

对网管对象的安全管理有以下几个方面：

(1) 网络资源的访问控制。通过管理路由器的访问控制列表，来完成防火墙的管理功能，即从网络层和传输层控制对网络资源的访问，保护网络内部的设备和应用服务，防止外来的攻击。

(2) 告警事件分析。网管接收网络对象所发出的告警事件，分析与安全相关的信息(如路由器登录信息、SNMP 认证失败信息)，实时地向管理员告警，并提供历史安全事件的检索与分析机制，以及时地发现正在进行的攻击或可疑的攻击迹象。

(3) 主机系统的安全漏洞监测。实时监测主机系统重要服务(如 WWW、DNS 等)的状态，提供安全监测工具，以搜索系统可能存在的安全漏洞或安全隐患，并给出弥补的措施。

4. 中兴通讯网管安全

在中兴通讯 ZENIC ONE ICN 中，安全管理用于确保用户对 ZENIC ONE ICN 系统的合法使用，以保证系统正常、可靠地持续运行。安全管理主要是对用户账户管理，包括管理角色、操作集、用户、管理资源以及为平台各服务组件提供统一的身份认证和授权管理，从而实现不同权限的用户可访问或管理不同的网络资源。

网络安全管理员使用浏览器登录 ZENIC ONE ICN 系统，打开"安全管理"页面，可以执行安全管理配置操作。此外，ZENIC ONE ICN 服务器端程序还具有登录认证和操作鉴权的逻辑处理功能。

在"安全管理"页面中，可对用户组、用户、角色、操作集以及管理资源等进行设置。

(1) 用户组是用于管理用户的行政归属，用户必须包含角色且隶属于某个用户组，用户组的定义不影响用户的权限。

(2) 用户的权限由其所属的角色决定。

(3) 角色的权限由操作集和管理资源共同决定。

(4) 一个操作集是一个或多个操作权限的集合。

安全管理中各组成部分的关系如图 9-22 所示。

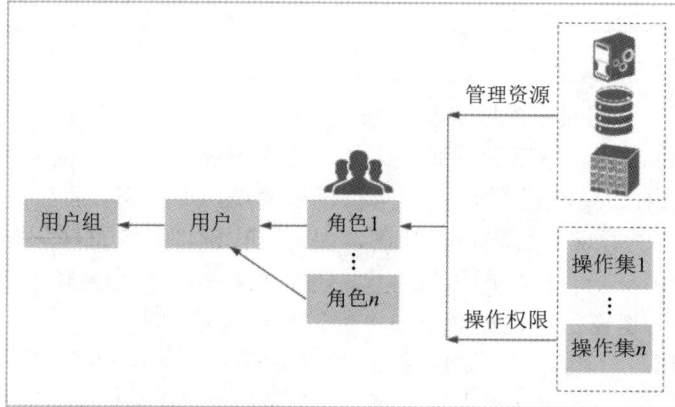

图 9-22　安全管理中各组成部分的关系模型

9.6.2　参考案例：新建用户

在 ZENIC ONE ICN 主页面中，选择"网管维护"→"安全管理"，打开"安全管理"页面，如图 9-23 所示。

图 9-23　"安全管理"页面

　　在系统初始配置和日常操作阶段，需要先规划操作集和角色，再创建用户账号。操作集和角色可以通过新建的方式配置，也可以使用系统默认配置的操作集和角色。初始配置用户的流程如图 9-24 所示。

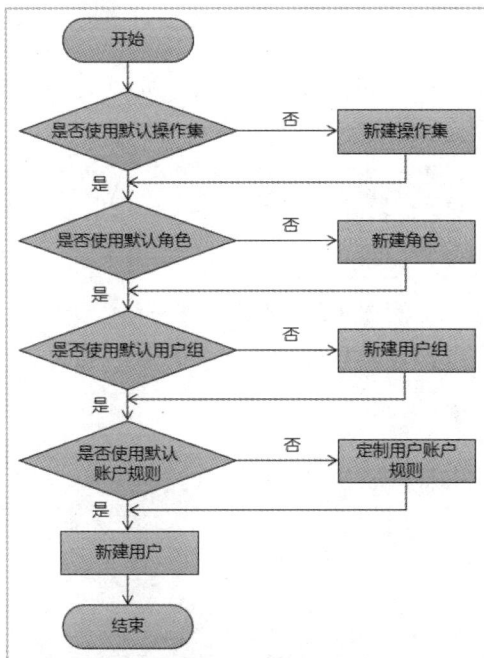

图 9-24　初始配置用户的流程

初始配置用户的步骤说明如表 9-10 所示。

表 9-10　初始配置用户的步骤说明

步骤	操　作	说　明
1	新建操作集	将不同的操作权限组成一个集合，以集合的方式将操作权限分配给角色，从而降低了权限管理的复杂性
2	新建角色	分配给该角色对网管系统中各项资源的操作权限
3	新建用户组	根据不同的地域或不同行政部门设置用户组，以方便对用户进行归属管理
4	定制用户账户规则	设置系统安全策略，如定制用户账户规则等
5	新建用户	为新用户设置用户名和密码、分配用户具有的角色、定义用户所属用户组等

1. 新建操作集

　　操作集是一系列操作权限的集合，用来定义角色的操作权限。一个角色与一个操作集进行绑定后，包含该角色的用户即拥有相应操作集内的所有操作权限。

　　ZENIC ONE ICN 系统默认的操作集包括安全管理员权限、管理员权限、系统维护权限、操作权限以及查看权限，对应的角色分别为安全管理员、系统管理员、系统维护员、系统操作员以及系统监控员。安全管理员可以根据实际情况新建操作集，包含与默认操作集不同的一系列操作权限。

新建操作集的步骤如下：

(1) 在"安全管理"页面的功能导航树中，选择"角色管理"，打开"角色管理"页面，切换至"操作集"页签，如图 9-25 所示。

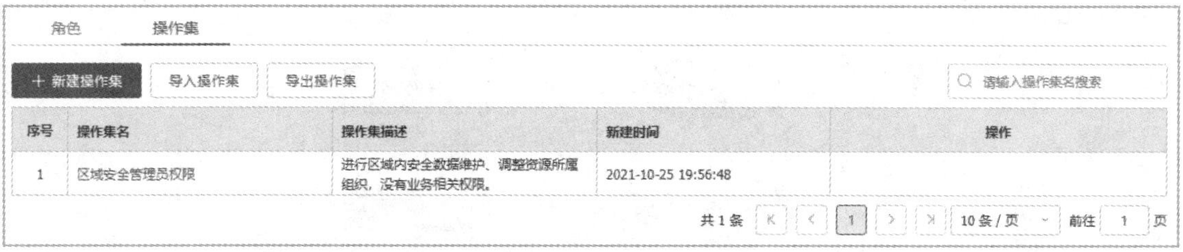

图 9-25　　"操作集"页面

(2) 单击"新建操作集"按钮，打开"新建操作集"页面，如图 9-26 所示。

图 9-26　　"新建操作集"页面

(3) 输入操作集的名称和关于操作集的描述，然后在"操作码分配情况"区域中选择该操作集的操作权限。

(4) 设置完成后，单击"新建"按钮，完成新建操作集并返回到"操作集"页面。

2. 新建角色

角色对应用户的管理权限，包括操作集和管理资源。ZENIC ONE ICN 系统允许同一角色对不同的网元拥有不同的管理权限。系统默认的角色包括安全管理员、系统管理员、系统维护员、系统操作员以及系统监控员，其对应的默认操作集分别为安全管理员权限、管理员权限、系统维护权限、操作权限以及查看权限。如果默认的角色包含的操作集和管理权限不能满足用户管理的需求，安全管理员可以根据设定的安全管理规划，创建需要的角色。安全管理员可以根据需要锁定指定角色，指定角色一旦锁定后，与该角色绑定的用户将不能使用该角色所拥有的权限。未分配角色的用户允许登录 ZENIC ONE ICN 系统，但没有操作权限。

新建角色的步骤如下：

(1) 在"安全管理"页面的功能导航树中，选择"角色管理"，打开"角色管理"页面。

(2) 单击"新建角色"按钮，弹出"角色类型"对话框，如图 9-27 所示。

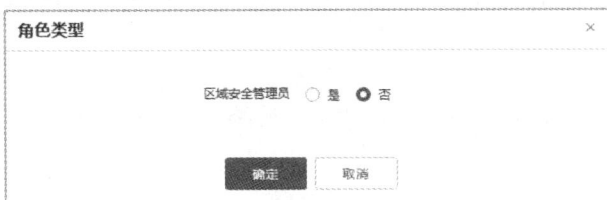

图 9-27   "角色类型"对话框

(3) 选择角色类型，然后单击"确定"按钮，在打开的"新建角色"页面中设置角色参数。当角色类型选择为区域安全管理员时，在"新建角色"页面，输入角色的名称和关于角色的描述信息，再在"权限分配"区域中选择角色的管理资源，如图 9-28 所示。

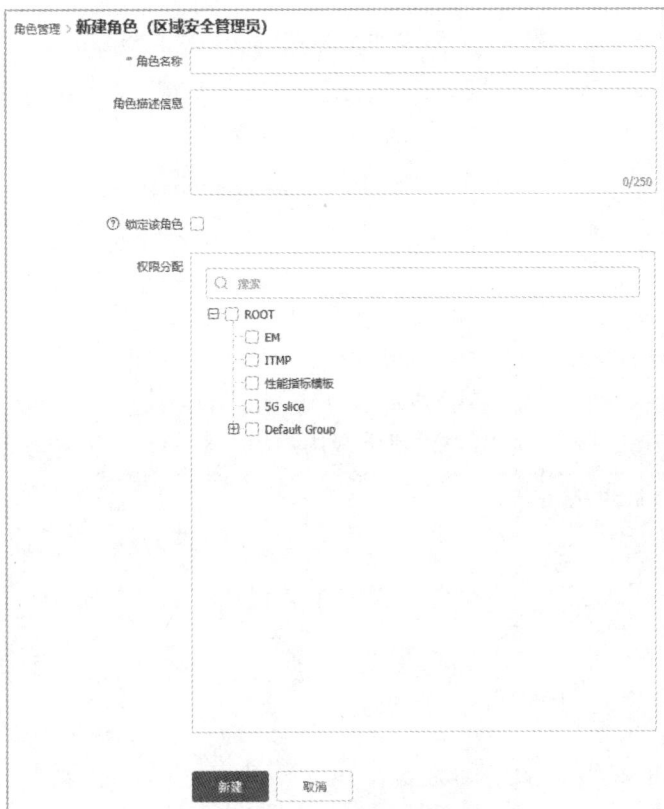

图 9-28   "新建角色"页面

当角色类型选择为非区域安全管理员时，在"新建角色"页面，输入角色的名称和关于角色的描述信息，再在"权限分配"区域的资源树中选择角色的管理资源，然后在"操作集信息"列表框中选择角色的操作权限。

(4) 设置完成后，单击"新建"按钮，完成新建角色并退出"新建角色"页面。

3. 新建用户组

用户组用于管理用户的行政归属。在实际应用中，安全管理员可以根据不同的地域或不同的行政部门对用户进行分组，以方便对用户进行归属管理，这个分组就是用户组。ZENIC ONE ICN 系统在缺省情况下，存在一个根用户组。该用户组是最高组织，所有新建用户组均是其下级子组织。

新建用户组的步骤如下：

(1) 在"安全管理"页面的功能导航树中，选择"用户管理"，打开"用户管理"页面，如图 9-29 所示。

图 9-29　"用户管理"页面

(2) 单击页面中的"+"，弹出"新建下级用户组"对话框，如图 9-30 所示。

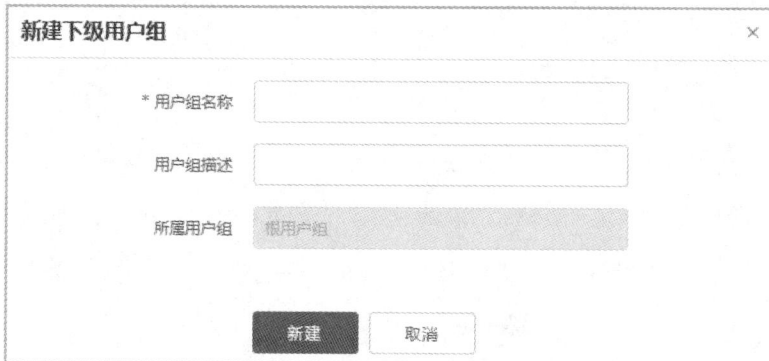

图 9-30　"新建下级用户组"对话框

（3）输入用户组的名称"test"以及关于用户组的描述信息，单击"新建"按钮，系统会自动在"根用户组"下增加下级用户组"test"，如图 9-31 所示。

图 9-31　新建用户组"test"

4. 定制用户账户规则

用户账户规则即与账户安全相关的属性设置，包括密码的最小长度、弱口令检查等。创建用户时，需要绑定账户规则。

定制用户账户规则的步骤如下：

（1）在"安全管理"页面的功能导航树中，选择"账户规则"，打开"账户规则"页面，如图 9-32 所示。ZENIC ONE ICN 系统提供了默认的账户规则，可以在列表框的规则名称列单击"默认规则"，查看默认账户规则的参数设置。

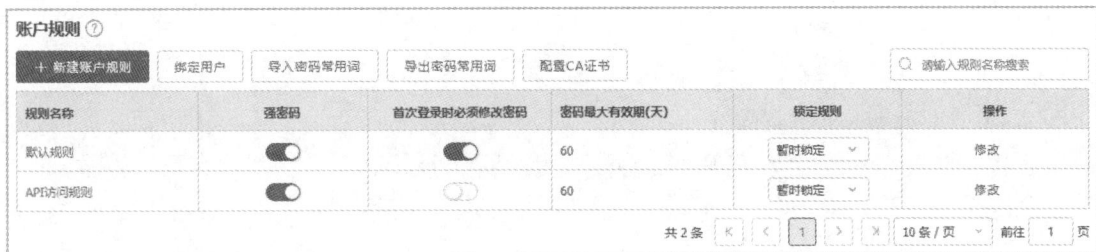

图 9-32　"账户规则"页面

（2）单击"新建账户规则"按钮，打开"新建账户规则"页面。

（3）设置账户规则参数。配置"规则名称与密码策略"的页面如图 9-33 所示，配置"账户锁定规则"与"账户策略"的页面如图 9-34 所示，配置"允许登录 IP 范围"的页面如图 9-35 所示。

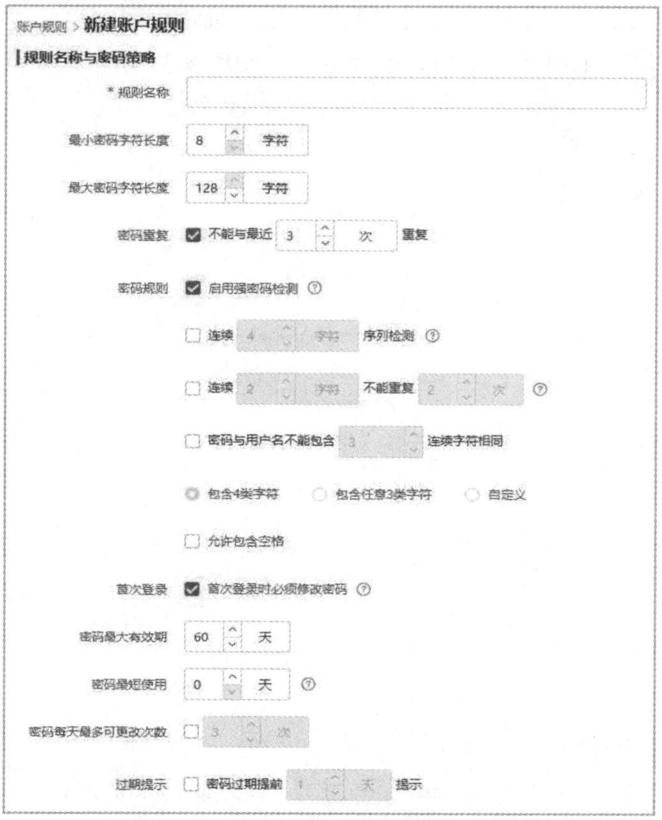

图 9-33 “规则名称与密码策略”的配置

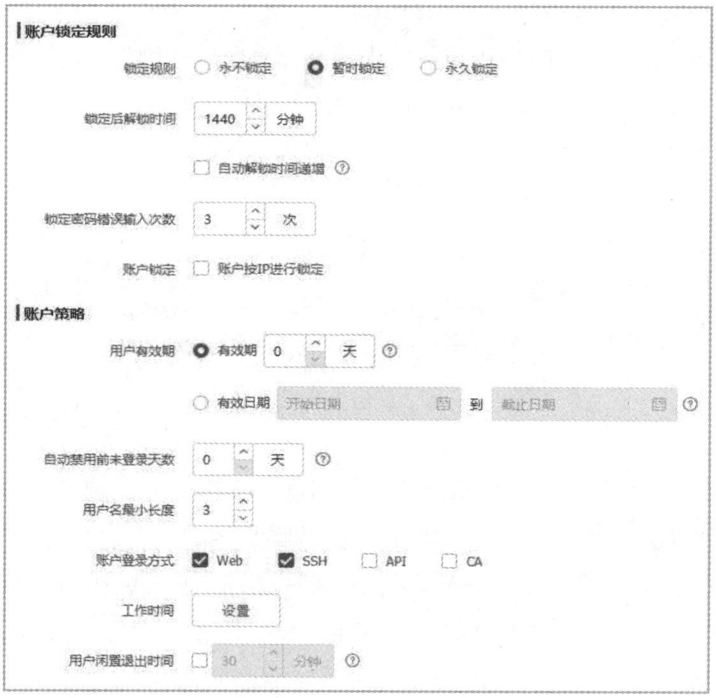

图 9-34 “账户锁定规则”与“账户策略”的配置

图 9-35 "允许登录 IP 范围"的配置

(4) 设置完成后，单击"新建"按钮，保存设置并退出"新建账户规则"页面。部分新建账户规则中的参数说明如表 9-11 所示。

表 9-11 部分新建账户规则中的参数说明

参　　数		说　　明
规则名称与密码策略	规则名称	账户规则名称
	最小/大密码字符长度	最小/最大密码字符的长度，取值范围为 8～64
	密码重复	选中复选框可启用该功能，此时设置的密码不能与最近指定次数的密码相同。其取值范围为 1～100
	密码规则	选中复选框可启用该功能，系统将会自动检测密码是否为强密码
	首次登录	选中复选框可启用该功能，绑定该账户规则的用户在首次登录时必须修改密码
	密码最大有效期	设置密码的最大有效期，其取值范围为 0～365。0 表示永不过期
	过期提示	设置密码过期前是否提示，可以设置提前多少天进行提示
账户锁定规则	锁定规则	永不锁定：用户登录失败不受次数限制，系统不会因登录失败次数过多而锁定。 暂时锁定：用户登录失败次数达到***次暂时锁定用户。 永久锁定：用户登录失败次数达到***次永久锁定用户
	锁定后解锁时间	设置在锁定账户后，经过多少小时会自动解锁账户
	锁定密码错误输入次数	用户登录时，连续输入指定次数的错误密码后，会被锁定，不允许再次登录
	账户按 IP 进行锁定	选择是否按照 IP 地址进行锁定

参　　数		说　　明
账户策略	用户有效期	设置用户有效期。过期后，系统禁止该用户登录
	自动禁用前 未登录天数	在设置日期内未登录的用户，将自动被禁止登录。0 表示该功能不启用
	用户名最小长度	设置用户名的最小长度
	账户登录方式	设置用户账号登录的方式。用户仅可以通过设置的登录方式登录系统
	工作时间	设置允许用户登录系统的工作时间范围
允许登录 IP 范围		设置允许用户登录系统的 IP 地址范围。单击"添加 IP 范围"按钮，弹出"添加 IP 范围"对话框，然后设置允许用户登录系统的 IP 地址范围

5. 新建用户

安全管理员在 ZENIC ONE ICN 系统中新建用户后，用户可以使用新创建的账户登录系统，并在其拥有的权限范围内实现网络管理操作。

新建用户的步骤如下：

(1) 在"安全管理"页面的功能导航树中，选择"用户管理"，打开"用户管理"页面，系统默认显示所有用户信息。

(2) 单击"新建用户"按钮，打开"新建用户"页面，如图 9-36 所示。

图 9-36　"新建用户"页面

(3) 设置用户基本信息，其中部分参数说明如表 9-12 所示。设置结束，单击"下一步"按钮。

表 9-12　部分用户参数说明

参　数	说　　明
用户名	新建用户的用户名，即该用户的登录名称。用户名称不能重复，最长为 30 个字符，可以为汉字、数字、字母、下划线、中划线、点和空格
随机密码	表示随机生成的密码会发送到指定邮箱。用户登录系统时需要使用邮箱中的密码登录
密码	用户登录时必须输入的口令。如果在安全策略中，对用户口令长度进行了限制，那么这里用户口令的长度必须满足口令最小长度的设置要求
账户规则	单击查看详情，可查看用户规则名称与密码策略、账户锁定规则、账户策略以及允许登录的 IP 范围
用户组	在下拉列表框中选择用户所属的用户组名称

（4）为用户选择角色，可以选择在本地系统中指定的角色，也可以选择在接入的非本地系统中指定角色，如图 9-37 所示。最后单击"新建"按钮即可完成配置。

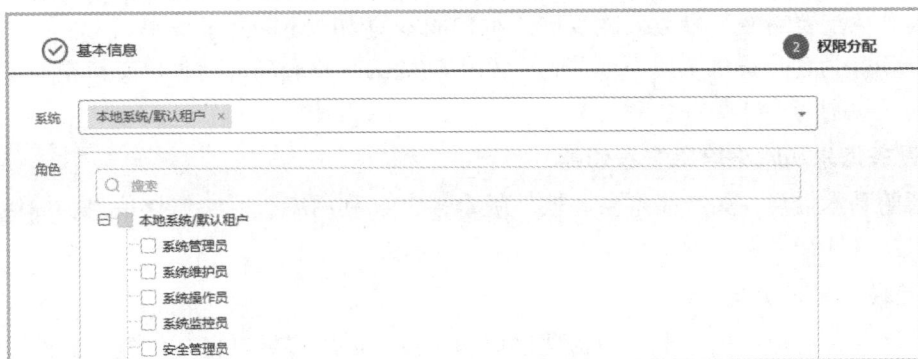

图 9-37　为用户选择角色

9.6.3　任务实施：创建网管用户

按照表 9-13 的要求完成任务。

表 9-13　任 务 实 施 表

任务	创建网管用户		
序号	子 任 务	输　出	评估方法和标准
1	新建一个新的用户组	N/A	创建成功
2	新建用户组的规则，要求密码为 8 位，包含数字、大写字母、小写字母中的两种，不强制要求登录修改密码	N/A	用户姓名和密码满足规则要求
3	新建用户	N/A	创建成功
4	查询用户属性	查询结果截图	查询成功
5	使用新用户登录网管	登录成功截图	用户成功登录网管

9.7　任务 32　Web GUI 界面登录

中兴的交换机和路由器也提供了 Web 方式的配置和维护，本任务要求如下：

(1) 配置交换机或者路由器可使用 Web 方式登录；

(2) 使用 Web 方式尝试登录交换机或者路由器；

(3) 输出过程文档。

9.7.1　知识准备：Web GUI 界面概述

Web 管理系统简称为 Web GUI，是一种可视化的人机交互工具，由于其操作简单便捷，得到了越来越广泛的应用。Web GUI 可视化的界面让人易于上手，其快速自动配置功能简化了设备复杂的配置命令和参数，减少用户维护成本的同时还提升了效率。

Web GUI 为客户提供了以下一些常见实用功能的配置选项，同时也支持根据客户需要进行添加或定制的一些配置功能。

1. 设备信息和网络信息查看功能

设备的基本信息，如产品型号、软件版本、CPU 利用率、网络连接信息、局域网信息等都可以直观地在界面显示。

2. 互联网配置功能

互联网配置功能提供了丰富的物理接口和子接口，用户可以自行创建、修改、删除网络连接，根据自己的网络环境进行灵活选择。

3. 局域网接入功能

通过二层接口和 VLAN 可以方便灵活地组建局域网，无须改变硬件和设备的通信链路。用户可以根据需要配置局域网接口的协商、速率、双工模式等，也可以修改 VLAN 的链路类型、所属 VLAN 组以及 VLAN Tag 等属性。

4. IP 业务功能

IP 业务可以提供 DHCP、DDNS(Dynamic Domain Name Server，动态域名服务)、静态路由、NAT 以及 QoS(Quality of Service，服务质量)。

5. VPN 功能

VPN(Virtual Private Network，虚拟专用网络)可以帮助企业远程用户、分支机构、商业伙伴以及供应商同企业的内部网建立可信的安全连接，从而保证数据的安全传输。ZXR10 ZSR V2 的 Web GUI 支持配置的 VPN 功能包括 IPSec(Internet Protocol Security，互联网安全协议)、GRE(Generic Routing Encapsulation，通用路由封装)和 L2TP(Layer 2 Tunneling Protocol，第二层隧道协议)三种。

6. 安全防护功能

路由器 ZXR10 ZSR V2 的 Web GUI 支持 ARP 安全、接入控制和防火墙三种安全防护配置，用以保证设备和 Web 数据的安全。

7. 系统维护功能

路由器 ZXR10 ZSR V2 的 Web GUI 支持系统设备信息的修改和配置(如系统时间、设备名称等)，也支持用户账户的创建、修改和删除。此外，Web GUI 还提供了 ping 诊断和 tracert 诊断的维护功能。

9.7.2　参考案例：Web GUI 界面登录

1. 通过设备管理口登录 Web GUI

1) 登录准备

设备在出厂前，系统已经配置了缺省的用户名和密码。缺省用户名为 msr，缺省密码为 zxr10msr，缺省用户名和密码区分大小写。缺省用户名在设备出厂时设置，后期不可进行修改，但密码可以修改。

用缺省用户名和密码登录时，如果缺省用户名输入错误，设备会提示"Information incomplete"；如果缺省用户名输入正确，而缺省密码输入错误，设备则会提示"Authentication failed"。

在登录 Web GUI 界面前，需要搭建好如图 9-38 所示的运行和配置环境，准备工作如下：

(1) 设备接入端配置好 IP 地址。

(2) 用户 PC 与设备网络互通，即网络中的路由器需要配置到路由器的 mgmt_eth 接口地址的路由。

(3) 设备开启 HTTP 协议。

(4) PC 安装好浏览器。

图 9-38　Web GUI 运行环境

2) 登录过程

登录 Web GUI 的步骤如下：

(1) 查找设备管理口地址。从 Console 口登录 ZXR10 ZSR V2 路由器设备，在设备特权模式下输入命令"show ip interface brief"，查看路由器上的所有接口。其中 mgmt_eth 为管理口地址，也就是需要在浏览器地址栏中输入的 Web GUI 登录地址。

(2) 配置允许登录 Web GUI。在设备的配置模式下进行 Web 功能的配置，包括开启 Web Server 功能、开启 FTP Server 功能以及开启 mgmt_eth 接口允许 HTTP 登录功能。具体操作命令如下：

```
ZXR10(config)#Web server enable
```

ZXR10(config)#ftp-server enable

ZXR10(config)#control-plane-security

ZXR10(config-cps)#mng-access protocol permit http

(3) 进入 Web GUI 登录界面。在浏览器的地址栏中输入 mgmt_eth 的 IP 地址，假设 mgmt_eth 地址为 192.168.100.101，则输入 "http://192.168.100.101"，然后按回车键进入 Web GUI 登录界面，如图 9-39 所示。

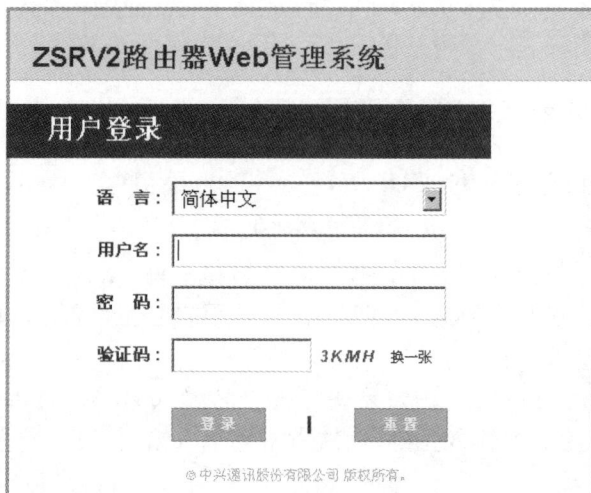

图 9-39　Web GUI 登录界面

(4) 登录 Web GUI 系统。输入用户名、密码和验证码即可登录，登录成功的界面如图 9-40 所示。

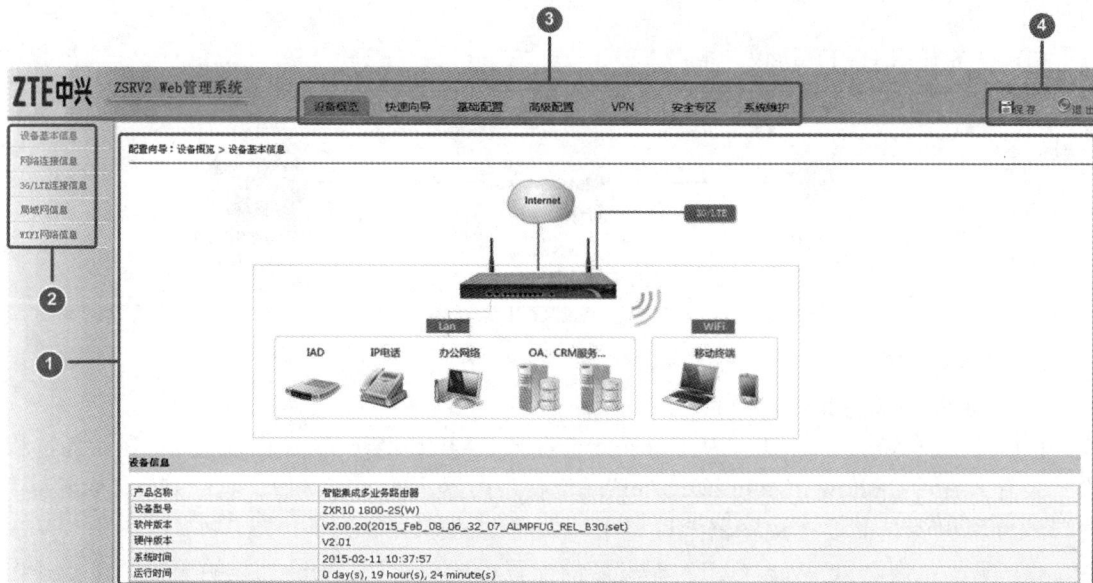

图 9-40　登录成功界面

2. 通过设备业务口登录 Web GUI

从业务口登录 Web GUI 和从管理口登录相似，只是两者所连接的设备接口和配置不一样，具体如下：

(1) 使用的接口不一样。从管理口登录必须连接设备上的 OAM 口，而从业务口登录只需要连接设备上的普通 GE 接口。

(2) 需要的配置不一样。从管理口登录需要进行功能开启配置，而从业务口登录则不需要，默认业务口开放 HTTP 登录功能。

登录 Web GUI 的步骤如下：

(1) 连接设备的业务口，即普通 GE 接口。

(2) 配置路由器的业务口的 IP 地址。

(3) 配置计算机和业务口 IP 地址在同一个局域网网段，如果不在同一个网段，则需要在计算机和接口地址之间配置路由，保证网络可达。

(4) 进入 Web GUI 登录界面，在浏览器的地址栏中输入业务口的 IP 地址，假设业务接口地址是 194.100.23.65，则输入"http://194.100.23.65"，然后按回车键进入 Web GUI 登录界面。

(5) 输入用户名、密码和验证码即可登录，登录成功的界面如图 9-40 所示。

9.7.3　任务实施：登录 Web GUI 界面

按照表 9-14 的要求完成任务。

表 9-14　任务实施表

任务	登录 Web GUI 界面		
序号	子 任 务	输 出	评估方法和标准
1	配置 mgmt_eth 口登录数据	配置脚本	配置脚本正确
2	使用 mgmt_eth 口登录	登录成功截图	登录成功
3	配置业务接口 IP 地址	配置脚本	配置脚本正确
4	使用业务口登录	登录成功截图	登录成功

9.7.4　任务拓展：修改设备名和添加用户

本拓展任务要求修改设备名和添加用户，具体要求如下：

(1) 尝试在 Web 管理系统主页面中，将路由器的主机名修改为 ROUTER1。

(2) 尝试在 Web 管理系统主页面的"用户列表"界面中，新增一个用户名为 zterouter、密码为 123456 的普通用户。

9.8　任务 33　Web GUI 界面的基础配置

校园网某个楼要新增一台路由器，要求使用 Web GUI 界面配置这台路由器的基本数据，具体如下：

(1) 配置路由器的管理口 IP 地址；

(2) 配置 VLAN 并增加端口；

(3) 配置静态路由；

(4) 配置虚拟服务器(PAT)。

9.8.1　知识准备：Web GUI 界面的操作

1. Web GUI 主界面

Web GUI 主界面如图 9-40 所示，界面的操作主要分为 4 个区域，每个区域的名称和功能如表 9-15 所示。

表 9-15　界面中各区域的名称和功能

区域编号	区域名称	功能介绍
1	内容显示区	配置完成后，配置内容及查询结果显示在该区域
2	功能配置区	单击具体的功能节点后，该区域显示节点可配置选项，进行配置后即可使相应的功能生效
3	导航菜单区	用目录树的方式列举系统支持的所有功能，单击某一个功能节点，即可进行相关的功能配置
4	辅助按钮区	用于保存配置和退出 Web GUI 的辅助操作

2. 导航菜单区

导航菜单区显示的是 Web GUI 支持的功能项目，其具体描述如表 9-16 所示。

表 9-16　导航菜单区的功能介绍

导航菜单项	功能介绍	权限
设备概览	查看设备的基础信息、网络连接信息、3G/LTE 链接信息、局域网信息、WiFi 网络信息	对普通用户和管理员都可见
快速向导	进行宽带连接设置和局域网设置的快速导航	只对管理员开放
基础配置	进行 WAN/LAN 口的基础业务配置	只对管理员开放
高级配置	对 DHCP、NAT、QoS 等高级业务的配置	只对管理员开放
VPN	对 IPSec、GRE 等虚拟链路进行配置	只对管理员开放
安全专区	用于防范常见的网络攻击，保护设备安全	只对管理员开放
系统维护	方便用户对系统进行后期维护	只对管理员开放

3. 功能配置区

功能配置区的内容为单击导航菜单功能后显示的具体功能配置项。

4. 内容显示区

内容显示区显示配置具体功能时的参数页面或者查询配置后的结果。

5. 辅助按钮区

辅助按钮区主要位于 Web GUI 的右上角区域，包括🖫保存按钮和🔄退出按钮，用于保存用户的功能配置以及退出 Web GUI。

9.8.2　参考案例：Web GUI 界面下的基本数据配置

Web GUI 界面下的基本数据配置包括配置网络连接、配置以太物理接口和配置管理口 IP 地址等。

1. 配置网络连接

网络连接配置用于建立与外部网络的连接。其具体步骤如下：

(1) 在 Web GUI 主页面中，单击导航菜单项"基础配置"，缺省进入"WAN/LAN 接口选择配置"页面。

(2) 单击左侧"互联网配置"下的"网络连接配置"，进入"网络连接信息"页面，如图 9-41 所示。图中显示的条目为系统中已存在的连接项。

配置向导：基础配置 > 互联网配置 > 网络连接配置

网络连接信息

　新增网络连接

连接描述	连接接口	IP地址/掩码	连接方式	启用NAT	删除
--	gei-6/1	10.1.1.1/255.255.255.0	STATIC	否	✕
--	gei-6/2	20.1.1.1/255.255.255.0	STATIC	否	✕
--	gei-6/3	53.1.1.2/255.255.255.0	STATIC	否	✕

图 9-41　"网络连接信息"页面

(3) 单击"新增网络连接"按钮，弹出"网络连接配置"页面，如图 9-42 所示。

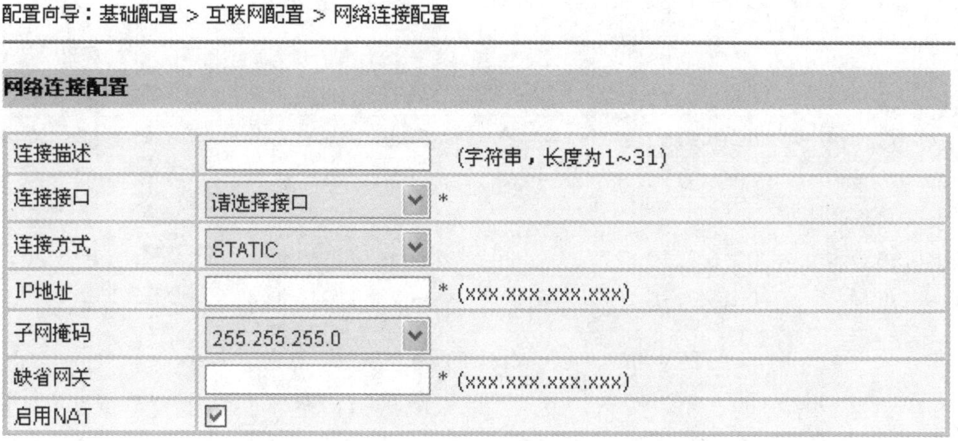

配置向导：基础配置 > 互联网配置 > 网络连接配置

网络连接配置

连接描述		（字符串，长度为1~31）
连接接口	请选择接口 ▼	*
连接方式	STATIC ▼	
IP地址		* (xxx.xxx.xxx.xxx)
子网掩码	255.255.255.0 ▼	
缺省网关		* (xxx.xxx.xxx.xxx)
启用NAT	☑	

图 9-42　"网络连接配置"页面

(4) 配置网络连接参数。图 9-42 中的主要参数及其说明如表 9-17 所示。

表 9-17　主要的网络连接配置参数及其说明

参　数	说　明
连接描述	建立的网络连接名称，命名支持除 "?" 和空格以外的所有字符串，长度为 1～31 个字符。此项为选填项
连接接口	建立网络连接的接口，从下拉框中选择设备接口，支持物理接口和子接口。此项为必填项
连接方式	从下拉框中选择建立网络连接的方式，包括 STATIC、DHCP 和 PPPoE 三种方式。STATIC：手动配置静态 IP 地址建立连接。DHCP：通过 DHCP 服务自动获取地址建立连接。PPPoE：通过 PPPoE 拨号建立连接
启用 NAT	是否启用 NAT 功能，默认启用

(5) 参数填写完成后，单击 "应用" 按钮，然后在弹出的确认框中单击 "确定" 按钮完成配置。配置完成后，"网络连接信息" 页面会显示已配置好的新增连接条目。

2. 配置以太物理接口

以太物理接口包含设备中所有的物理接口，用户可以在 Web GUI 中配置接口使能、MAC 地址、IP 地址、工作模式、连接状态等。其具体步骤如下：

(1) 在 Web GUI 主页面中，单击导航菜单项 "基础配置"，缺省进入 "WAN/LAN 接口选择配置" 页面。

(2) 单击左侧 "互联网配置" 下的 "以太物理接口"，进入 "以太物理接口基本信息" 页面，如图 9-43 所示。图中显示的条目为系统中已存在的以太物理接口。

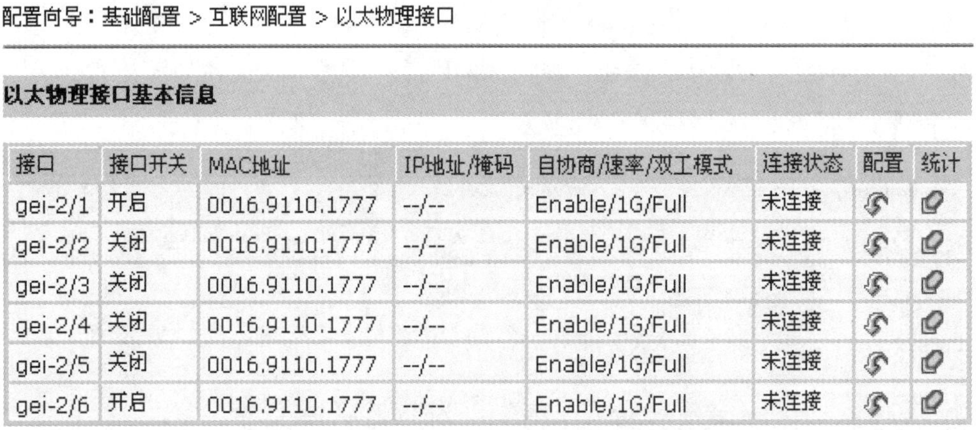

配置向导：基础配置 > 互联网配置 > 以太物理接口

以太物理接口基本信息

接口	接口开关	MAC地址	IP地址/掩码	自协商/速率/双工模式	连接状态	配置	统计
gei-2/1	开启	0016.9110.1777	--/--	Enable/1G/Full	未连接		
gei-2/2	关闭	0016.9110.1777	--/--	Enable/1G/Full	未连接		
gei-2/3	关闭	0016.9110.1777	--/--	Enable/1G/Full	未连接		
gei-2/4	关闭	0016.9110.1777	--/--	Enable/1G/Full	未连接		
gei-2/5	关闭	0016.9110.1777	--/--	Enable/1G/Full	未连接		
gei-2/6	开启	0016.9110.1777	--/--	Enable/1G/Full	未连接		

图 9-43　"以太物理接口基本信息" 页面

(3) 单击某一接口的 "⟳" 按钮，进入 "以太物理接口基本参数配置" 页面，如图 9-44 所示。

配置向导：基础配置 > 互联网配置 > 以太物理接口

以太物理接口基本参数配置

接口	gei-2/1
接口开关	开启 ▾
MAC 地址	0016.9110.1777 　* (xxxx.xxxx.xxxx)
IP 地址	10.1.1.1 　(xxx.xxx.xxx.xxx)
子网掩码	255.255.255.0 ▾
自协商	Enable ▾

图 9-44　"以太物理接口基本参数配置"页面

(4) 配置接口参数。图 9-44 中的主要参数及其说明如表 9-18 所示。

表 9-18　主要的以太物理接口配置参数及其说明

参　数	说　明
接口	选择配置的某一接口名称
接口开关	是否开启接口使用
MAC 地址	配置接口的 MAC 地址，缺省给出接口的 MAC 地址，用户可以根据实际情况修改。此项为必填项
IP 地址	配置接口的 IP 地址，该地址采用十进制点分形式(xxx.xxx.xxx.xxx)
子网掩码	可以选择下拉框中的 255.255.255.0、255.255.0.0、255.0.0.0，也可以手动添加其他合理的掩码
自协商	默认为 Enable，即自协商方式
	用户也可以选择为 Disable 后进行手工配置，根据接口的性能配置接口速率和双工模式
	接口速率：可以配置为 10 Gb/s、1 Gb/s、100 Mb/s 和 10 Mb/s
	双工模式：可以配置为 Full(全双工)和 Half(半双工)
	有些接口不支持半双工协商模式或 10 Gb/s 的速率等，需根据接口性能选择配置

(5) 参数填写完成后，单击"应用"按钮，然后在弹出的确认框中单击"确定"按钮完成配置。配置完成后，在"以太物理接口基本信息"页面可查看配置好的接口信息。

3. 配置管理口 IP 地址

用户可以根据实际网络变化情况修改管理口(OAM)的 IP 地址和子网掩码。其具体步骤如下：

(1) 在 Web GUI 主页面中，单击导航菜单项"基础配置"，缺省进入"WAN/LAN 接口选择配置"页面。

(2) 单击左侧"局域网配置"下的"基本配置"，进入"管理口(OAM 口)IP 地址配置"

页面，如图 9-45 所示。

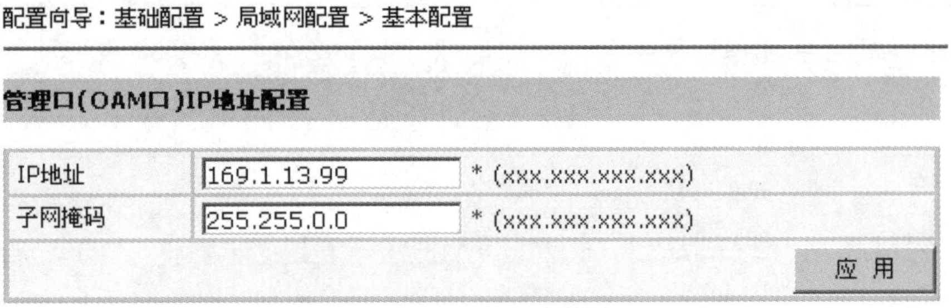

配置向导：基础配置 > 局域网配置 > 基本配置

管理口(OAM口)IP地址配置

| IP地址 | 169.1.13.99 | * (xxx.xxx.xxx.xxx) |
| 子网掩码 | 255.255.0.0 | * (xxx.xxx.xxx.xxx) |

应用

图 9-45　"管理口(OAM 口)IP 地址配置"页面

(3) 修改 IP 地址及子网掩码，它们采用点分十进制形式。修改完成后单击"应用"按钮，然后在弹出的确认框中单击"确定"按钮完成修改配置。

注意：

(1) 如果重新配置了管理口的 IP 地址，那么在单击"应用"按钮后，Web GUI 页面会自动断开，此时需要根据新的 IP 地址重新登录。

(2) 在修改管理口 IP 地址后，有时界面虽然提示操作成功，但是却会出现"白屏"现象，这是因为重新配置 IP 地址和子网掩码后，Web GUI 页面断开，无法完全获取到页面反馈回来的全部信息，此时重新使用新 IP 地址登录即可。

4. 创建接口/VLAN

创建接口/VLAN 的步骤如下：

(1) 在 Web GUI 主页面中，单击导航菜单项"基础配置"，缺省进入"WAN/LAN 接口选择配置"页面。

(2) 单击左侧"局域网配置"下的"接口/VLAN"，进入"接口/VLAN"页面，如图 9-46 所示。

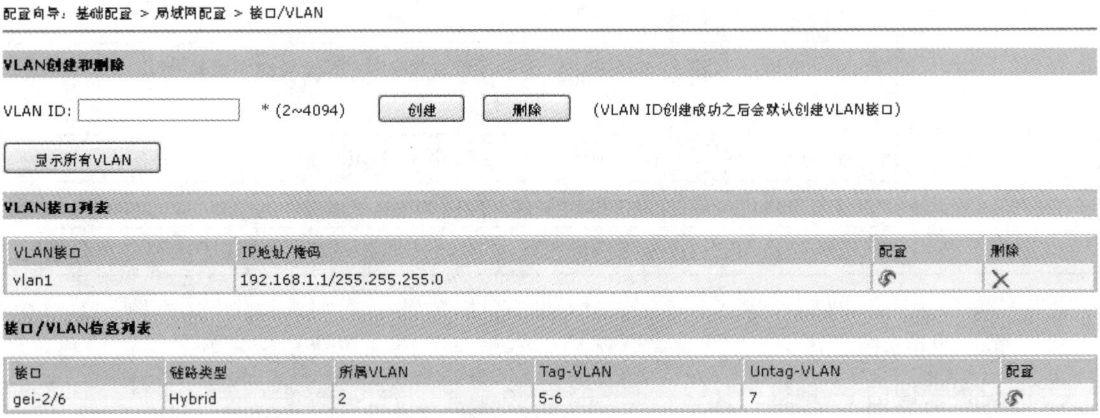

配置向导：基础配置 > 局域网配置 > 接口/VLAN

VLAN创建和删除

VLAN ID: _____ * (2~4094)　创建　删除　(VLAN ID创建成功之后会默认创建VLAN接口)

显示所有VLAN

VLAN接口列表

VLAN接口	IP地址/掩码	配置	删除
vlan1	192.168.1.1/255.255.255.0	↻	×

接口/VLAN信息列表

接口	链路类型	所属VLAN	Tag-VLAN	Untag-VLAN	配置
gei-2/6	Hybrid	2	5-6	7	↻

图 9-46　"接口/VLAN"页面

图中，"VLAN 接口列表"显示的是已配置好的 VLAN 条目，"接口/VLAN 信息列表"显示的是已配置好的接口/VLAN 列表条目。

(3) 输入"VLAN ID"的值，单击"创建"按钮，弹出添加接口的对话框，如图 9-47 所示。VLAN ID 配置范围为 2~4094。

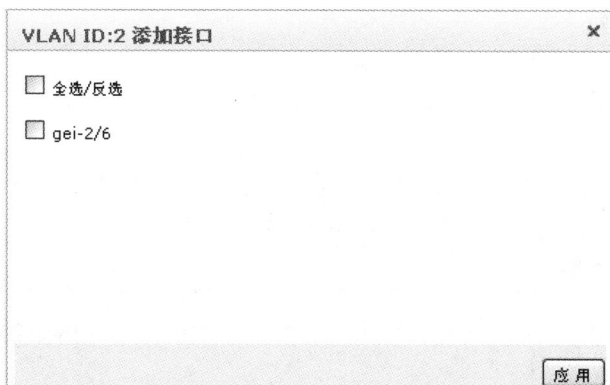

图 9-47　添加接口(选配)对话框

(4) 为创建的 VLAN 选中添加的端口，然后单击"应用"按钮，在弹出的操作完成确认框中单击"确定"完成配置。用户也可以选择"取消"，暂不为 VLAN 添加端口。

(5) 对 VLAN 接口列表中的配置进行修改，单击某一接口的按钮，进行 VLAN 接口配置，如图 9-48 所示。

图 9-48　VLAN 接口配置

(6) 对接口/VLAN 信息列表中的配置进行修改，单击某一接口的"✎"按钮，进行接口/VLAN 信息配置，如图 9-49 所示。

图 9-49　"接口/VLAN 信息配置"页面

5. 配置静态路由

配置静态路由的步骤如下：

(1) 在 Web GUI 主页面中，单击导航菜单项"高级配置"，缺省进入"DHCP 服务列表"页面。

(2) 单击左侧"静态路由"下的"静态路由配置"，进入"静态路由列表"页面，如图 9-50 所示。图中显示的条目为系统中已配置好的静态路由项。

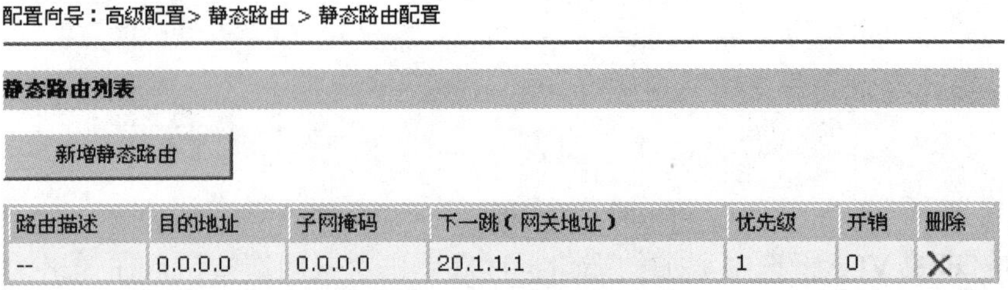

配置向导：高级配置 > 静态路由 > 静态路由配置

静态路由列表

新增静态路由

路由描述	目的地址	子网掩码	下一跳（网关地址）	优先级	开销	删除
--	0.0.0.0	0.0.0.0	20.1.1.1	1	0	✕

图 9-50　"静态路由列表"页面

(3) 单击"新增静态路由"按钮，弹出"静态路由配置"页面，如图 9-51 所示。

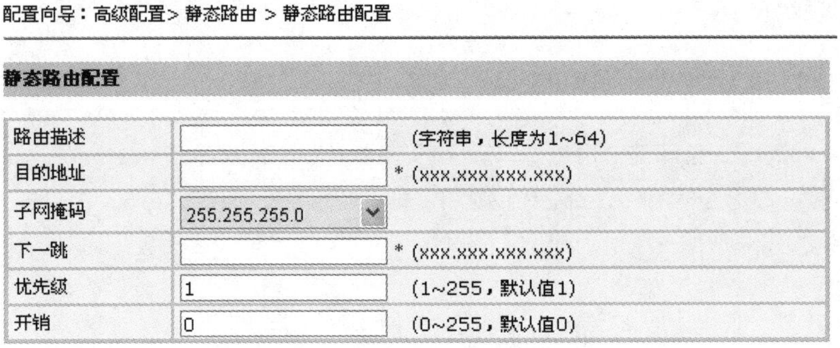

配置向导：高级配置 > 静态路由 > 静态路由配置

静态路由配置

路由描述		（字符串，长度为1~64）
目的地址		* (xxx.xxx.xxx.xxx)
子网掩码	255.255.255.0 ▼	
下一跳		* (xxx.xxx.xxx.xxx)
优先级	1	(1~255，默认值1)
开销	0	(0~255，默认值0)

图 9-51　"静态路由配置"页面

(4) 参数配置完成后，单击"应用"按钮，然后在弹出的操作完成提示框中单击"确定"按钮完成配置。

6. 配置虚拟服务器

虚拟服务器配置的是静态 PAT，下面介绍配置新增虚拟服务器的相关参数的方法。

(1) 在 Web GUI 主页面中，单击导航菜单项"高级配置"，缺省进入"DHCP 服务列表"页面。

(2) 单击左侧"NAT"下的"虚拟服务器"，进入"虚拟服务器列表"页面，如图 9-52 所示。

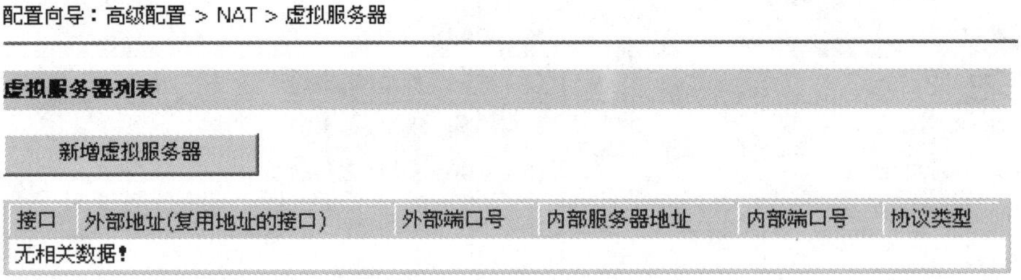

配置向导：高级配置 > NAT > 虚拟服务器

虚拟服务器列表

新增虚拟服务器

接口	外部地址(复用地址的接口)	外部端口号	内部服务器地址	内部端口号	协议类型
无相关数据！					

图 9-52　"虚拟服务器列表"页面

(3) 单击"新增虚拟服务器",弹出"虚拟服务器配置"页面,如图 9-53 所示。虚拟服务器配置中的各参数说明如表 9-19 所示。

配置向导:高级配置 > NAT > 虚拟服务器

虚拟服务器配置

启用接口	请选择接口 ▼ *
外部地址	复用启用接口地址
外部端口号	_____ * (1~65535)
内部服务器地址	_____ * (xxx.xxx.xxx.xxx)
内部端口号	_____ * (1~65535)
协议类型	Tcp ▼

图 9-53　"虚拟服务器配置"页面

表 9-19　虚拟服务器配置中的各参数说明

参　数	说　明
启用接口	指定一个 WAN 接口,数据经过该接口进行静态 PAT
外部地址	复用启用接口地址,即使用指定的 WAN 接口地址
外部端口号	进行静态 PAT 的公网端口号,其取值范围:1~65 535
内部服务器地址	私网 IP 地址,采用十进制点分形式(xxx.xxx.xxx.xxx)
内部端口号	私网源端口号,其取值范围:1~65 535
协议类型	TCP 或 UDP

(4) 参数配置完成后,单击"应用"按钮,然后在弹出的操作完成提示框中单击"确定"按钮完成配置。

(5) 单击"编辑"按钮,弹出"编辑 Inside 接口"对话框,选择需要添加的 Inside 接口进行编辑,如图 9-54 所示。

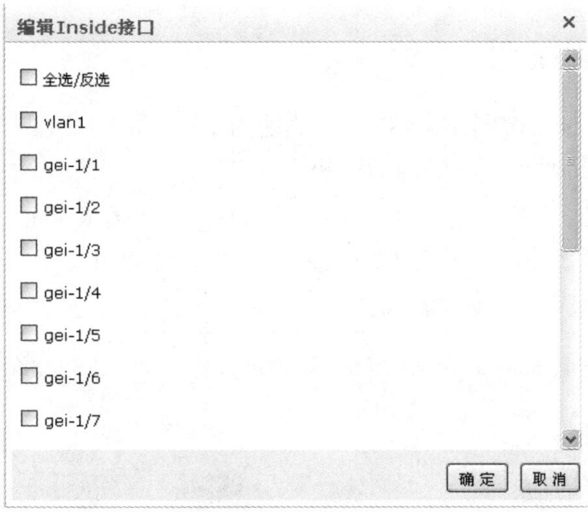

编辑Inside接口　✕

☐ 全选/反选

☐ vlan1

☐ gei-1/1

☐ gei-1/2

☐ gei-1/3

☐ gei-1/4

☐ gei-1/5

☐ gei-1/6

☐ gei-1/7

[确　定] [取　消]

图 9-54　选择内部接口

(6) 配置完成后,"虚拟服务器列表"页面会增加显示已配置好的虚拟服务器条目,如

图 9-55 所示。

配置向导: 高级配置 > NAT > 虚拟服务器

虚拟服务器列表

新增虚拟服务器

接口	外部地址(复用地址的接口)	外部端口号	内部服务器地址	内部端口号	协议类型	删除
gei-6/5	未分配 (gei-6/5)	55	192.168.1.10	32	Tcp	✕

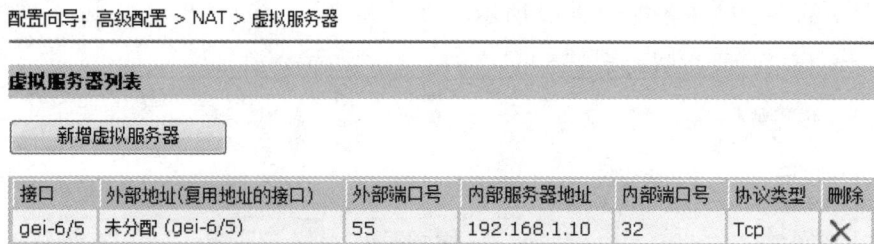

图 9-55　配置成功的虚拟服务器

9.8.3　任务实施：配置基础的 Web GUI 界面

按照表 9-20 的要求完成任务。

表 9-20　任 务 实 施 表

任务	配置基础的 Web GUI 界面		
序号	子 任 务	输　　出	评估方法和标准
1	配置管理口的地址	配置完成后，重新进入配置界面，截图新配置的数据	配置成功
2	配置 VLAN	配置完成后，重新进入配置界面，截图新配置的数据	配置成功
3	配置静态路由	配置完成后，重新进入配置界面，截图记录新配置的数据	配置成功
4	配置 PAT	配置完成后，重新进入配置界面，截图记录新配置的数据	配置成功

9.8.4　任务拓展：实施用户限速

在 Web GUI 界面对连接到路由器的 IP 地址为 192.168.1.3/24 的 PC 进行带宽限速，要求限速时间为全天，最大下载速率为 10 Mb/s。

提示：在 Web GUI 主页面中，选择"配置向导"→"高级配置"→"QOS"→"用户带宽限速"，打开"用户带宽限速列表"界面，如图 9-56 所示。

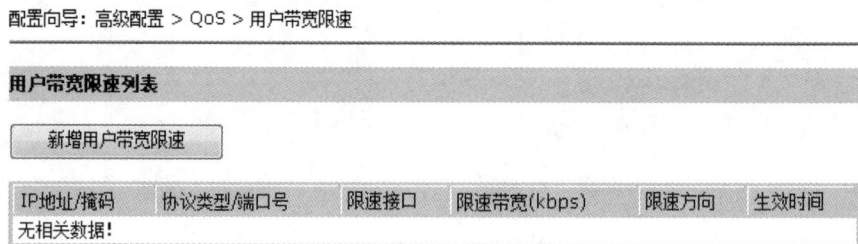

配置向导: 高级配置 > QoS > 用户带宽限速

用户带宽限速列表

新增用户带宽限速

IP地址/掩码	协议类型/端口号	限速接口	限速带宽(kbps)	限速方向	生效时间
无相关数据！					

图 9-56　用户限速设置

模 块 总 结

面对庞大的网络资源和复杂的网络环境，一个高效的网络管理系统变得至关重要。网络管理系统对于保证网络的稳定运行和安全性起到至关重要的作用。网络管理系统可以监控网络设备的状态，及时发现并修复网络故障，从而保障网络的高可用性和稳定性，还可以对网络流量进行实时监控和分析，帮助管理员了解网络的负载情况，优化网络资源的利用，提高网络的性能和效率。随着网络规模和复杂性的增加，网络管理系统将扮演越来越重要的角色。

本模块主要讲解了通过网管和 Web GUI 界面两种方式来配置数据、维护设备的方法。网管和 Web GUI 界面方式都具备了简单直观的特点，其中网管的功能比较全面，在设备开通、升级维护、告警监控和性能统计等方面功能强大，操作方便。特别是中兴的网管应用了 SON(Self-Organized Network，自组织网络)技术、大数据技术和人工智能技术，使网管具备了智能化、自动化的特点，如设备自动开通、故障自动诊断、业务随行、性能分析等。Web GUI 界面方式利用浏览器对设备进行管理，但是一般只提供了常用的简单功能，不能用来进行复杂配置，因此只能起到辅助配置和维护的作用。

此外，交换机和路由器的命令行方式沿用了几十年，工作效率极高，目前仍然是具备丰富经验的工程师的首选。

附录 1 缩略语中英文对照

英文缩写	英 文 全 称	中 文 翻 译
AAA	Authentication、Authorization、Accounting	认证、授权、加密
ABR	Area Border Router	区域边界路由器
ACL	Access Control List	访问控制列表
AI	Artificial Intelligence	人工智能
ARP	Address Resolution Protocol	地址解析协议
ARPANET	Advanced Research Projects Agency Network	阿帕网
AS	Autonomous System	自治系统
ASCII	American Standard Code for Information Interchange	美国信息交换标准代码
ATM	Asynchronous Transfer Mode	异步传输模式
BDR	Backup Designated Router	备份指定路由器
BGP	Border Gateway Protocol	边界网关协议
COM	Cluster Communication Port	串行通信端口
CRC	Cyclic Redundancy Check	循环冗余校核
CSMA/CD	Carrier Sense Multiple Access/Collision Detect	载波监听多路访问/冲突检测
DCE	Data Communications Equipment	数据通信设备
DDN	Digital Data Network	数字数据网络
DDNS	Dynamic Domain Name Server	动态域名服务
DHCP	Dynamic Host Configuration Protocol	动态主机配置协议
DNS	Domain Name System	域名系统
DR	Designated Router	指定路由器
DTE	Data Terminal Equipment	数据终端设备
EBCDIC	Extended Binary Coded Decimal Interchange Code	扩展二进制编码的十进制交换码
EGP	Exterior Gateway Protocol	外部网关协议
FCS	Frame Check Sequence	帧校验序列
FIB	Forwarding Information Base	转发信息库
FR	Frame Relay	帧中继
FTP	File Transfer Protocol	文件传输协议
GRE	Generic Routing Encapsulation	通用路由封装
HTML	HyperText Markup Language	超文本标记语言
HTTP	Hyper Text Transfer Protocol	超文本传输协议

英文缩写	英 文 全 称	中 文 翻 译
HTTPS	Hyper Text Transfer Protocol over Secure Socket Layer	超文本传输安全协议
IANA	Internet Assigned Number Authority	互联网数字分配机构
ICMP	Internet Control Message Protocol	互联网控制消息协议
IEEE	Institute of Electrical and Electronics Engineers	电气和电子工程师协会
IETF	The Internet Engineering Task Force	国际互联网工程任务组
IGMP	Internet Group Management Protocol	Internet 组管理协议
IGP	Interior Gateway Protocol	内部网关协议
IP	Internet Protocol	互联网协议
IPSec	Internet Protocol Security	互联网安全协议
IPv4	Internet Protocol Version 4	网际协议版本 4
IPv6	Internet Protocol Version 6	网际协议版本 6
IPX	Internetwork Packet Exchange	互联网分组交换协议
IS-IS	Intermediate System to Intermediate System	中间系统到中间系统
ISO	International Organization for Standardization	国际标准化组织
ISP	Internet Service Provider	因特网服务提供商
L2TP	Layer 2 Tunneling Protocol	第二层隧道协议
LACP	Link Aggregation Control Protocol	链路汇聚控制协议
LAG	Link Aggregation Group	链路聚合组
LAN	Local Area Network	局域网
LLC	Logical Link Control	逻辑链路控制
LSA	Link-State Advertisement	链路状态广播
LSDB	Link State DataBase	链路状态数据库
MAC	Media Access Control	介质访问控制
MAN	Metropolitan Area Network	城域网
MIB	Management Information Base	管理信息库
MO	Management Object	被管理对象
MTU	Maximum Transmission Unit	最大传输单元
NAT	Network Address Translation	网络地址转换
NMS	Network Management System	网络管理系统
ODF	Optical Distribution Frame	光纤配线架
OSI	Open System Interconnection	开放系统互连
OSPF	Open Shortest Path First	开放的最短路径优先
PAT	Port Address Translation	端口地址转换
PC	Personal Computer	个人计算机
PON	Passive Optical Network	无源光纤网络

英文缩写	英 文 全 称	中 文 翻 译
POP3	Post Office Protocol Version 3	邮局协议版本 3
PPP	Point to Point Protocol	点到点协议
PVID	Port-base VLAN ID	基于端口的 VLAN ID
QoS	Quality of Service	服务质量
RARP	Reverse Address Resolution Protocal	反向地址转换协议
RIB	Routing Information Base	路由信息库
RIP	Routing Information Protocol	路由信息协议
RMON	Remote MONitoring	远程网络监控
SAP	Service Access Point	服务访问点
SDH	Synchronous Digital Hierarchy	同步数字体系
SDN	Software Defined Network	软件定义网络
SFP	Small Form-factor Pluggable	小型可插拔
SMTP	Simple Mail Transfer Protocol	简单邮件传输协议
SON	Self-Organized Network	自组织网络
SNA	System Network Architecture	系统网络体系结构
SNMP	Simple Network Management Protocol	简单网络管理协议
SPF	Shortest Path First	最短路径优先
SSH	Secure Shell	安全外壳协议
STP	Shielded Twicted Pair	屏蔽双绞线
TCP	Transmission Control Protocol	传输控制协议
TFTP	Trivial File Transfer Protocol	简单文件传输协议
UDP	User Datagram Protocol	用户数据报协议
URL	Uniform Resource Locator	统一资源定位符
UTP	Unshielded Twisted Pair	非屏蔽双绞线
VLAN	Virtual Local Area Network	虚拟局域网
VLSM	Variable Length Subnet Mask	可变长子网掩码
VoIP	Voice over Internet Protocol	基于 IP 的语音传输
VPN	Virtual Private Network	虚拟专用网络
VRRP	Virtual Router Redundancy Protocol	虚拟路由器冗余协议
WAN	Wide Area Network	广域网
WDM	Wavelength Division Multiplexing	波分复用
WiFi	Wireless Fidelity	无线上网
WLAN	Wireless Local Area Networks	无线局域网
WWW	World Wide Web	万维网

附录2 任务4参考网络拓扑图

　　根据任务4的总体描述，可以画出如附图2-1所示的网络拓扑图。需要注意的是，这仅仅是满足网络需求的其中一种网络拓扑，采用的网络拓扑不同，网络实施方法也会在某些模块有所不同，具体实施方案要围绕网络拓扑来进行。

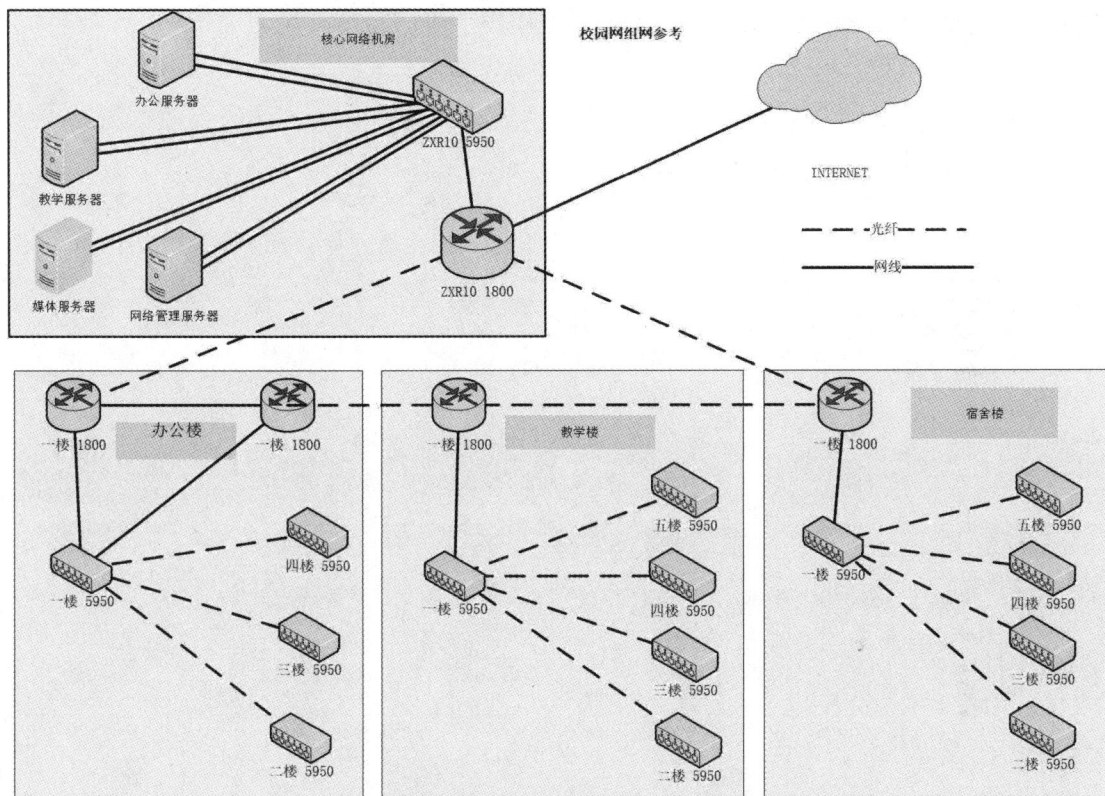

附图2-1 任务4参考网络拓扑图

参 考 文 献

[1]　谢希任. 计算机网络[M]. 8 版. 北京：电子工业出版社，2021.

[2]　陈彦彬. 数据通信和计算机网络[M]. 西安：西安电子科技大学出版社，2018.

[3]　中兴通讯. ZXR10 ZSR V2(V6.00.10)用户手册，2020.

[4]　中兴通讯. ZXR10 5950-L 系列(V3.03.10)用户手册，2020.

[5]　中兴通讯. ZENIC ONE ICN 网络管理系统用户手册，2020.